Chemie

EIN VISUELLES LEHRBUCH FÜR JEDES ALTER

Titel der Originalausgabe: *Visual Learning Chemistry*

Hambakenwetering 8B
5231 DC 's-Hertogenbosch
Niederlande
www.librero-ibp.com

Verleger: Nigel Browning
Layout und Illustrationen: Lindsey Johns
Projektleitung: Natalia Price-Cabrera
Redaktionelle Beratung: Catherine Gefell

Übersetzung aus dem Englischen:
Marion Dill, Rye
Redaktion und Satz der deutschen Ausgabe:
Print Company Verlagsges.m.b.H., Wien

Printed in Guangdong, China SFP012026

ISBN: 978-94-6499-266-3

Dr. Ali O. Sezer, in der Türkei geboren und aufgewachsen, ist Professor für Chemie an der California University of Pennsylvania und hat in Chemie- und Werkstofftechnik an der University of Nebraska-Lincoln promoviert. Sein Fachwissen bezieht sich auf den Bereich allgemeiner und physikalischer Chemie sowie Polymerchemie. Dr. Sezer war aktiv an der Entwicklung von Lehrmaterialien für Chemie beteiligt, darunter die beiden illustrierten Bücher *30 Second Chemistry* und *Know-It-All Chemistry*. Er hat langjährige Lehrerfahrung und ist überzeugt, dass eine Ausbildung in Naturwissenschaft ein machtvolles, unverzichtbares Instrument zur Schaffung einer Gesellschaft darstellt, die sich für das Gemeinwohl der Menschheit einsetzt und ein besseres menschliches Leben auf der Erde ermöglicht, deren Ressourcen letztendlich begrenzt sind.

FSC
www.fsc.org
MIX
Papier | Fördert gute Waldnutzung
FSC® C005748

Chemie

EIN VISUELLES LEHRBUCH FÜR JEDES ALTER

DR. ALI O. SEZER Ph.D.

Librero

INHALT

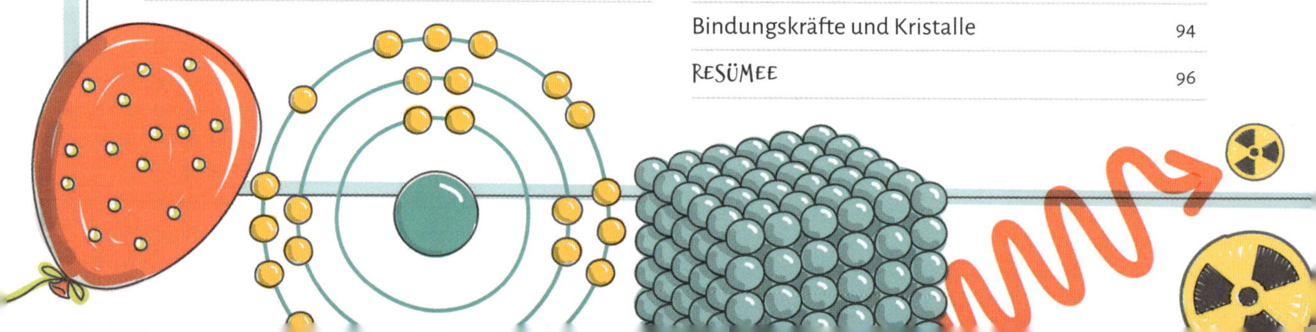

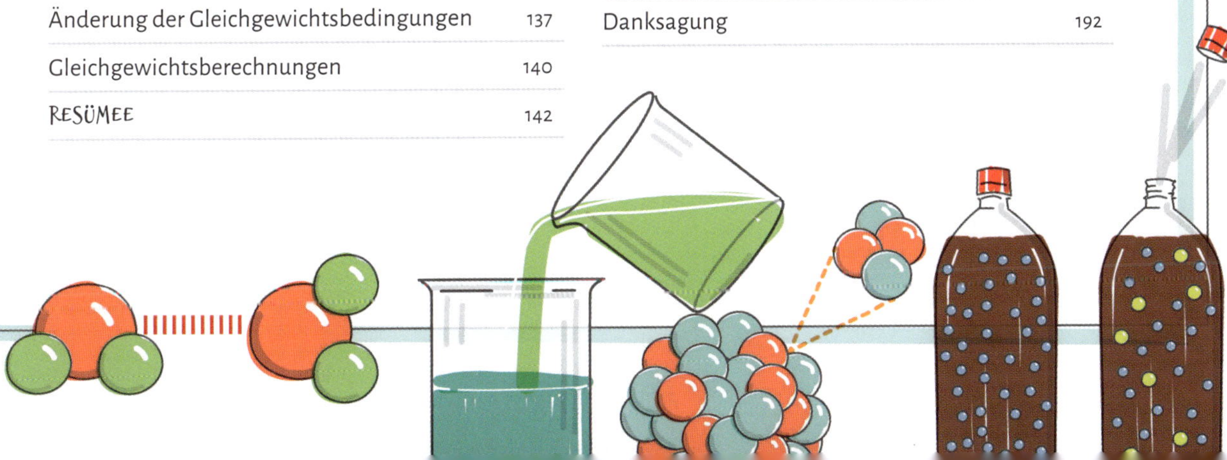

EINLEITUNG

Chemie untersucht die Materie, die wir als alles in unserem Universum definieren, was Masse und Volumen hat. Durch Beobachtungen, Experimente, Hypothesen und Theorien versucht die Chemie, nicht nur die Eigenschaften von Materie wie Masse, Farbe, Geruch und Dichte zu erklären, sondern auch, wie und warum sich die Materie verändert, wenn sich ihre Umgebungsbedingungen ändern.

Chemie spielt eine zentrale Rolle in allen Bereichen der Wissenschaft, aber sie ist auch überall um uns herum: Alles, was wir sehen, besteht aus Chemikalien, und alles, was wir täglich tun, beinhaltet eine Art von chemischem Prozess. Ohne Chemie wäre es unmöglich, zu verstehen, wie unsere physische Welt funktioniert, und dennoch denken wir selten (wenn überhaupt) über die Auswirkungen der Chemie auf unser tägliches Leben nach.

Die Zeitlinie der Entdeckungen auf den folgenden Seiten erklärt einen Teil der Ursprünge dessen, was wir Chemie nennen, und zeigt die wichtigsten Meilensteine auf, die über Jahrhunderte hinweg erreicht worden sind.

Zeitlinie der Entdeckungen

Die Idee, dass die Welt aus kleinen, unsichtbaren Teilchen – Atomen (gr. *atomos*) – bestehe, wurde erstmals im 5. Jahrhundert v. Chr. vom altgriechischen Philosophen Leukipp und seinem Schüler Demokrit unterbreitet. Der Philosoph und Universalgelehrte Aristoteles (384–322 v. Ch.) glaubte jedoch, dass Materie kontinuierlich und unendlich teilbar sei. Aristoteles' Einfluss war so groß, dass man die Theorie von Leukipp und Demokrit erst 2000 Jahre später akzeptierte.

Seit der Antike hat die alchemistische Weltanschauung wissenschaftliche, philosophische und theologische Diskussionen beherrscht. Die Alchemie vereinte Elemente von Wissenschaft, Philosophie und Mystik, und Alchemisten strebten danach, gewöhnliche Metalle in Gold – das „perfekte" Metall – zu verwandeln und das Lebenselixier zu entdecken. Die Alchemie blieb bis zum Ende des 17. Jahrhunderts populär, als Vordenker wie Robert Boyle (1627–1691) und später Antoine-Laurent de Lavoisier (1743–1794) auftauchten und als ein fundierteres Verständnis der Metallurgie das Ende der alchemistischen Ära anzeigte.

500 v. Chr.

Entgegen der verbreiteten Ansicht ihrer Zeit behaupteten Leukipp und Demokrit, dass Materie aus winzigen Teilchen bestehe.

Trotzdem spielte die Alchemie eine entscheidende Rolle bei der Entstehung der modernen Wissenschaft, denn frühe Wissenschaftler blickten auf alchemistische Prinzipien zurück, als sie sich mit der atomaren und partikulären Sicht der Materie befassten. Im Jahr 1661 veröffentlichte der anglo-irische Philosoph, Chemiker und Physiker Robert Boyle das Werk *Der skeptische Chemiker*, in dem er seine Arbeit über Gase vorstellte. Er theoretisierte, dass Elemente aus „Körperchen" (Atome) bestanden, die sich verbinden und chemische Substanzen ergeben konnten. Andere Wissenschaftler führten Boyles Arbeit weiter, was in der Entstehung der Experimentalchemie und der Entdeckung neuer Elemente resultierte.

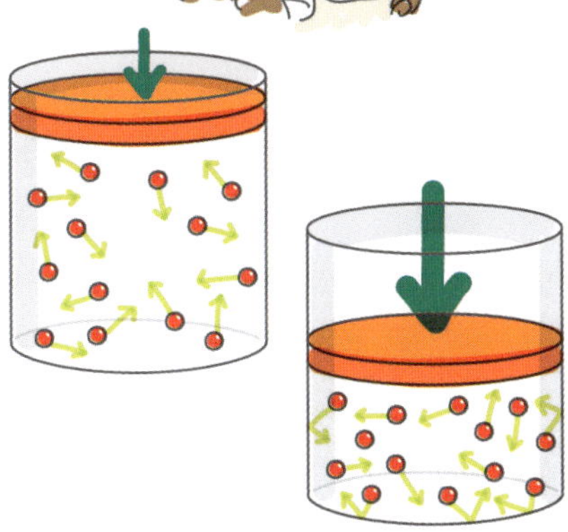

Robert Boyle war der Ansicht, dass Elemente aus Körperchen bestanden. Zusammen ergaben diese eine Vielzahl chemischer Substanzen.

1661

Antoine-Laurent de Lavoisier, ein französischer Chemiker, fasste das vor ihm angesammelte Wissen sorgfältig zusammen und perfektionierte die Kunst, Theorien aus experimentellen Beobachtungen abzuleiten. Er untersuchte die Verbrennungsreaktionen verschiedener Elemente mit Sauerstoff und entdeckte, dass die Masse während einer chemischen Reaktion erhalten blieb (Gesetz der Massenerhaltung). Er war auch der Erste, der eine umfangreiche Liste von Elementen verfasste und beim Aufbau des metrischen Systems und der chemischen Nomenklatur mitwirkte. De Lavoisier gilt als Vater der modernen Chemie.

1789

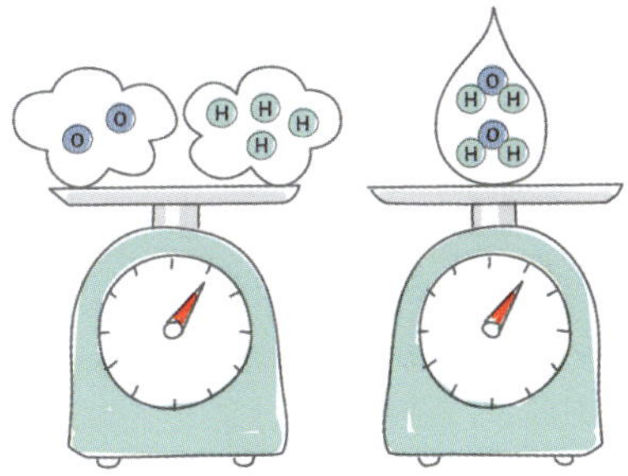

De Lavoisier demonstrierte das Gesetz der Massenerhaltung, indem er Verbindungen vor und nach einer chemischen Reaktion wog.

1793

Aus zahlreichen Versuchsbeobachtungen leitete ein weiterer französischer Chemiker, Joseph Louis Proust (1754–1826), mit Brillanz das Gesetz der konstanten Proportionen ab, dass jede chemische Verbindung stets die gleichen Elemente in den gleichen Massenverhältnissen enthält.

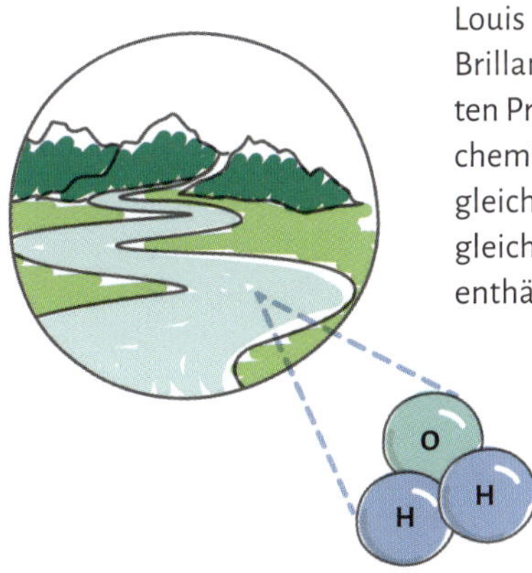

Joseph Louis Prousts Gesetz der konstanten Proportionen enthüllte die Natur der Entstehung chemischer Verbindungen.

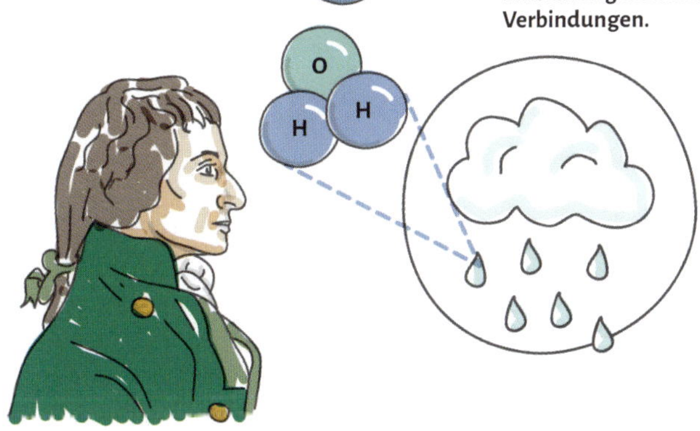

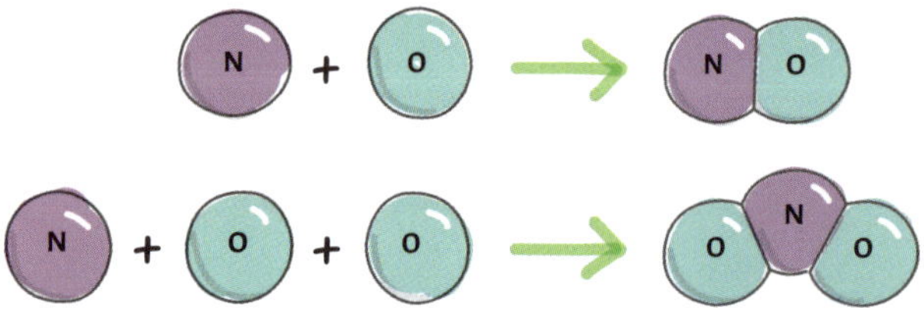

John Dalton (1766–1844), ein englischer Chemiker, Physiker und Meteorologe, schrieb das Gesetz der konstanten Proportionen der partikulären Natur der Materie zu und stellte die Theorie auf, dass die festen Elementverhältnisse in chemischen Verbindungen darauf zurückzuführen seien, dass Materie aus Atomen bestand. Er zeigte außerdem, dass sich Elemente in verschiedenen festen Verhältnissen zusammenschließen und unterschiedliche chemische Verbindungen ergeben konnten (Gesetz der multiplen Proportionen).

John Dalton erklärte, dass die Bildung von Verbindungen in bestimmten Verhältnissen aufgrund der atomischen Natur der Materie möglich sei.

1803

Daltons Kugelatommodell

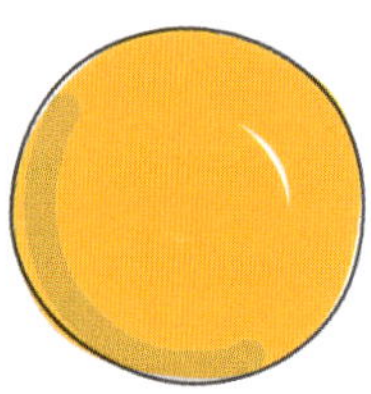

Im Jahr 1803 machte Dalton seine Atomtheorie der Materie publik, in der er Atome als unteilbare, feste Kugeln definierte, die alle Materie bildeten. Seine Theorie gab den Anstoß zu zahllosen wissenschaftlichen Studien, was zu einem Jahrhundert atemberaubender wissenschaftlichen Entwicklungen, der Entdeckung vieler weiterer Elemente und der Erstellung des ersten Periodensystems führte.

1895

Ende des 19. Jahrhunderts entdeckte der deutsche Physiker Wilhelm Conrad Röntgen (1879–1955) eine unsichtbare Form von Licht, die er „Röntgenstrahlen" nannte und die menschliches Fleisch durchdringen konnten. 1895 veröffentlichte er das erste Röntgenbild (die linke Hand seiner Frau) und verblüffte damit die wissenschaftliche Gemeinschaft. Für diese Entdeckung erhielt er 1901 den Nobelpreis für Physik, den er der Menschheit schenkte. Das Preisgeld stiftete er der Forschung und wohltätigen Zwecken. Er starb an Krebs, da er sich der Gefahren dieser unsichtbaren Strahlen nicht bewusst war, öffnete durch seine Entdeckung aber die Türen zu einem revolutionären Bereich bildgebender Diagnostik.

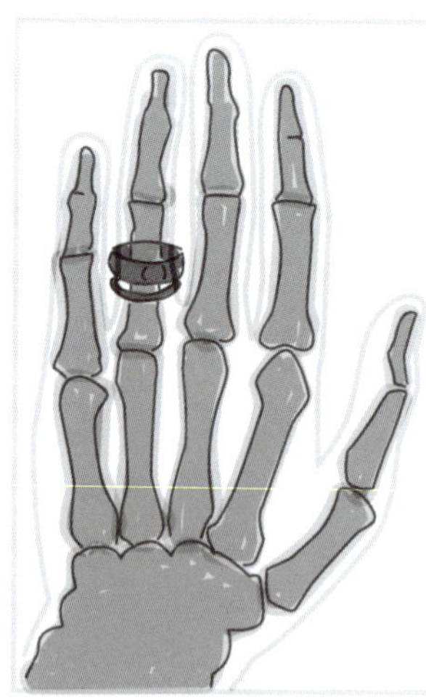

Das erste Röntgenbild überhaupt zeigte die linke Hand von Röntgens Frau.

1904

Thompsons Plumpudding-Atommodell

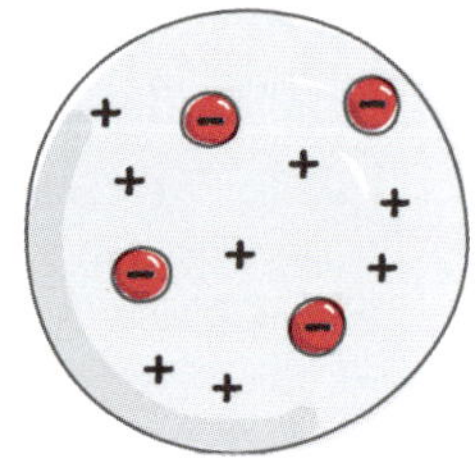

1905

Albert Einstein erläuterte die wahre Natur des Lichts und seine Wechselwirkung mit Materie.

Im Jahr 1905 stellte der deutsche theoretische Physiker Albert Einstein (1879–1955) die These auf, dass Licht aus Energiebündeln, Photonen genannt, bestand, die sich in Wellenform (elektromagnetische Strahlung) im Raum bewegten. Er löste damit intensive Debatten über die wahre Natur der Materie und ihre Wechselwirkung mit Licht aus. Dies führte zur Formulierung der Quantentheorie, die den Wissenschaftlern das Werkzeug für weitere Forschungen lieferte und zu Entdeckungen führte, die das menschliche Leben auf der Erde für immer verändern sollten.

Den Einfluss der Chemie auf die Gesellschaft konnte man ab dem frühen 20. Jahrhundert sehen. 1905 entwickelte der deutsche Chemiker Fritz Haber (1868–1934) ein Verfahren zur Herstellung von Ammoniak durch die Verbrennung von atmosphärischem Wasserstoff mit Stickstoff. Es war ein Wendepunkt in der Geschichte der Landwirtschaft, da Ammoniak für die Herstellung von Düngemitteln erforderlich ist. Die Agrikultur erlebte einen Aufschwung und konnte dringend benötigte Nahrung für Menschen und Tiere liefern.

Die Produktion von Ammoniak, das für Düngemittel unerlässlich ist, führte zu einem Boom in der Landwirtschaftsindustrie.

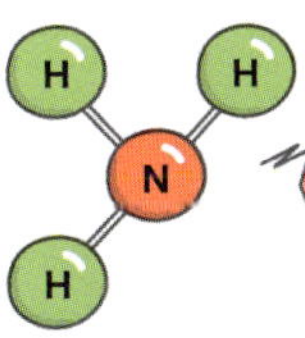

1911

Rutherfords Planetenmodell des Atoms

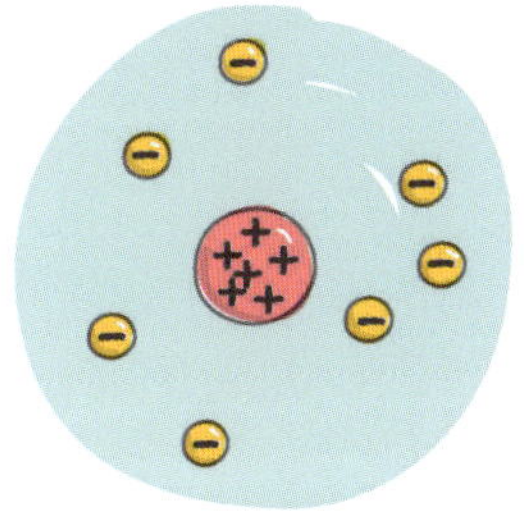

1913

Bohrs Atommodell kreisförmiger Bahnen

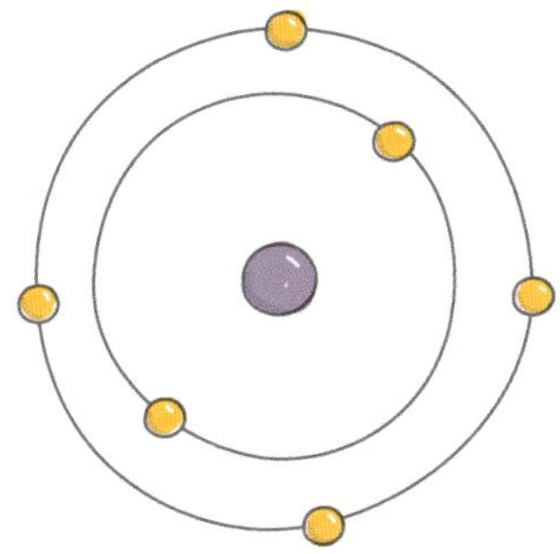

1926

Schrödingers Atommodell der Elektronenwolke

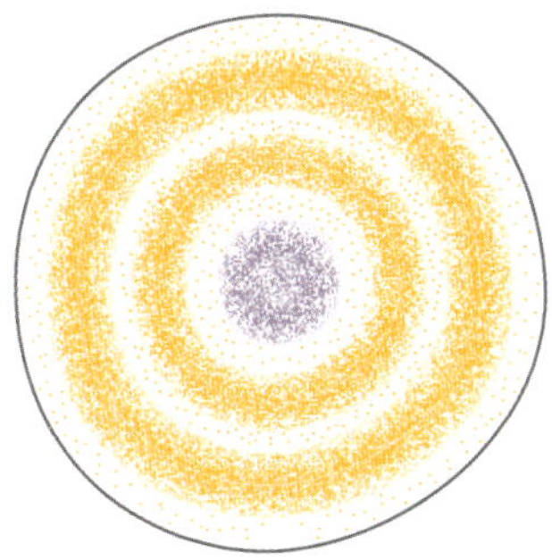

1928

Sir Alexander Flemings (1881–1955) zufällige Entdeckung von Penizillin 1928 dürfte jedoch die wissenschaftliche Errungenschaft schlechthin sein: Die Entdeckung des schottischen Forschers ermöglichte die Entwicklung von Antibiotika, die auch heute noch für die Ausrottung vieler Krankheiten unerlässlich sind.

Die Entdeckung von Penizillin zeigt die Bedeutung der Wissenschaft in der Gesellschaft.

Allerdings waren nicht alle wissenschaftlichen Entdeckungen von sofortigem Nutzen. Als Chemiker 1898 erstmals Polyethylen synthetisierten, sahen sie keine Verwendung für die weiße klebrige Substanz. Durch Zufall wurde 1933 jedoch ein industrielles Verfahren entdeckt, mit dem man Polyethylen in großen Mengen herstellen konnte. Dies bezeichnete den Beginn des Kunststoffzeitalters und den weitverbreiteten Gebrauch von heute gängigem Plastik. Umweltbedenken haben zwar die Meinung vieler Menschen über Plastik verändert, doch im 20. Jahrhundert, vor allem während der Industrialisierung, waren Kunststoffe unschätzbar und trugen dazu bei, das tägliche Leben weltweit umzuwälzen.

Kunststoffe haben viele Bereiche des menschlichen Lebens beeinflusst.

1933

1964

Mit einem besseren Verständnis der chemischen Eigenschaften von Materie und fortschrittlicheren Werkzeugen wurden im 20. Jahrhundert neue, spezialisierte Chemikalien entwickelt. Verbindungen mit Eigenschaften, die Flüssigkeiten und kristallinen Feststoffen ähneln, führten 1964 z. B. zur Erfindung des Flüssigkristalldisplays (LCD). Dies hatte einen enormen Einfluss auf die Elektronikindustrie, sodass ein Leben ohne die Monitore und Bildschirme, auf die wir uns heute so verlassen, kaum noch denkbar ist.

Die Erfindung des Flüssigkristalldisplays Mitte der 1960er Jahre revolutionierte die Elektronikindustrie.

1971

1971 entdeckte Dr. Akira Endo, ein japanischer Biochemiker, eine Klasse chemischer Verbindungen namens Statine, die sich später als wirksam bei der Senkung des LDL-Spiegels (Low-Density Lipoprotein), als schlechtes Cholesterin bezeichnet, im Blut erwiesen. Diese Entdeckung hat Millionen von Menschen gerettet, da ein hoher Cholesterinspiegel mit ernsthaften Gesundheitsrisiken einschließlich koronarer Herzkrankheit verbunden ist.

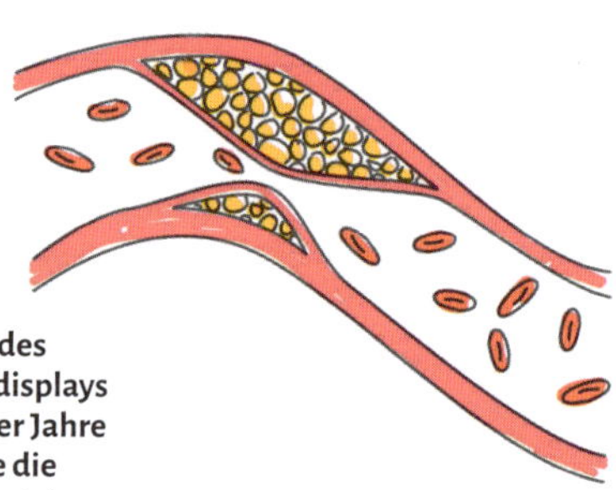

Statine verhindern die Ansammlung von Cholesterol in den Arterien.

1983

PCR-Tests sind ein Standardverfahren in der DNA-Chemie.

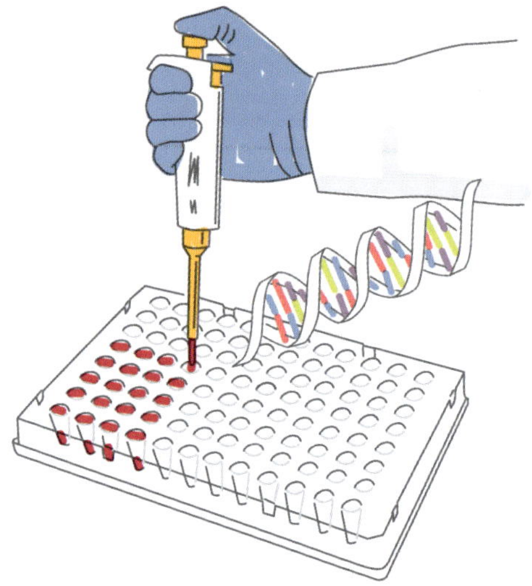

Im Jahr 1983 entdeckte die amerikanische Biochemikerin Kary Banks Mullis (1944–2019) die Polymerase-Kettenreaktion (PCR), die den Grundstein für den ultrasensitiven PCR-Test legte, den man heute zum Nachweis von Virus- und Bakterieninfektionen in biologischen Proben einsetzt. Diese Entdeckung revolutionierte die DNA-Chemie, und Mullis erhielt dafür 1993 den Nobelpreis für Chemie. Der PCR-Mechanismus erlaubt Chemikern, DNA-Proben hundertmillionenfach zu erweitern oder zu kopieren; dadurch wird ihre Erkennung bei verschiedenen Anwendungen wie DNA-Fingerabdruckmethoden und Virus- und Bakteriennachweis sowie bei der Diagnose genetischer Krankheiten beschleunigt. Die unglaubliche Wirkung, die PCR-Tests während der HIV-Epidemie und der Corona-Pandemie gezeigt haben, verdeutlicht die außerordentliche Bedeutung von Mullis' Entdeckung.

1990

Die 1990er Jahre wurden von wissenschaftlicher Forschung auf dem Gebiet der supramolekularen Chemie bestimmt, der Untersuchung neuer Moleküle mit einer Größe von 1100 Nanometern, also größer und komplexer als einzelne Moleküle. Die Begeisterung für Supramoleküle begann mit dem 1987er Nobelpreis für Chemie, der Jean-Marie Lehn, Donald J. Cram und Charles J. Pedersen verliehen wurde. Makromoleküle entstehen durch die Selbstorganisation molekularer Bausteine über nichtkovalente Bindungen zu nanometergroßen Strukturen. Komplexe Molekülsysteme werden heute in vielen Anwendungsbereichen als entscheidend angesehen, etwa in der Arzneimittelentwicklung, Nanowissenschaft und Nanoreaktoren. Die wissenschaftliche Forschung der 1990er und frühen 2000er Jahre führte 2016 zu einem zweiten Nobelpreis für Chemie für Beiträge im Bereich der aus Supramolekülen gebauten molekularen Maschinen, die in zahlreichen Gebieten eingesetzt werden, darunter der Bereitstellung therapeutischer Krebsmittel für Zielzellen im menschlichen Körper.

1998

Ab 1998 wurde das Periodensystem um bedeutende Ergänzungen erweitert: Sechs neu entdeckte Elemente mit den Ordnungszahlen 113 bis 118 vervollständigten die siebte Reihe des Systems. Flerovium (1998), Livermorium (2000), Nihonium und Moscovium (2003), Oganesson (2006) und Tenness (2010) wurden durch künstliche Transmutation entdeckt, indem man schwere Kerne mit leichteren Kernstrahlen in sorgfältig kontrollierten Experimenten mit Teilchenbeschleunigern bombardierte. Da diese Elemente nur für den Bruchteil einer Sekunde existieren, dauerte es mehrere Jahre, bis die wissenschaftliche Gemeinschaft sie bestätigte und akzeptierte. Es ist durchaus denkbar, dass man dem Periodensystem durch zukünftige Entdeckungen eine achte Reihe hinzufügen kann.

1998 – 114 **Fl** Flerovium

2000 – 116 **Lv** Livermorium

2003 – 113 **Nh** Nihonium; 115 **Mc** Moscovium

2006 – 118 **Og** Oganesson

2010 – 117 **Ts** Tenness

Als Wissenschaft hat die Chemie bei all diesen und zahllosen anderen Entwicklungen eine zentrale und entscheidende Rolle gespielt. Ohne Verständnis des Fachgebiets Chemie aber ist es unmöglich, die Leistungen der Wissenschaftler in den letzten 200 Jahren vollständig zu würdigen. Hier kommt dieses Buch ins Spiel. Mithilfe aussagekräftiger Illustrationen und faszinierender Zusammenhänge aus dem wirklichen Leben beginnt *Chemie – Ein visuelles Lehrbuch für jedes Alter* mit dem Atom und erkundet die grundlegenden Prinzipien der Chemie. Es hilft, ein Verständnis und eine Wertschätzung dafür zu entwickeln, wie Chemie wissenschaftlich und technologisch angewendet wird und so unsere moderne Gesellschaft und Lebensweise prägt und definiert.

Therapeutische Medikamente kann man in den Hohlräumen dreidimensionaler Anordnungen unterbringen, die aus Supramolekülen für eine gezielte Verabreichung erstellt worden sind.

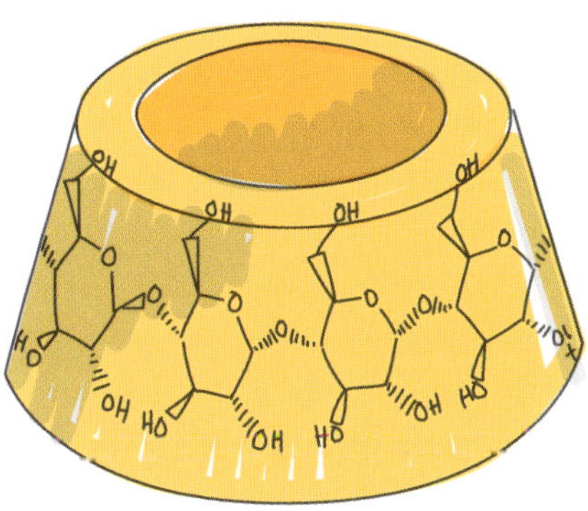

KAPITEL 1

CHEMIE: EINE ZENTRALE WISSENSCHAFT

Chemie ist eine Wissenschaft, die sich mit Materie beschäftigt, von ihrer Zusammensetzung, Struktur und ihren Veränderungen bis zu ihren Wechselwirkungen mit anderen Stoffen und Energien. Chemie gibt es schon seit langem, von Demokrit und Aristoteles über die experimentelle Ära der Alchemie bis zu Antoine-Laurent de Lavoisier (1734–1794), dem Vater der modernen Chemie. Schon die ersten Wissenschaftler haben Beobachtungen und Experimente zur Entwicklung von Theorien genutzt, die unsere physische Welt besser verständlich machen. Dieses geballte Wissen führte ab Mitte des 19. Jahrhunderts zu einem unglaublichen, noch heute anhaltenden Fortschritt, durch den sich die moderne Chemie als grundlegender Wissenschaftszweig etabliert hat.

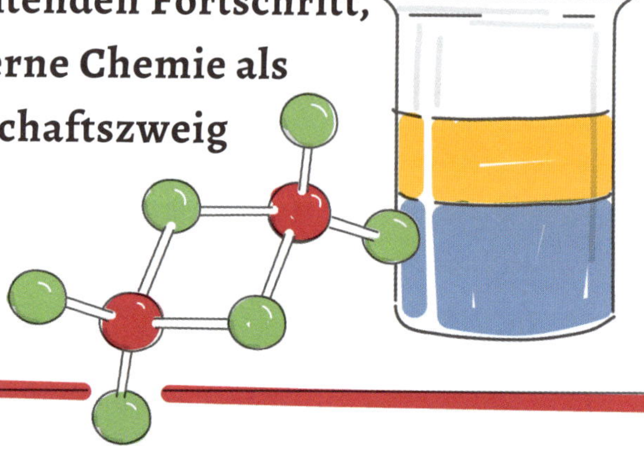

Die wesentliche Funktion der Chemie

Die gesamte physische Welt besteht aus Materie und Energie, die die Chemie zu erforschen und erklären versucht. Es liegt daher auf der Hand, wie wichtig Chemie dafür ist, das Verhalten von Materie – von Atomen zu Sternen, von Gestein zu Lebewesen – zu verstehen. Chemie ist also nicht nur an sich essenziell, sondern auch für viele andere wissenschaftliche Bereiche von zentraler Bedeutung.

Chemie und die menschliche Erfahrung

Da Chemie in zahlreichen Anwendungsbereichen eine Rolle spielt, beeinflusst sie das menschliche Leben auf unterschiedliche Art und Weise.

Chemie spielt eine Hauptrolle bei der Entwicklung neuer Medikamente zur Behandlung verschiedener Krankheiten.

Geochemie untersucht die Zusammensetzung, Veränderungen und Datierung geologischer Artefakte sowie zahlreiche geologische Prozesse wie Vulkanausbrüche, Meteoriten- und Fossilienbildung und Veränderungen von Gesteinssedimenten im Verlauf der Zeit.

Dank erstaunlicher Entwicklungen in der Festkörperchemie ersetzt siliziumbasierte Elektronik heute nach und nach Polymermaterialien.

Chemie hat eine entscheidende Rolle bei der Entwicklung der modernen Medizin gespielt, etwa der Weiterentwicklung der Stammzelltechnologie.

Chemie hilft bei der Datierung archäologischer Artefakte und gibt Aufschlüsse über die Technologie, mit der sie hergestellt wurden.

Die Rolle der Chemie in der Landwirtschaft ist von unschätzbarem Wert, von der Entwicklung von Chemikalien zur Schädlingsbekämpfung und Düngemitteln zur Entdeckung neuer Wege zur Maximierung des Ernteertrags.

Chemische Verfahrenstechnik ist der praktische Teil der Chemie, der sich mit der Planung, dem Entwurf und dem Bau von Produktionsanlagen für Chemikalien und andere Produkte befasst, die wir im täglichen Leben benötigen.

Biochemie untersucht komplexe biologische Systeme, ohne die Wissenschaftler keine Antibiotika für die Behandlung von Bakterieninfektionen entwickeln könnten.

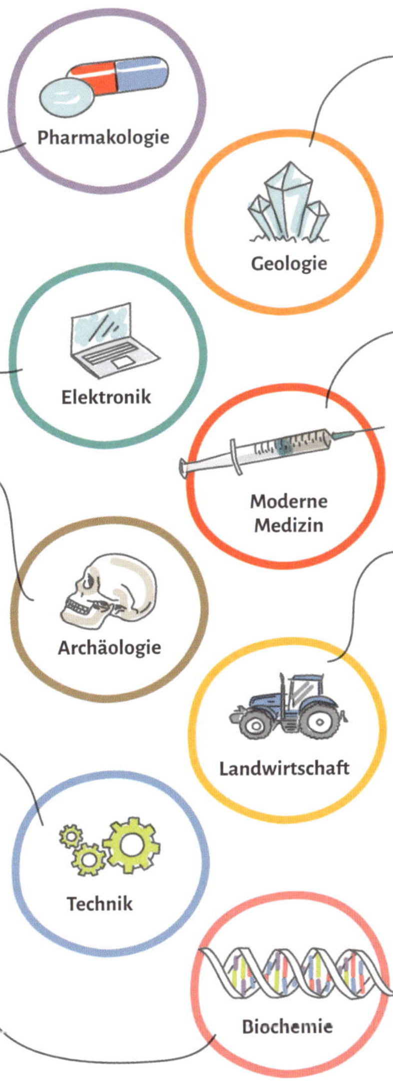

Chemie hat außerdem eine wichtige Funktion in vielen anderen Bereichen wie Physik, Botanik, Ökologie, Meteorologie, Paläontologie, Toxikologie, Metallurgie, Biologie und Neurologie.

Bereiche der Chemie

Es gibt fünf konventionelle Teilgebiete der Chemie: physikalische, analytische, organische und anorganische Chemie sowie Biochemie. Diese werden in über 40 Bereiche unterteilt, in denen sich mit der Entstehung neuer, aufregender Anwendungsgebiete spezielle Unterdisziplinen auftun. Die grundlegende Aufgabe der Chemie ist jedoch nach wie vor die Untersuchung von Materie und den Veränderungen, die bei physikalischen, chemischen und nuklearen Prozessen entstehen. Jede Disziplin aber erklärt chemische Prozesse aus einer anderen Perspektive und liefert uns so ein unverzichtbares Werkzeug zum Verständnis des Universums, in dem wir leben.

Physikalische Chemie: Das Studium von Theorien und Techniken der Physik und Mathematik, die man auf chemische Systeme anwendet

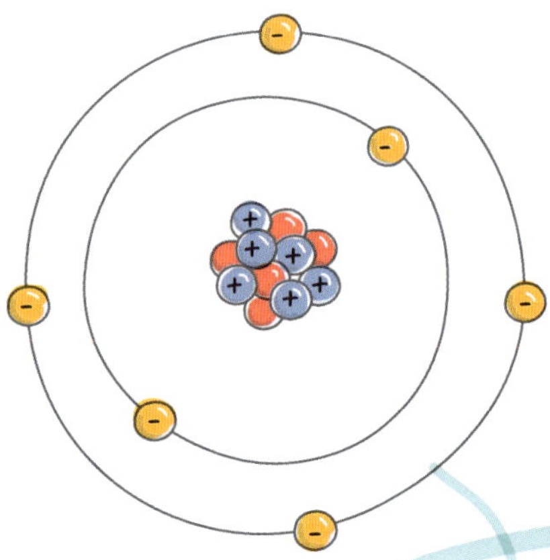

Analytische Chemie: Das Studium chemischer Methoden zur Trennung, Identifizierung und Bestimmung von Materie

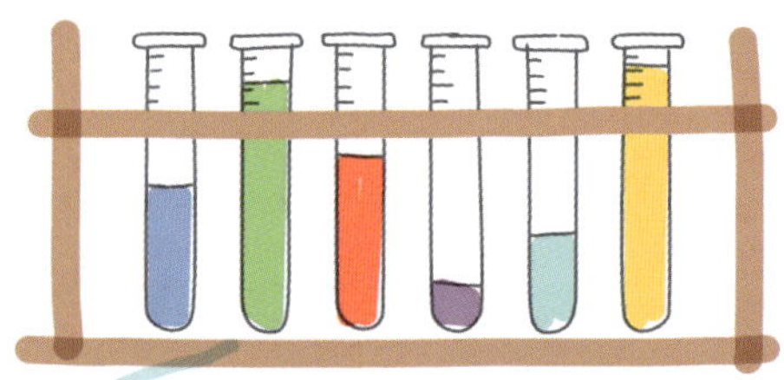

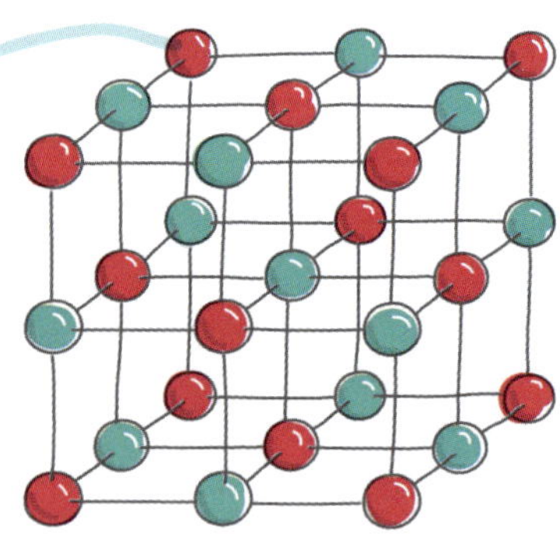

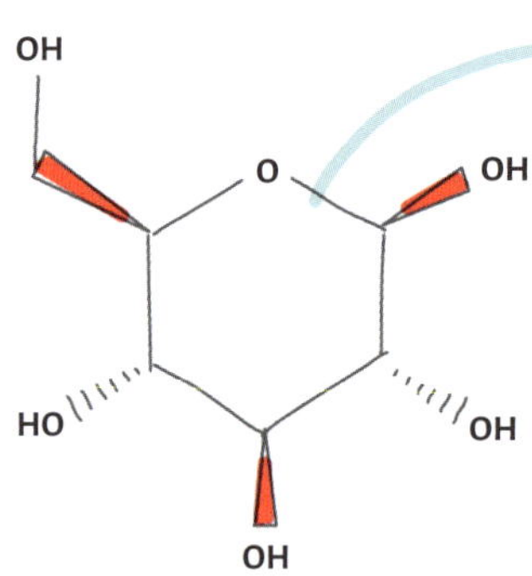

Organische Chemie: Das Teilgebiet der Medizin, das die Eigenschaften und das Verhalten kohlenstoffhaltiger Verbindungen untersucht

Anorganische Chemie: Das Studium der Eigenschaften und des Verhaltens anorganischer Verbindungen ohne oder mit nur wenigen Kohlenstoff- und Wasserstoffbindungen

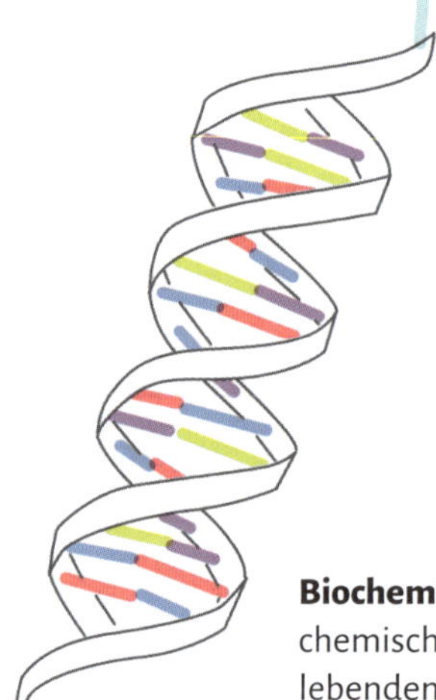

Biochemie: Das Studium chemischer Prozesse in lebenden Organismen

MATERIE

Im Allgemeinen ist Materie – ob für das menschliche Auge sichtbar oder unsichtbar – alles, was Masse hat und Volumen einnimmt. Alle physischen Objekte bestehen aus Materie, die ihrerseits aus winzigen Bausteinen, den **Atomen**, besteht. Es gibt drei Hauptformen von Materie: **fest**, **flüssig** und **gasförmig**.

Materie definieren

Die **Masse** eines Objekts ist ein Maß für die Menge der darin enthaltenen Materie.

Das **Volumen** eines Objekts ist ein Maß für die Menge des besetzten Raums.

Dichte ist eine charakteristische Eigenschaft von Materie, die man als Masse einer Volumeneinheit des Materials definiert.

Dichte = Masse/Volumen

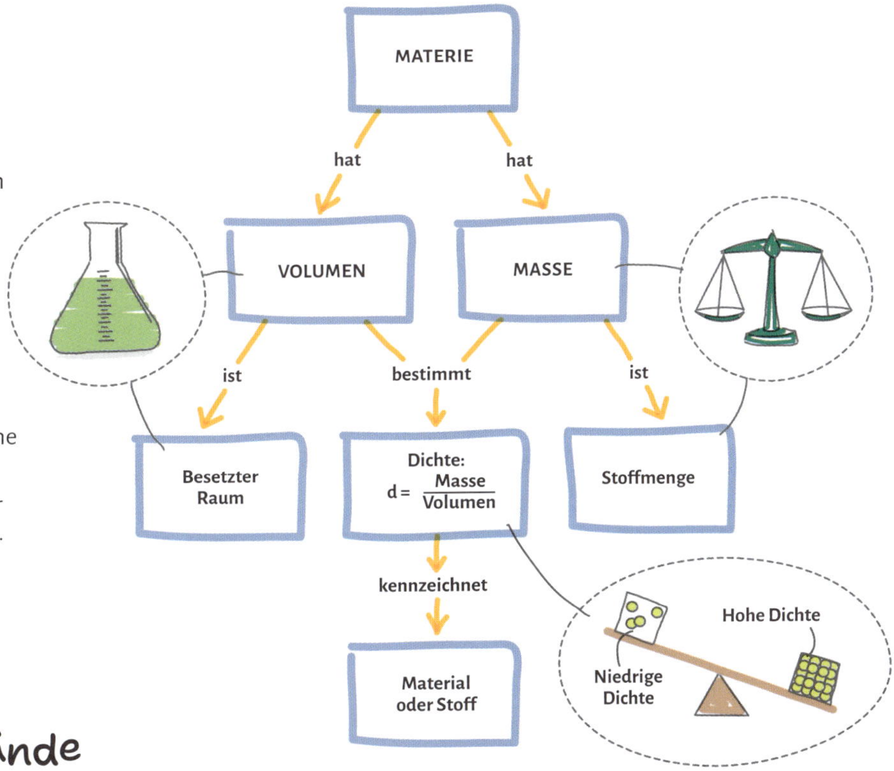

Aggregatzustände

Fest: Der Zustand mit der höchsten Dichte der Materie. Atome oder Moleküle sind dicht nebeneinander in fester Position angeordnet.

Flüssig: Der Zustand hat eine Dichte zwischen fest und gasförmig. Atome oder Moleküle können sich im flüssigen Zustand bewegen, bleiben aber in unmittelbarer Nähe zueinander.

Gasförmig: Der Zustand mit der niedrigsten Dichte. Zwischen Atomen oder Molekülen sind große Abstände. Gasteilchen sind aufgrund der geringen Anziehungskraft zwischen Teilchen und niedriger Dichte frei beweglich.

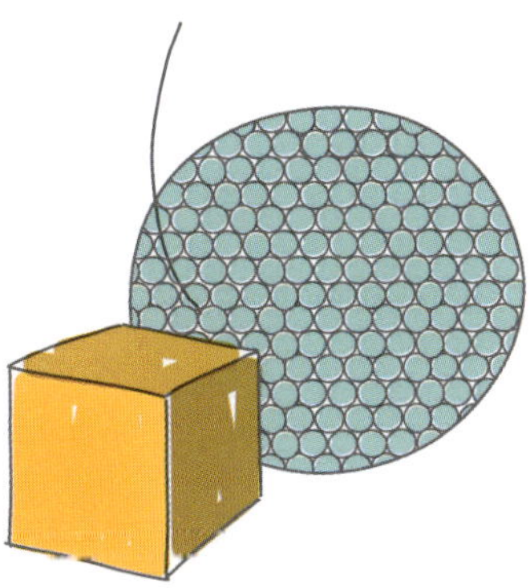

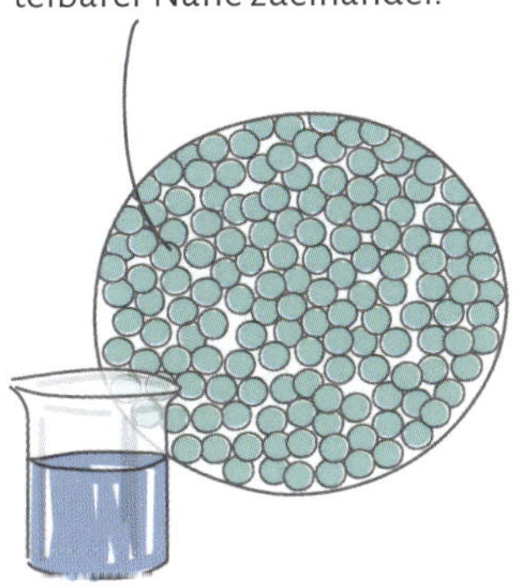

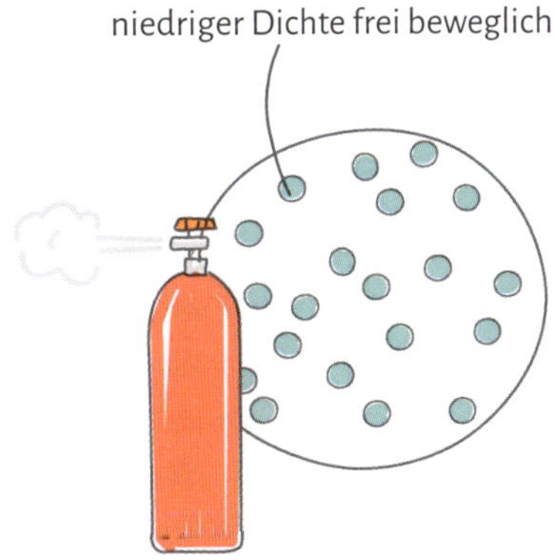

KLASSIFIKATION VON MATERIE

Materie umgibt uns überall. In unserem Alltag kommen wir mit ihr in vielfältiger Form in Berührung: Wir atmen Materie, sitzen auf ihr, tragen sie, essen und trinken sie. Diese Materie kommt in reiner Form (aus reinen Substanzen hergestellt) oder als Gemisch aus verschiedenen Substanzen vor.

Klassifikation von Materie

Eine **reine** Form von Materie ist eine Substanz mit einer genau definierten, festen Zusammensetzung, die sich von Probe zu Probe nicht verändert. Eine reine Substanz entsteht durch die dauerhafte Verbindung von Elementen, die nur durch chemische Prozesse getrennt werden können. Kochsalz (NaCl) beispielsweise ist eine reine Substanz, die aus chemisch verbundenen Natrium- und Chloratomen besteht. Wasser (H_2O) ist eine reine Substanz aus zwei Wasserstoffatomen und einem Sauerstoffatom.

Eine reine Substanz kann eine elementare oder zusammengesetzte Form haben. Ein **Element** ist eine Grundsubstanz, die aus nur einer Atomart besteht, aus der alle materiellen Dinge aufgebaut sind. Das Element Gold etwa besteht ausschließlich aus Goldatomen.

Kann nicht durch chemische Methoden getrennt werden

REIN

Mit nur einer Atomart

Mit zwei oder mehreren verschiedenen, chemisch in unterschiedlichem Verhältnis kombinierten Atomarten

ELEMENT

VERBINDUNG

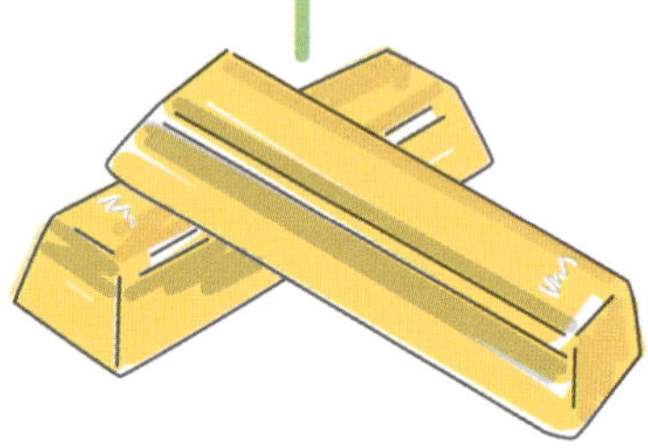

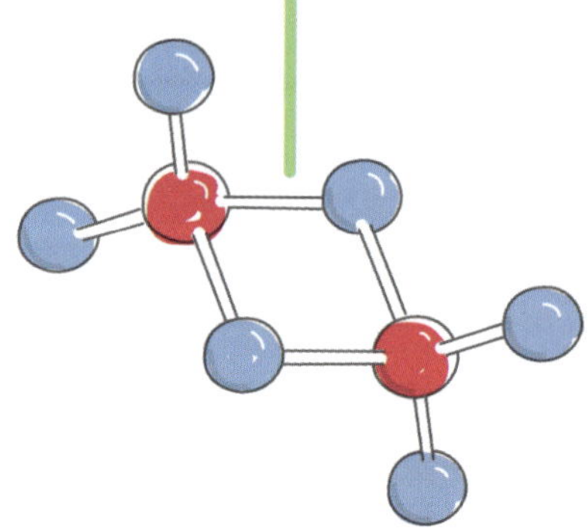

MATERIE

Bestimmte Elemente neigen dazu, sich chemisch miteinander zu verbinden; daher kommen die meisten Stoffe in der Natur als Gemische vor. Nur wenige Elemente wie Gold, Sauerstoff und Stickstoff existieren in der Natur in reiner Form. Eisen z. B. wird in seiner Verbindung mit Sauerstoff oder Schwefel abgebaut und nicht als reines Element. Häufig werden Reinigungstechniken eingesetzt, um Stoffe in gemischter Form in ihre reinen Bestandteile zu trennen.

Eine **Mischung** hat eine variable Zusammensetzung, die aus zwei oder mehr Substanzen besteht, die ihre Identität in der Mischung behalten, statt sich dauerhaft zu verbinden. Folglich können Mischungen durch physikalische Methoden wie Filtration und Destillation in ihre Bestandteile getrennt werden.

Kann durch physikalische Methoden leicht in seine Bestandteile getrennt werden

MISCHUNG

Durchgehend variable Zusammensetzung

Durchgehend identische Zusammensetzung

Heterogene Mischungen bestehen aus zwei oder mehr Komponenten mit deutlich sichtbarer, durchgehend uneinheitlicher Verteilung. Beispiel: eine Mischung aus Öl und Wasser.

HETEROGEN

HOMOGEN

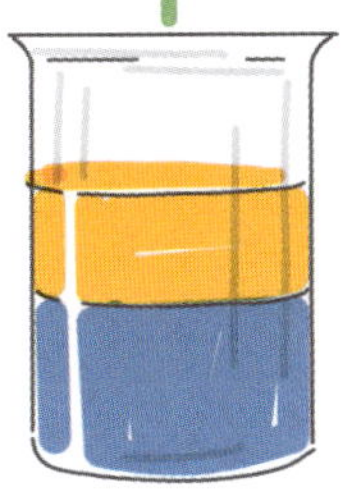

Auch bekannt als ...

LÖSUNGEN

Eine **Verbindung** besteht aus zwei oder mehr unterschiedlichen Elementen, die chemisch miteinander verbunden sind. Ein **Molekül** dagegen ist eine Sammlung von Atomen, die zu einer einzigen Einheit gebunden sind. Alle Moleküle in einer Verbindung haben dieselben Atome, die im selben Verhältnis miteinander verbunden sind. Beispiel: Wasser (H_2O) ist ein Molekül und eine Verbindung, die aus Wasserstoff- und Sauerstoffatomen besteht.

Homogene Mischungen – oder **Lösungen** – haben eine durchgehend einheitliche Zusammensetzung. Beispiel: Salzwasser ist in Wasser aufgelöstes Natriumchlorid.

EIGENSCHAFTEN UND VERÄNDERUNGEN VON MATERIE

Eine der wichtigsten Rollen der Chemie besteht darin, neue und nützliche Materialien zu entwickeln, die das menschliche Leben auf der Erde verbessern, beispielsweise durch die Veränderung chemischer Verbindungen zur Herstellung von Arzneimitteln, mit denen man verschiedene Krankheiten behandeln kann. Die Entwicklung neuer Materialien erfordert Veränderungen der **physikalischen**, **chemischen** und/oder **nuklearen** Eigenschaften der Materie. Diese Veränderungen reichen von einfachen Phasenübergängen zu dauerhaften Identitätsveränderungen der beteiligten Elemente, führen aber in allen Fällen zu einer neuen Form von Materie.

Veränderungen der Materie

PHYSIKALISCHE VERÄNDERUNG

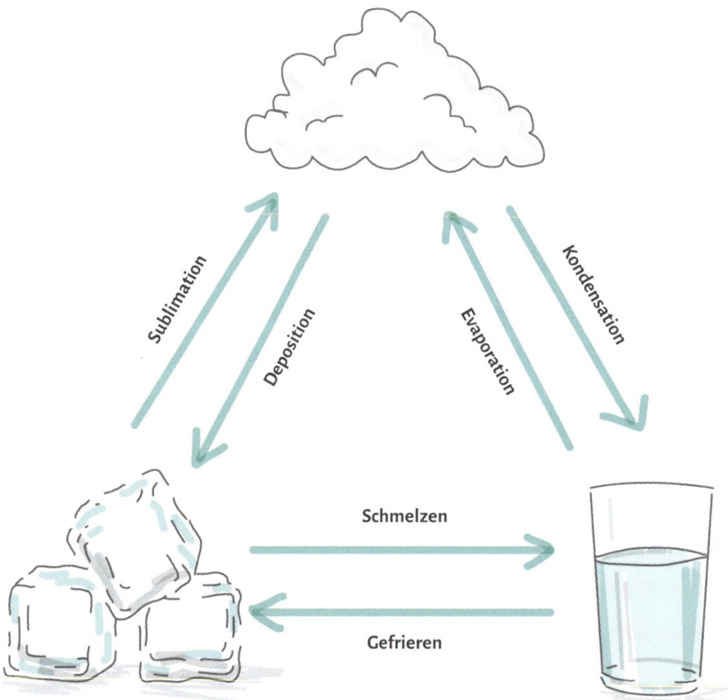

Eine **physikalische** Eigenschaft eines Stoffes kann gemessen oder beobachtet werden, ohne seine Identität wie Geruch, Farbe, Dichte, Masse oder Siedepunkt zu verändern. Das Schmelzen von Eis zu flüssigem Wasser und das Verdampfen von flüssigem Wasser zu Dampf sind Beispiele für **physikalische Veränderungen**.

Bei der bei vielen Stoffveränderungen beteiligten Energie handelt es sich häufig um **Wärme** (thermische Energie). Diese Energie in Bewegung wird in Joule (J) oder Kalorien (cal) gemessen. Die **Temperatur** gibt die Richtung des Wärmeflusses an. Temperatur ist ein Indikator dafür, wie warm oder kalt ein Objekt ist: Wärme fließt naturgemäß von einem Bereich höherer Temperatur zu einem Bereich niedrigerer Temperatur.

Eine **chemische** Eigenschaft wird beobachtet, wenn ein neuer Stoff mit anderen Eigenschaften aus denselben Elementen in einer anderen Anordnung entsteht, z. B. das Rosten von Eisen, Abbrennen einer Kerze und Verbrennen von Gas.

Das Verbrennen von Holz ist ein weiteres Beispiel für eine **chemische Veränderung**, da Kohlenstoff und andere Elemente im Holz unumkehrbar in andere Verbindungen umgewandelt werden, die jedoch aus denselben Elementen bestehen.

CHEMISCHE VERÄNDERUNG

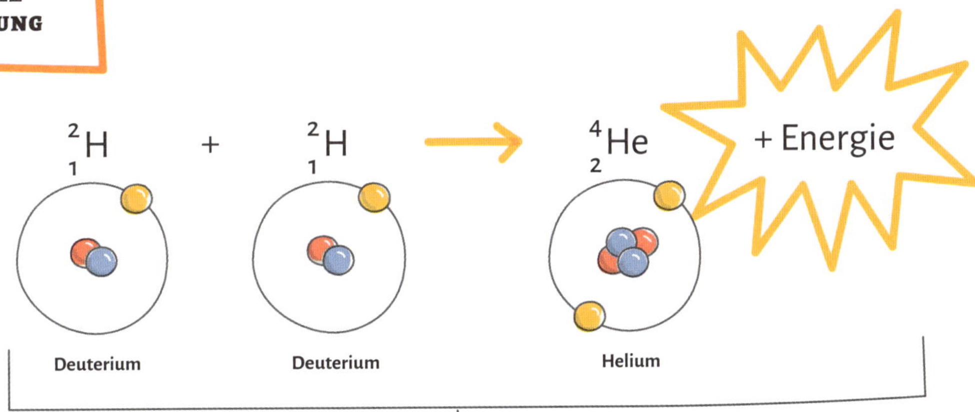

Veränderungen der **nuklearen** Eigenschaften beziehen Änderungen der Zusammensetzung und der Identität der beteiligten Atome ein. Beispiel: Die **Kernveränderung** im Zentrum der Sonne umfasst die Verbindung von zwei Wasserstoffatomen zum Erzeugen von Helium, wobei eine enorme Energiemenge freigesetzt wird.

NUKLEARE VERÄNDERUNG

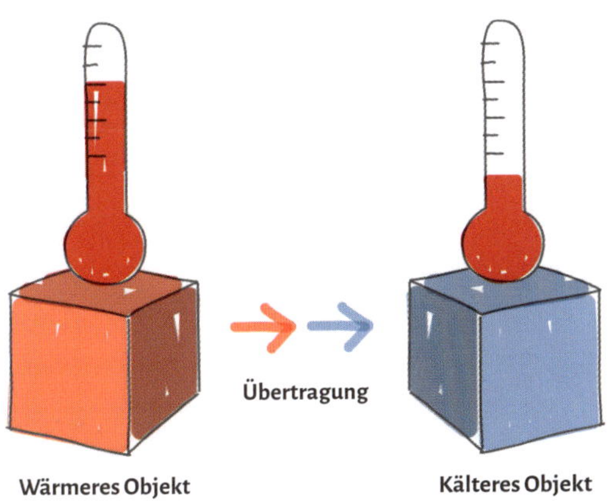

Temperatur wird gewöhnlich in Celsius (°C) oder Kelvin (K) ausgedrückt.

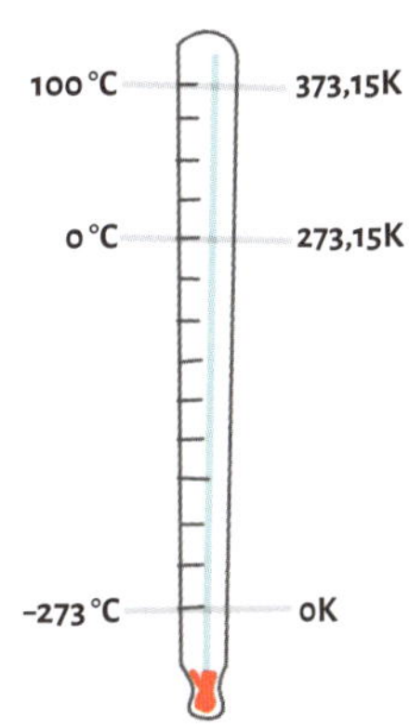

$$K = °C + 273{,}15$$

MATERIE UND ENERGIE

Energie kann als die Fähigkeit definiert werden, Veränderungen herbeizuführen. Mit anderen Worten: Energie wird benötigt, um etwas zu bewirken, das andernfalls nicht von selbst geschehen würde. Da Energie weder Volumen noch Masse hat, wird sie nicht als Materie klassifiziert, kann aber Veränderungen in ihr bewirken. Das Energieerhaltungsgesetz besagt, dass die Gesamtenergie des Universums konstant ist. Das bedeutet, dass Energie weder erzeugt noch zerstört werden kann. Sie kann sich jedoch von einer Form in eine andere umwandeln.

Veränderungen in der Materie gehen meist mit Veränderungen in der Energie einher. Physikalische Veränderungen erfordern geringe Energiemengen (0,5–45 kJ/mol); chemische Veränderungen sind mit deutlich größeren Energieumwandlungen verbunden (200–900 kJ/mol). Energie in verschiedenen Formen wird in chemischen und physikalischen Prozessen absorbiert oder freigesetzt; nukleare Veränderungen setzen enorme Energiemengen frei ($1{,}0 \times 10^{8}$–$2{,}0 \times 10^{11}$ kJ/mol).

Energiearten

Energie hat die Fähigkeit, Veränderungen herbeizuführen.

POTENZIELLE ENERGIE

Potenzielle Energie ist gespeicherte Energie wie chemische, nukleare, gravitative und elastische Energie.

KINETISCHE ENERGIE

Kinetische Energie ist Bewegungsenergie wie mechanische, elektrische und thermische Energie sowie Strahlen- und Schallenergie.

Gravitationsenergie

Gespeicherte Energie aufgrund von Hebung

Kernenergie

In einem Kern gelagerte Energie

Mechanische Energie

Energie aufgrund von Bewegung

Wärmeenergie

Hitze in Bewegung

Strahlenenergie

Von sich bewegenden Photonen getragene Energie

Chemische Energie

In chemischen Verbindungen gespeicherte Energie

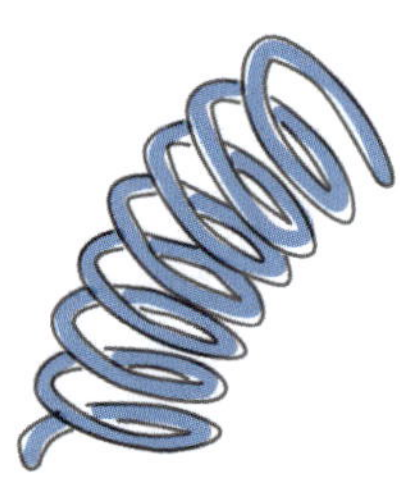

Elastische Energie

Gespeicherte Energie aufgrund von elastischer Ausdehnung

Schallenergie

Energie von Schallwellen

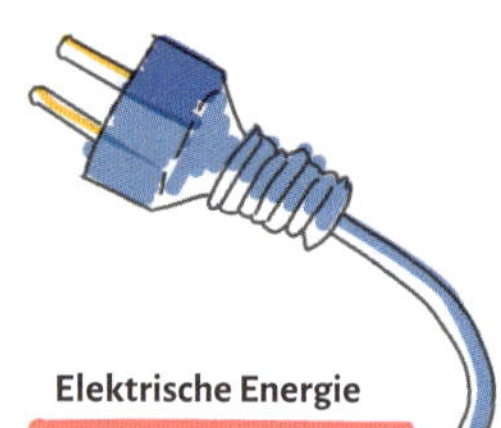

Elektrische Energie

Von sich bewegenden Elektronen getragene Energie

MESSUNG VON MATERIE

Chemie ist eine quantitative Wissenschaft. Ein wesentlicher Bestandteil der Arbeit von Chemikern besteht in Beobachtungen und Experimenten zur Messung von Veränderungen in der Materie. Letztere gehen gewöhnlich mit Veränderungen ihrer Eigenschaften wie Masse, Volumen, Dichte, Temperatur und Zusammensetzung einher. Wissenschaftler können die Eigenschaft einer Substanz messen und mit einem Standard vergleichen, dessen Wert für diese Eigenschaft bekannt ist. So sind ihre Beobachtungen begründbar und wiederholbar.

Maßeinheiten

In der Chemie werden Messungen durch einen **numerischen Wert** und eine **Einheit** ausgedrückt, die den Standard angeben, mit dem man die gemessene Menge vergleicht.

Das wissenschaftliche Maßsystem – das **Internationale Einheitensystem** oder **SI** – umfasst sieben Basiseinheiten, die durch universelle Konstanten oder Eigenschaften definiert sind, die im gesamten Bezugsrahmen gleich bleiben. Diese fundamentalen Größen können nicht durch andere Größen ausgedrückt werden und sind daher unabhängig von anderen Maßeinheiten einschließlich voneinander.

Die grundlegenden Größen oder Einheiten können zum Definieren **abgeleiteter** Mengen oder Einheiten kombiniert werden. Beispiel: Geschwindigkeit wird in Länge und Zeit ausgedrückt, etwa in Kilometern pro Stunde und Metern pro Sekunde.

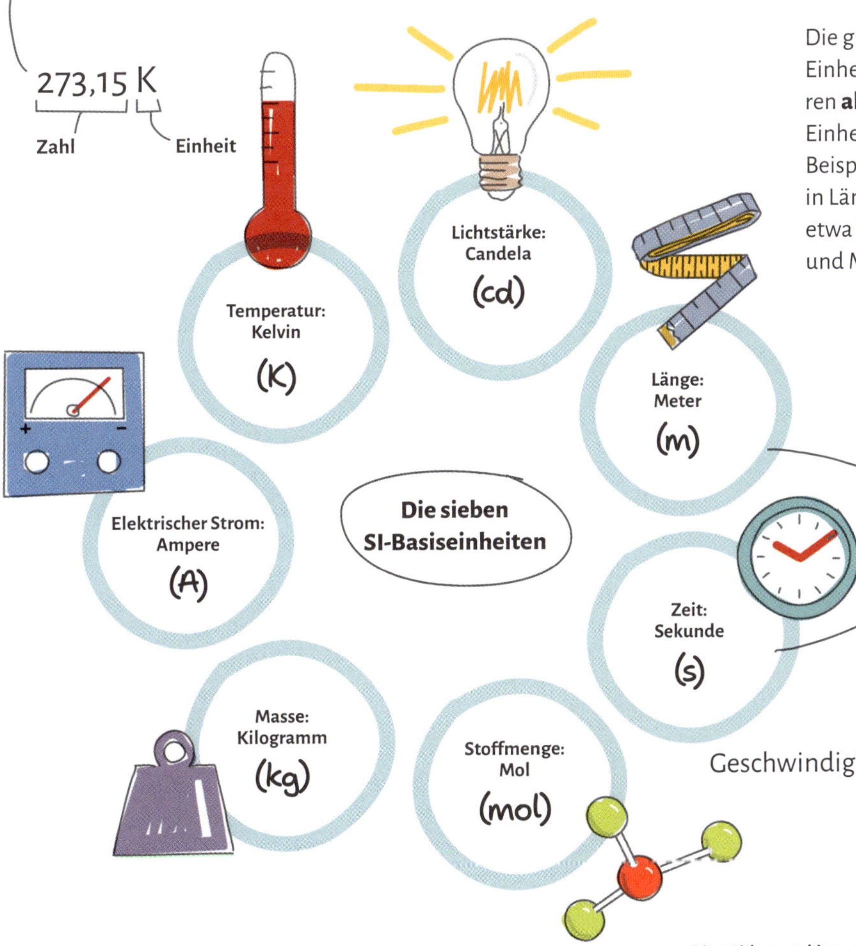

Abgeleitete Einheit

$$\text{Geschwindigkeit} = \frac{\text{Länge}}{\text{Zeit}} = \frac{m}{s}$$

RESÜMEE

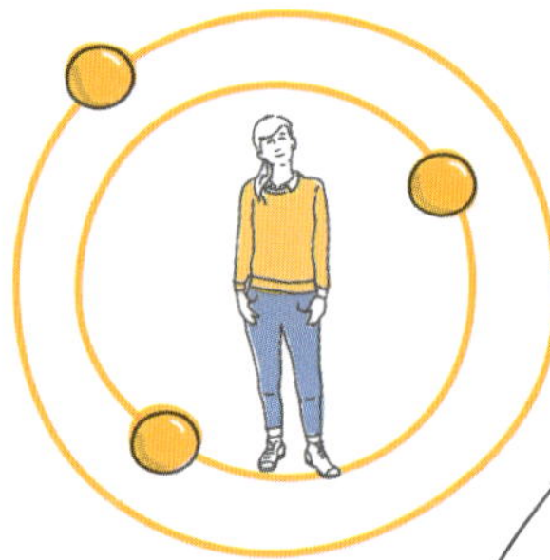

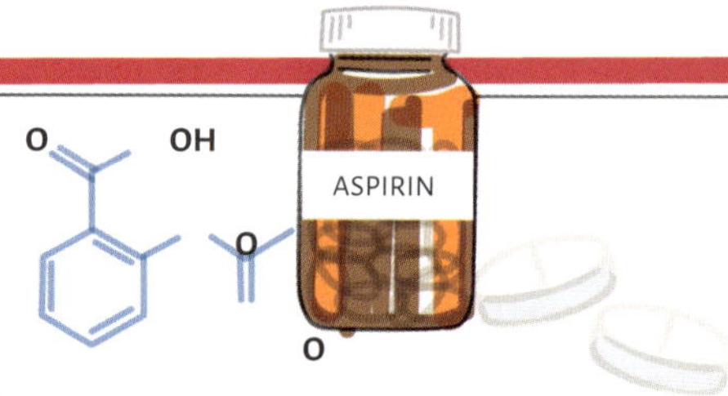

CHEMIE UND DIE MENSCHLICHE ERFAHRUNG

Chemie spielt in allen Aspekten des Lebens eine Rolle.

BEREICHE DER CHEMIE

Physikalische, analytische, organische und anorganische Chemie sowie Biochemie

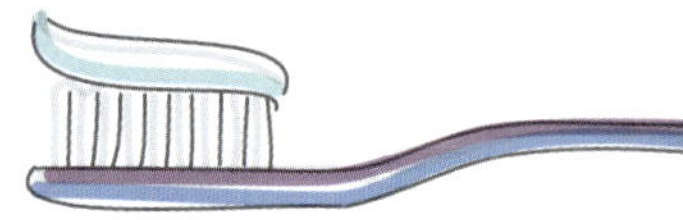

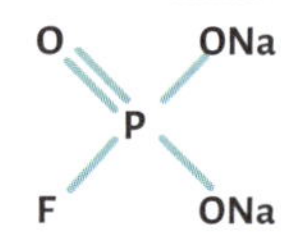

DIE WESENTLICHE FUNKTION DER CHEMIE

CHEMIE: EINE ZENTRALE WISSENSCHAFT

MESSUNG DER MATERIE

SI-BASISEINHEITEN

Internationales Basiseinheitensystem.

EINHEIT

Ein Richtmaß

ABGELEITETE EINHEITEN

Mathematische Manipulationen der SI-Basiseinheiten

- s – Zeit
- kg – Masse
- m – Länge
- K – Temperatur
- mol – Menge
- cd – Lichtstärke
- A – Elektrischer Strom

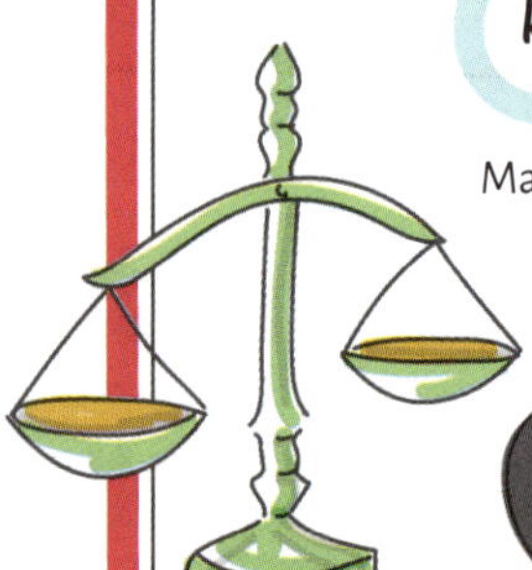

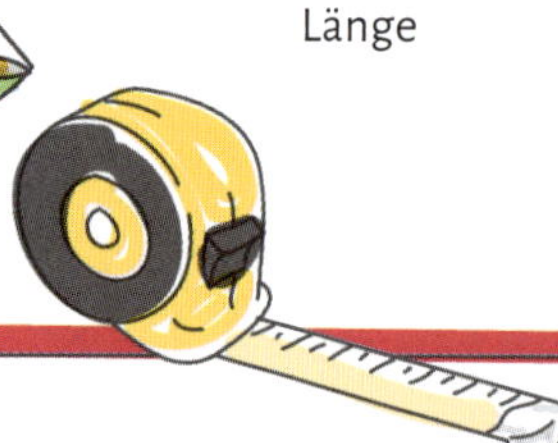

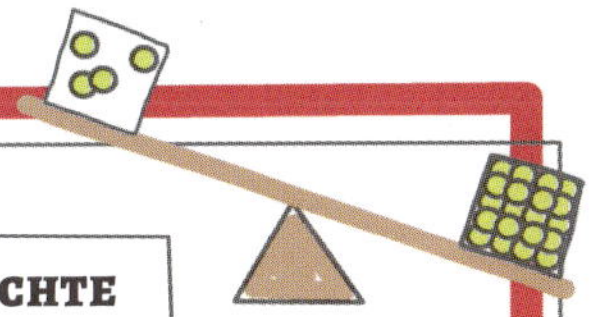

MATERIE

MASSE

Menge der Substanz

VOLUMEN

Besetzter Raum

DICHTE

Masse/Volumen

AGGREGATZUSTÄNDE

Fest, flüssig, gasförmig

KLASSIFIZIERUNG VON MATERIE

REINE SUBSTANZ

Elemente haben eine Atomart; Verbindungen haben zwei oder mehrere Atomarten.

MISCHUNG

Homogene Mischungen sind durchgehend einheitlich; heterogene Mischungen sind durchgehend uneinheitlich.

LÖSUNGEN

Homogene Mischungen

EIGENSCHAFTEN UND VERÄNDERUNGEN VON MATERIE

PHYSIKALISCHE EIGENSCHAFT/VERÄNDERUNG

Keine Veränderung in der Identität der Substanz

CHEMISCHE EIGENSCHAFT/ VERÄNDERUNG

Die Identität der Substanz verändert sich, betrifft aber dieselben Elemente.

NUKLEARE EIGENSCHAFT/ VERÄNDERUNG

Die Identität der Atome verändert sich.

MATERIE UND ENERGIE

WÄRME

Thermische Energie in Bewegung

TEMPERATUR

Sie misst, wie kalt oder warm ein Gegenstand ist.

POTENZIELLE ENERGIE

Gespeicherte Energie wie chemische, nukleare, gravitative und elastische Energie

KINETISCHE ENERGIE

Bewegungsenergie wie mechanische, elektrische, thermische Energie sowie Strahlen- und Schallenergie

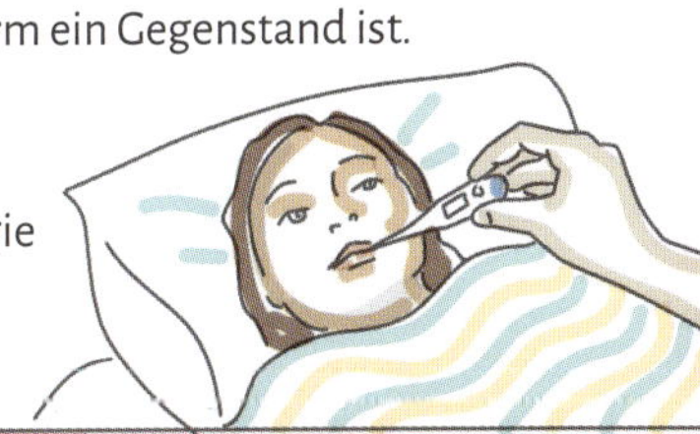

KAPITEL 2

DAS ATOM

Atome mit allen chemischen Eigenschaften der Elemente sind die Grundbausteine der Materie in unserer natürlichen Welt. Die gesamte Materie besteht aus einem oder mehreren der 92 bekannten Elemente. Wenn wir Materie und das Verhalten von Substanzen in unserem Universum verstehen wollen, müssen wir uns mit dem Atom und seinen Bestandteilen vertraut machen. Die allgemeine Struktur der Atome ist ähnlich, doch sie bestehen aus unterschiedlichen subatomaren Teilchen, die jedes Element mit seinem eigenen Atomtyp und Eigenschaften einzigartig machen.

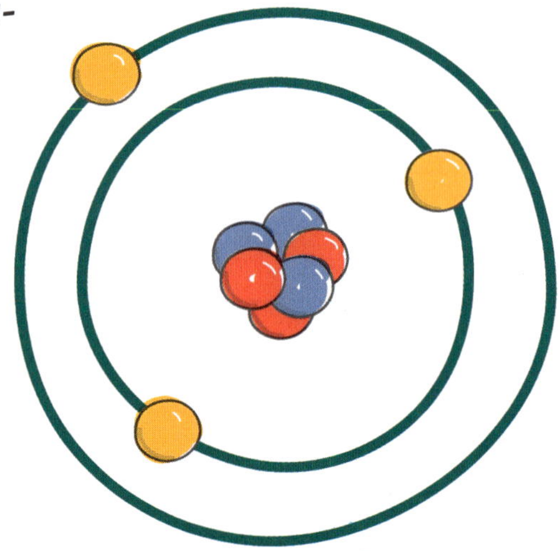

ENTWICKLUNG VON ATOMMODELLEN

Die alten Griechen, beeinflusst von Aristoteles, glaubten, dass Materie aus unterschiedlichen Mengen der vier Grundsubstanzen – Erde, Feuer, Wasser und Luft – bestand. Im 5. Jahrhundert v. Chr. mutmaßten Leukipp und sein Schüler Demokrit, dass Materie eine „besondere" Natur besitze, ähnlich wie eine Wasserlache, die sich in kleine Tropfen aufteilt. Jeder Tropfen könne in immer kleinere Tropfen zerfallen, bis diese so klein werden, dass man sie nicht mehr sehen kann. Leukipp vermutete, dass es letztendlich winzige Wasserpartikel geben müsse, die sich nicht mehr zerlegen ließen. Demokrit nannte diese Partikelchen „atomos" (gr. „unteilbar"), von dem wir das Wort „Atom" ableiten.

John Dalton (1766–1844), ein englischer Chemiker und Meteorologe, definierte das Atom als feste, unteilbare **Kugel** und stellte zur Debatte, dass alle Elemente aus identischen Atomen bestehen.

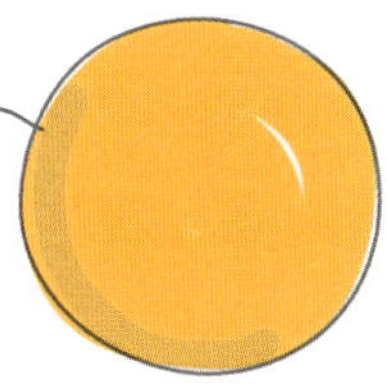

J. J. Thomson (1856–1940) entdeckte die Existenz von Elektronen und machte den Vorschlag, dass Atome aus einer positiv geladenen Matrix mit negativ geladenen Teilchen bestanden. Sein Modell ist als das **Plumpudding-Modell** bekannt, da man sich vorstellen sollte, dass Elektronen von einem „Pudding" aus positiven Ladungen umgeben waren – wie Rosinen in einem Plumpudding.

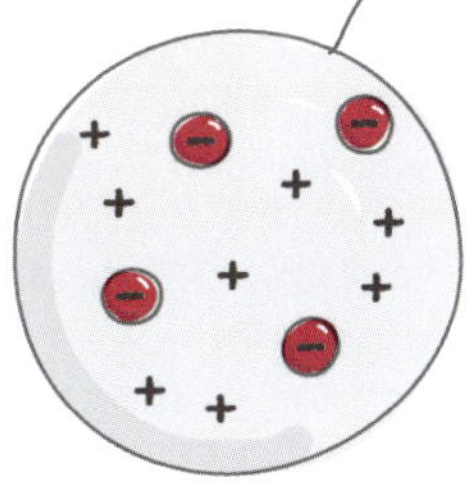

Ernest Rutherford (1871–1937) war der erste Wissenschaftler, der das aktuelle Atommodell vorstellte. Er entdeckte, dass ein Atom ein winziges, dichtes, positives Zentrum hat, das vom „**leeren Raum**" der Elektronenwolke umgeben ist.

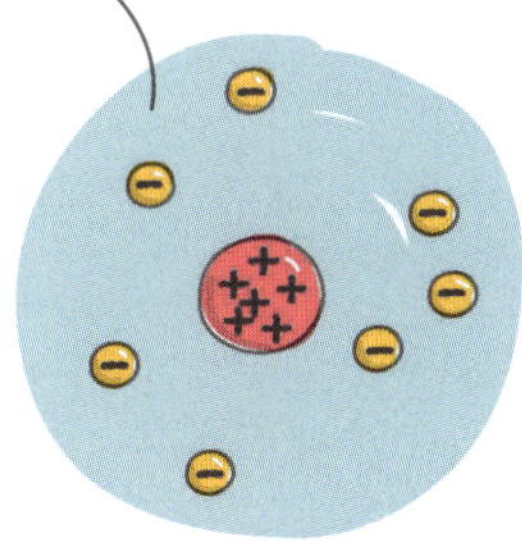

Niels Bohr (1885–1962) stellte die These auf, dass sich Elektronen auf **Kreisbahnen** um den Atomkern bewegten. Er legte nahe, dass Elektronen in einem Atom auf bestimmte Kreisbahnen beschränkt sind, die jeweils andere Energiestufen darstellten.

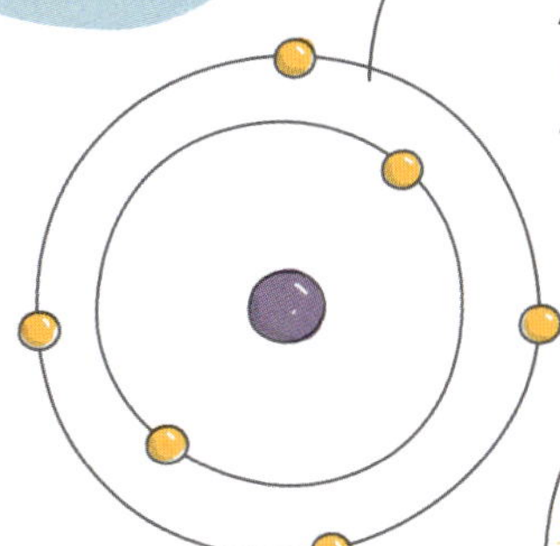

Erwin Schrödinger (1887–1961), ein österreichisch-irischer Physiker, entwickelte das moderne Elektronenwolkenmodell, bei dem Elektronen je nach ihrer Energie dreidimensionale Raumbereiche namens **Orbitale** um den Kern besetzen. Dies ist die derzeit vorherrschende Theorie der Atomstruktur, die die Grundlage der Quantenmechanik bildet. Bei diesem Modell verhalten sich Elektronen wie Wellen, deren genaue Position im Atom unbekannt sind.

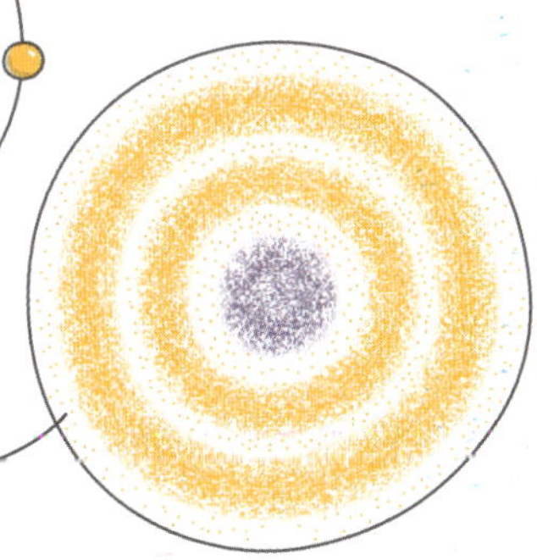

WISSENSCHAFTLICHE GESETZE DER CHEMISCHEN BINDUNG

Die atomare Sicht der Materie blieb bis zum Beginn des 18. Jahrhunderts unklar. Zu diesem Zeitpunkt führte eine Reihe von wissenschaftlichen (größtenteils selbst finanzierten) Beobachtungen seitens einiger schillernder Persönlichkeiten zu einem besseren Verständnis der atomaren und partikulären Natur der Materie. Das wachsende Wissen über Elemente und ihre Eigenschaften gipfelte in der Entwicklung wichtiger wissenschaftlicher Gesetze über die chemischen Zusammensetzungen der Elemente.

Das **Gesetz der Massenerhaltung** besagt, dass Materie bei einer chemischen Reaktion nicht geschaffen oder zerstört werden kann. Beispiel: Wenn durch eine Reaktion zwischen einer bestimmten Masse von Wasserstoff und Sauerstoff Wasser entsteht, ist die Masse des gebildeten Wassers gleich der Gesamtmasse des reagierenden Wasserstoffs und Sauerstoffs.

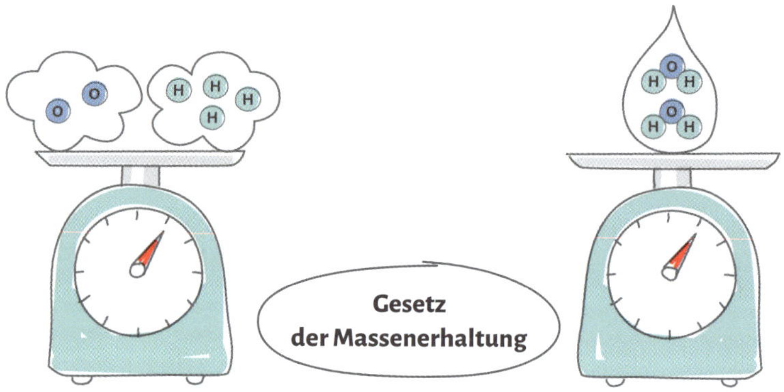

Das **Gesetz der konstanten Proportionen** besagt, dass eine chemische Verbindung, z. B. Wasser (H_2O), die gleichen Elemente in gleichen Massenanteilen enthält, unabhängig von der Größe der Probe oder der Quelle der Verbindung. Wasser hat also immer 2 Wasserstoffatome und 1 Sauerstoffatom, nach Masse im selben Verhältnis von 1:8 kombiniert, egal, ob es aus einem Fluss, vom Regen oder aus einem Wasserhahn kommt.

Das **Gesetz der multiplen Proportionen** besagt, dass die resultierenden Verbindungen unterschiedlich sind, wenn sich zwei Elemente in unterschiedlichem Verhältnis verbinden: 1 Stickstoffatom und 1 Sauerstoffatom ergeben NO, aber 1 Stickstoffatom und 2 Wasserstoffatome ergeben NO_2 – zwei verschiedene Verbindungen aus den gleichen Elementen.

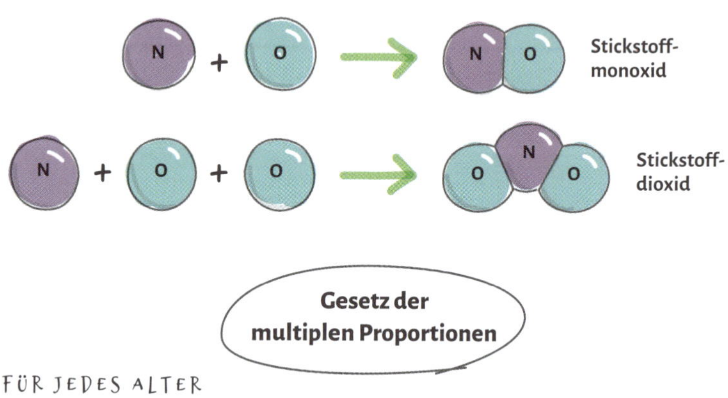

Die Atomstruktur

John Dalton entwickelte die erste moderne Atomtheorie nach sorgfältiger Untersuchung und Auswertung früherer Arbeiten, vor allem der wissenschaftlichen Gesetze der chemischen Verbindung. Er legte nahe, dass alle Elemente aus einem einzigen, einzigartigen Atomtyp bestehen, der sich durch Kombinieren chemischer Mittel zu Verbindungen verändern kann. Dalton erklärte deutlich den Unterschied zwischen Elementen und Verbindungen, und zwei seiner vier Ideen sind bis heute unverändert gültig. Seine Theorien aber, dass ein Atom unteilbar sei und dass alle Atome eines Elements identisch seien, wurden revidiert, da sie sich als falsch erwiesen.

Daltons Atomtheorie erklärte zwar frühere Experimente, enthielt jedoch keine Einzelheiten über die Struktur des Atoms selbst. Seiner Theorie folgend, lieferten allerdings mehrere entscheidende Entdeckungen derartige Details.

Das moderne Atommodell besteht aus einem **Atomkern** (Nukleus), in dem sich **Nukleonen** (Neutronen und Protonen) befinden, die die Masse des Atoms ausmachen. **Elektronen** halten sich im größtenteils leeren Raum (als **Elektronenwolke** bekannt) außerhalb des Kerns auf. Dies bedeutet, dass der größte Teil des Volumens eines Atoms leerer Raum ist.

Neutrale Atome haben eine gleiche Anzahl von Elektronen und Protonen und sind daher elektrisch neutral. Beispiel: Das hier dargestellte Lithiumatom hat drei Elektronen und drei Protonen.

Elektronenschalen haben unterschiedliche Energien aufgrund ihres Abstands vom Atomkern. Die Energie des Elektrons nimmt zu, wenn sich der Abstand vom Kern erhöht.

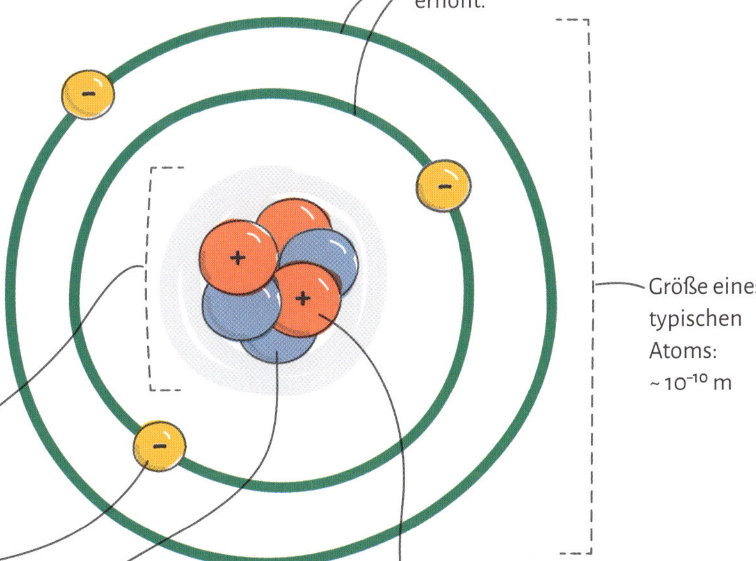

e⁻ **Elektronen** sind negativ geladene subatomare Teilchen außerhalb des Kerns:
Relative Ladung = –1
Masse = 0,000549 amu
Größe: ~ 10^{-18} m

n **Neutronen** sind subatomare Teilchen mit einer neutralen Ladung im Kern:
Relative Ladung = 0
Masse = 1,00866 amu
Größes: ~ 10^{-15} m

p⁺ **Protonen** sind positiv geladene subatomare Teilchen im Kern:
Relative Ladung = +1
Masse = 1,00728 amu
Größe: ~ 10^{-15} m

MENDELEJEW UND DAS PERIODENSYSTEM

Im Jahr 1869 präsentierte Dmitri Iwanowitsch Mendelejew (1834–1907) das Periodengesetz; es besagte, dass die physikalischen und chemischen Eigenschaften aller Elemente eine periodische Funktion ihrer Atommassen seien. Mendelejew hatte die Masse eines Elements als primären Parameter identifiziert, von dem alle anderen Eigenschaften abhingen. Damals waren 63 Elemente bekannt, und Mendelejews Periodensystem listete sie anhand ihres Atomgewichts auf. Das moderne Periodensystem verwendet die Anzahl der Protonen im Atom eines Elements – die Ordnungszahl – als primären Faktor zur Vorhersage der Elementeigenschaften.

Mendelejews Periodensystem

			Ti 50	Zr.........90	?.........180
			V..........51	Nb 94	Ta....... 182
			Cr......... 52	Mo 96	W....... 186
			Mn....... 55	Rh...104.4	Pt.....197,4
			Fe......... 56	Ru...104.4	Ir........ 198
			Ni, Co... 59	Pd...106.6	Os 199
		Mg.......24	Cu 63,4	Ag...... 108	Hg..... 200
		Al...... 27,4	Zn..... 65,2	Cd.......112	
H.............1	Be 9,4	Si 28	?...........68	Ur 116	
	B...........11	P 31	?...........70	Sn 118	Au.......197
	C...........12	S 32	As 75	Sb 122	
	N............4	Cl 35,5	Se...... 79.4	Te....... 128 ?	Bi 210
	O.......... 16	K.......... 39	Br.........80	I..........127	
	F........... 19	Ca 40	Rb..... 85,4	Cs........133	
	Na 23	?........... 45	Sr...... 87,6	Ba 137	
		? Er....... 56	Ce 92		Tl 204
		? Y........60	La......... 94		Pb 207
		? In 75,6	Di......... 95		
			Th 118		

Dmitri Mendelejew erstellte das erste Periodensystem der Elemente.

Mendelejews erstes Periodensystem führte Elemente nach ihrem Atomgewicht auf.

Das Periodensystem sagte erfolgreich das Gewicht und die Eigenschaften von acht unentdeckten Elementen voraus.

Da das Verhalten einiger Elemente nicht Mendelejews Vorhersage entsprach, vermutete der Chemiker, dass man ihre Atomgewichte falsch gemessen hatte. Die Wissenschaft bestätigte später, dass dies tatsächlich der Fall gewesen war.

Das moderne Periodensystem

Das moderne Periodensystem führt 118 Elemente nach ihrer Anzahl von Protonen – der **Ordnungszahl** – auf. Wissenschaftliche Entwicklungen nach Mendelejew folgerten, dass die Ordnungszahl als grundlegender Parameter die Eigenschaften eines Elements am besten beschrieb.

Es gibt zwar viele Variationen des Periodensystems, doch jedes Kästchen gibt das **Symbol**, den **Namen**, die **Ordnungszahl** und die **Atommasse** eines Elements an.

Ordnungszahl: Die eindeutige Anzahl von Protonen, die das Element definiert

Symbol des Elements: Die offizielle Abkürzung für den Namen des Elements

Name des Elements: Der offizielle Name des Elements

Atommasse: Der gewichtete Mittelwert aller bekannten Isotope eines Elements, der die Masse eines Atoms in Einheiten von atomaren Massenkonstanten darstellt (1 amu = $1{,}6625 \times 10^{-27}$ kg)

1 H																	2 He
3 Li	4 Be											5 B	6 C	7 N	8 O	9 F	10 Ne
11 Na	12 Mg											13 Al	14 Si	15 P	16 S	17 Cl	18 Ar
19 K	20 Ca	21 Sc	22 Ti	23 V	24 Cr	25 Mn	26 Fe	27 Co	28 Ni	29 Cu	30 Zn	31 Ga	32 Ge	33 As	34 Se	35 Br	36 Kr
37 Rb	38 Sr	39 Y	40 Zr	41 Nb	42 Mo	43 Tc	44 Ru	45 Rh	46 Pd	47 Ag	48 Cd	49 In	50 Sn	51 Sb	52 Te	53 I	54 Xe
55 Cs	56 Ba	57–71	72 Hf	73 Ta	74 W	75 Re	76 Os	77 Ir	78 Pt	79 Au	80 Hg	81 Ti	82 Pb	83 Bi	84 Po	85 At	86 Rn
87 Fr	88 Ra	89–103	104 Rf	105 Db	106 Sg	107 Bh	108 Hs	109 Mt	110 Ds	111 Rg	112 Cn	113 Nh	114 Fl	115 Mc	116 Lv	117 Ts	118 Og

Erweiterte Ansicht von 57–71 und 89–103

57 La	58 Ce	59 Pr	60 Nd	61 Pm	62 Sm	63 Eu	64 Gd	65 Tb	66 Dy	67 Ho	68 Er	69 Tm	70 Yb	71 Lu
89 Ac	90 Th	91 Pa	92 U	93 Np	94 Pu	95 Am	96 Cm	97 Bk	98 Cf	99 Es	100 Fm	101 Md	102 No	103 Lr

- Alkalimetall
- Übergangsmetall
- Halbmetall
- Halogen
- Seltene Erde: Lanthanoide
- Erdalkali
- Basismetall
- Nichtmetall
- Edelgas
- Seltene Erde: Actinoide

IONEN UND ISOTOPE

Wenn ein Atom die gleiche Anzahl von Protonen und Elektronen hat, ist es insgesamt nicht geladen (positiv oder negativ). Wenn ein Atom jedoch eine ungleiche Anzahl von Protonen und Elektronen hat, ist es geladen und wird zu einem Ion. Die Atome eines Elements können auch die gleiche Anzahl von Protonen und Elektronen, aber eine unterschiedliche Anzahl von Neutronen haben. In diesem Fall bezeichnet man sie als Isotope.

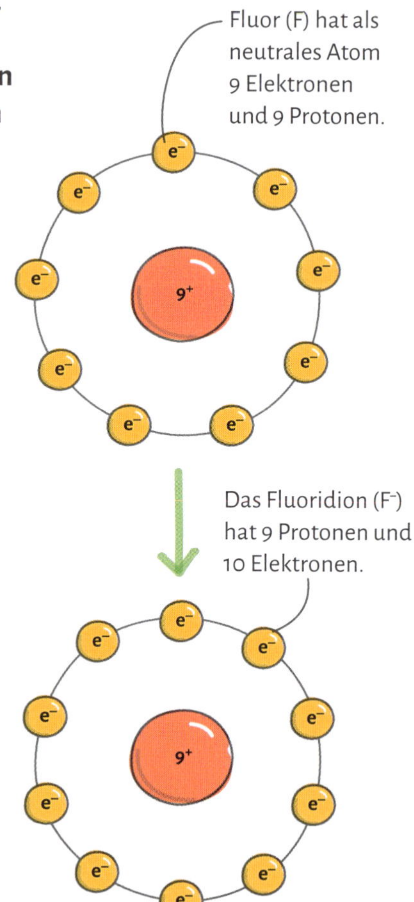

Ionen

Wenn die Anzahl der Protonen (+1-Ladung) größer ist als die Anzahl der Elektronen (-1-Ladung), hat das Atom eine insgesamt positive Ladung. Dieses positiv geladene Ion nennt man **Kation**.

Wenn die Anzahl der Protonen (+1-Ladung) kleiner ist als die Anzahl der Elektronen (-1-Ladung), hat das Atom eine insgesamt negative Ladung. Dieses negativ geladene Ion nennt man **Anion**.

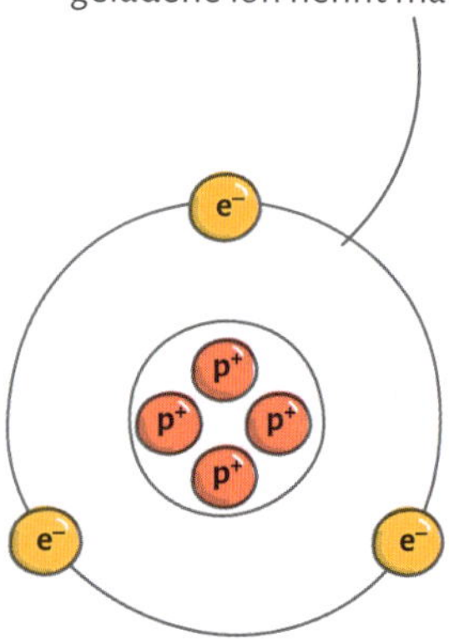

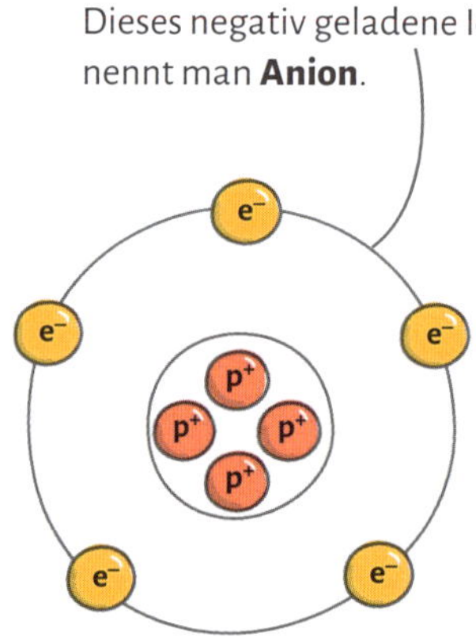

Isotope

Isotope haben verschiedene Massen, da sie dieselbe Anzahl von Protonen und Elektronen, aber eine unterschiedliche Anzahl von Neutronen haben. Beispiel: Wasserstoff hat 3 Isotope, die sich in der Anzahl ihrer Neutronen unterscheiden. Es gibt viele Beispiele für natürlich vorkommende, stabile und instabile Isotope.

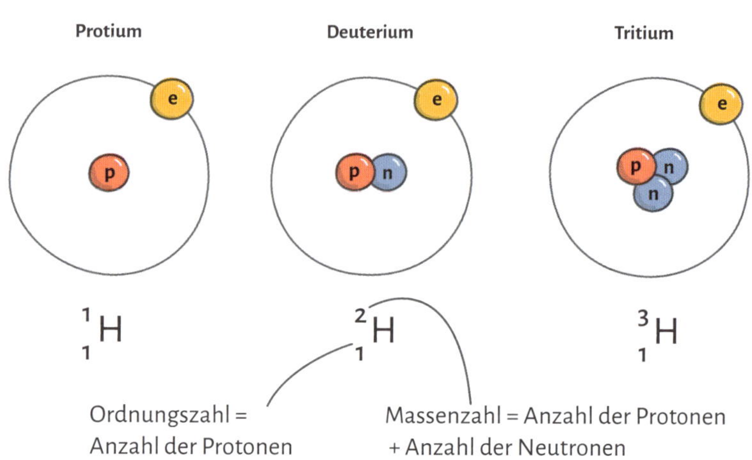

DAS MOL UND MOLARE MASSE

Chemiker verwenden die SI-Einheit Mol (mol) zum Zählen von Atomen, Ionen und Molekülen, die in einer Laborumgebung zu klein zum Handhaben sind. Ein Mol wird als die Stoffmenge definiert, deren Anzahl von Teilchen der Anzahl von Atomen eines Kohlenstoff-12-Isotops in genau 12 Gramm Kohlenstoff-12 entspricht. Diese Anzahl beträgt 6,022 x 10^{23} und wird Avogadro-Zahl (oder Avogadro-Konstante) genannt. Die Masse eines Mols einer Substanz in Gramm wird als molare Masse bezeichnet und in g/mol angegeben.

Die Masse eines einzelnen Atoms wird in Atommasseneinheiten angegeben. Dies ist eine kleine Masse, da diese Partikel winzig sind. Die Masse eines Moleküls wird durch Addieren der Atommassen aus dem Periodensystem bestimmt.

In einer Laborumgebung wird statt Einzelteilchen ein Mol einer Substanz mit 6,022 × 10^{23} dieser Teilchen verwendet, die die genaue Anzahl der Partikel in einer bestimmten Probe ergibt. Beispiel: Die molare Masse von Wasser beträgt 18,016 g/mol.

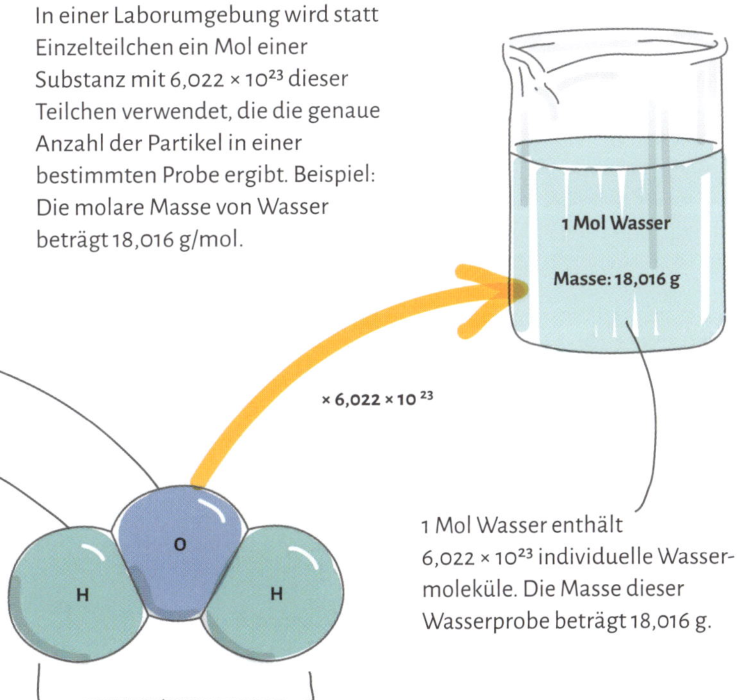

Die Masse eines einzigen Sauerstoffatoms beträgt 16 amu.

Die Masse eines einzigen Wasserstoffatoms beträgt 1,008 amu; 2 Wasserstoffatome wiegen 2,016 amu.

Die Masse eines einzigen Wassermoleküls (H_2O) ist die Summe der Atommasse, die es enthält: 18,016 amu.

1 Mol Wasser enthält 6,022 × 10^{23} individuelle Wassermoleküle. Die Masse dieser Wasserprobe beträgt 18,016 g.

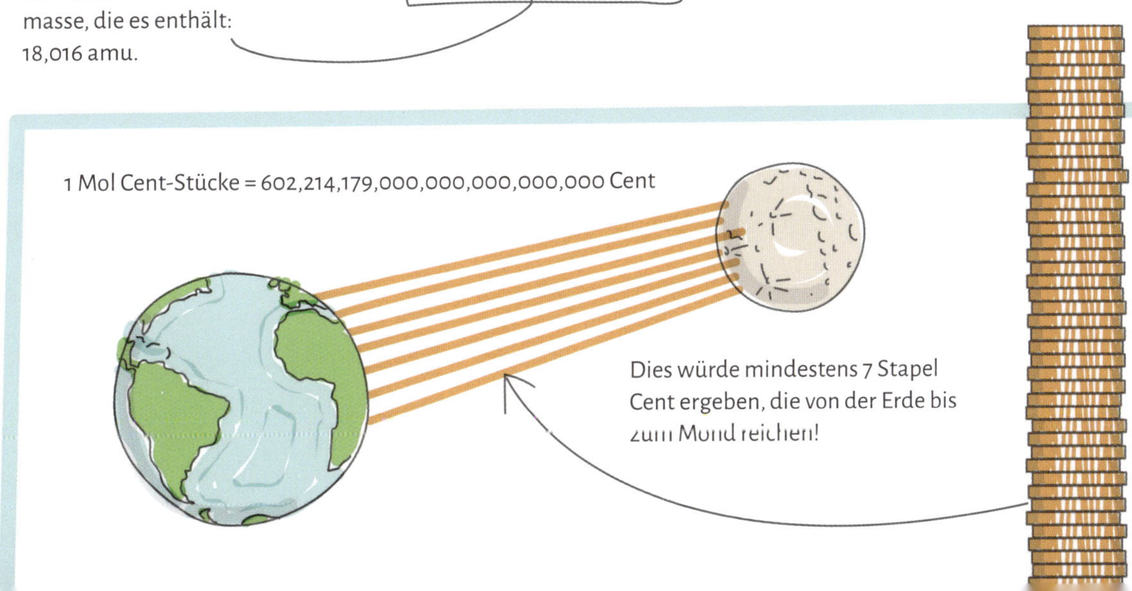

RESÜMEE

DAS ATOM

ENTWICKLUNG VON ATOMMODELLEN

FESTE KUGEL

Dalton (1803)

PLUMPUDDING

Thomson (1904)

PLANETAR

Rutherford (1911)

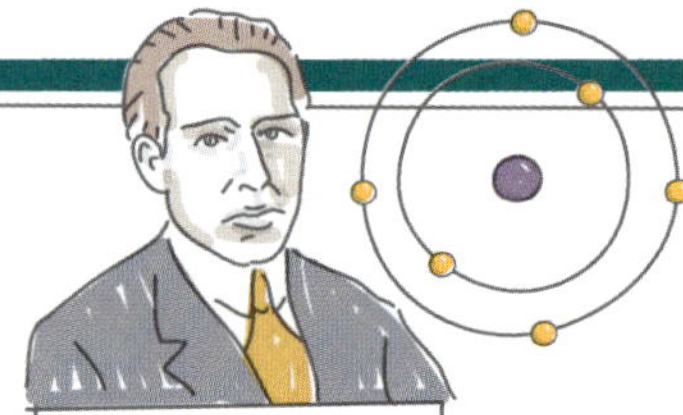

KREISBAHNEN

Bohr (1913)

ELEKTRONENWOLKE

Schrödinger (1926)

DAS MOL UND MOLARE MASSE

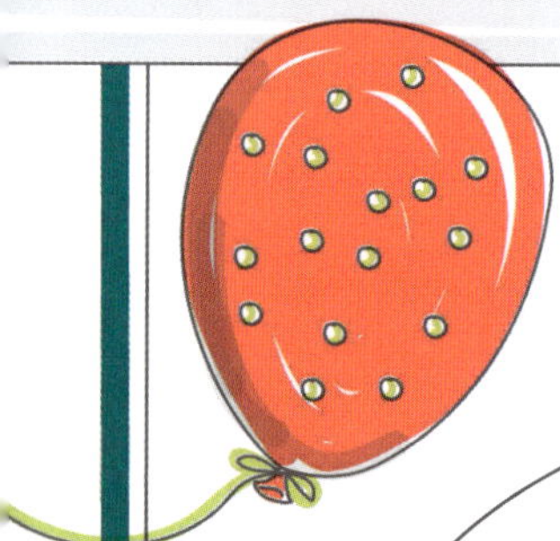

AVOGADRO-ZAHL

$6{,}022 \times 10^{23}$

MOLARE MASSE

Die Masse in Gramm eines Mols reiner Substanz

MOL

Eine Zähleinheit, die der Avogadro-Zahl entspricht

DMITRI MENDELEJEW

Lieferte das erste Periodensystem (1869) und sagte die Existenz von Elementen voraus

DAS PERIODENSYSTEM

Eine Tabelle von 118 bekannten Elementen, nach ihrer Ordnungszahl gruppiert

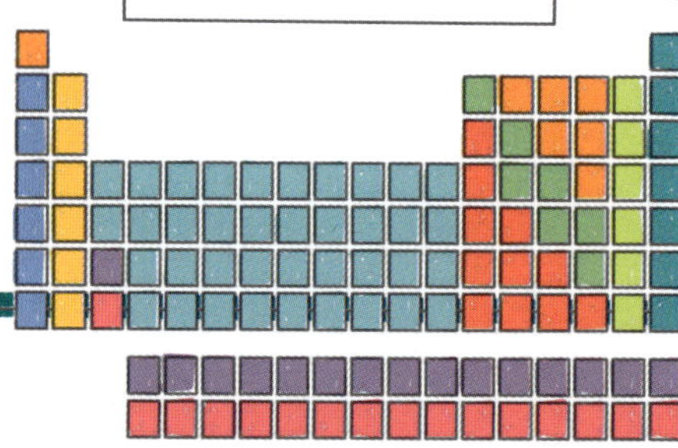

WISSENSCHAFTLICHE GESETZE DER CHEMISCHEN BINDUNG

DAS GESETZ DER MASSENERHALTUNG

Von Antoine-Laurent de Lavoisier (1774) formuliert: Masse kann nicht zerstört oder kreiert werden.

DAS GESETZ DER KONSTANTEN PROPORTIONEN

Atome binden sich in bestimmten Verhältnissen zu Verbindungen.

DAS GESETZ DER MULTIPLEN PROPORTIONEN

Atome binden sich in unterschiedlichen Verhältnissen zu unterschiedlichen Verbindungen.

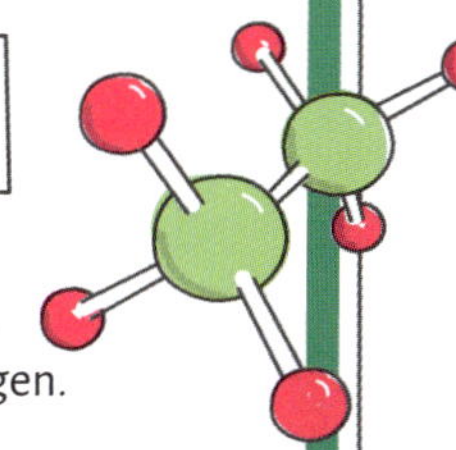

DIE ATOMSTRUKTUR

ELEKTRONENHÜLLE

Energieebenen, auf denen sich Elektronen aufhalten

ELEKTRONEN

Negativ geladene subatomare Teilchen außerhalb des Atomkerns

PROTONEN

Positiv geladene subatomare Teilchen im Atomkern

NEUTRONEN

Neutrale subatomare Teilchen im Atomkern

ATOMKERN

Enthält Protonen und Neuronen.

IONEN UND ISOTOPE

KATIONEN

Positiv geladene Atome

ANIONEN

Negativ geladene Ionen

ISOTOPE

Atome desselben Elements mit einer unterschiedlichen Anzahl von Neutronen

MENDELEJEW UND DAS PERIODENSYSTEM

ORDNUNGSZAHL

Die Anzahl der Protonen in einem Atom

GRUPPE

Senkrechte Reihen im Periodensystem

PERIODE

Waagrechte Reihen im Periodensystem

KAPITEL 3

KERNCHEMIE

Die Kernchemie befasst sich mit Veränderungen im Kern oder Nukleus eines Atoms, die durch die Wechselwirkung von zwei Kernen oder dem Einfluss eines subatomaren Teilchens auf den Kern verursacht werden. Auf diesem Gebiet der Chemie werden Untersuchungen von nuklearen Partikeln, Kernkräften und Kernreaktionen vorgenommen, bei denen man natürliche und künstliche Veränderungen im Nukleus erforscht: Bei Radioaktivität handelt es sich um nukleare Veränderungen natürlich auftretender, instabiler Isotope; künstliche Transmutation bezieht sich auf Veränderungen im Kern, wenn dieser mit einem Hochgeschwindigkeitsteilchen kollidiert.

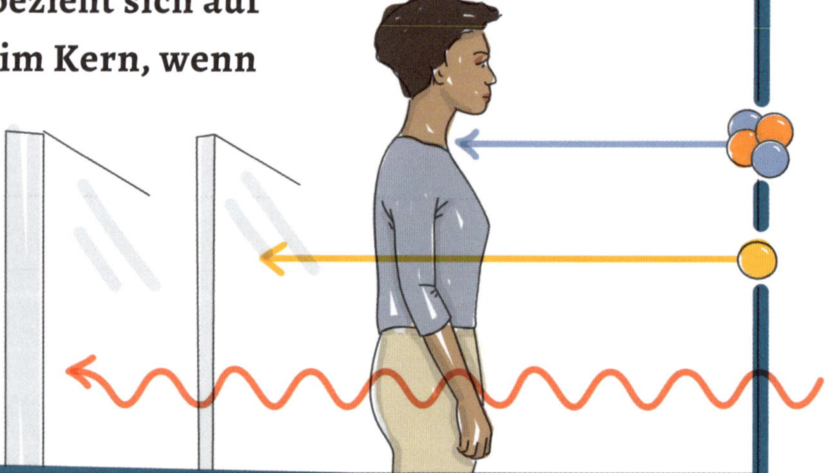

DER ATOMKERN

Der Kern oder Nukleus eines Atoms nimmt nur einen winzigen Bruchteil des Atomvolumens ein, enthält aber die für ein bestimmtes Isotop charakteristische Anzahl von Protonen und Neutronen. Die elektrostatische Abstoßkraft zwischen den positiv geladenen Protonen würde den Kern normalerweise aufspalten, doch dies tritt nicht ein, da eine starke nukleare Kraft die Protonen und Neutronen zusammenhält. Das Protonen-Neutronen-Verhältnis in einem Kern wirkt direkt auf die Stärke der Kernkraft ein und bestimmt, ob ein vorgegebener Kern stabil oder instabil ist.

Kernkraft

Kernkraft ist eine starke Anziehungskraft zwischen subatomaren Teilchen wie Protonen und Neutronen, die besonders dicht nebeneinander sind. Die Kernkraft in einem Atom überwindet die elektrostatischen Abstoßkräfte zwischen Protonen und hält so den Kern und daher das Atom intakt.

Die Kernkraft, die in der Natur am stärksten ist, ist für alle Nukleonen gleich, egal, ob es sich um ein Neutron oder ein Proton handelt.

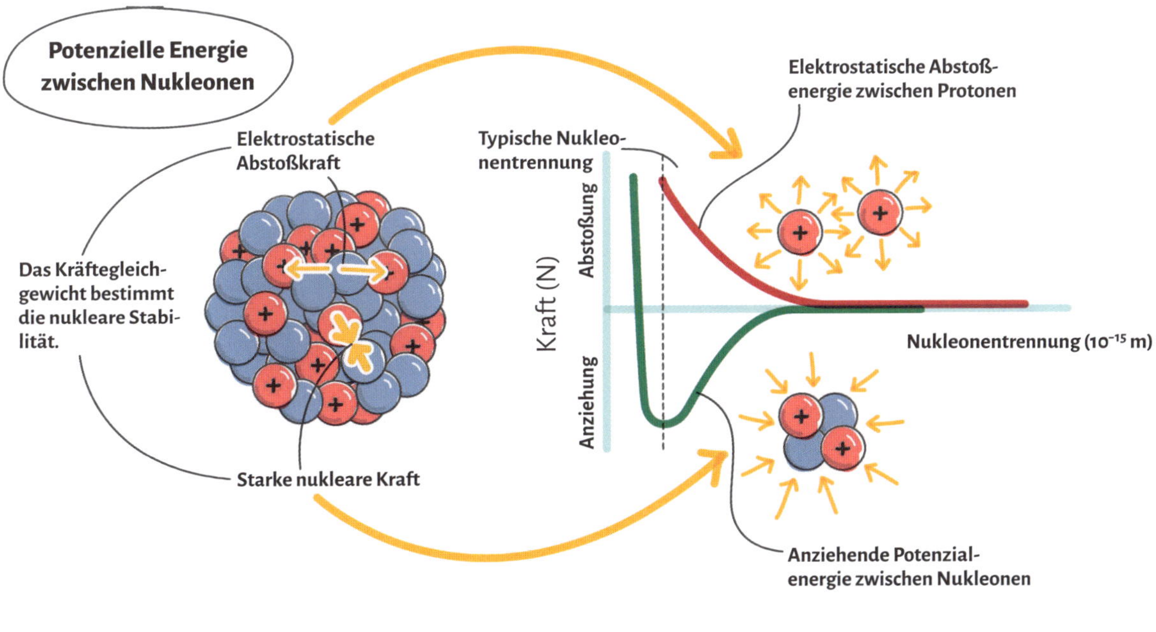

Die Nukleonen nähern sich einander bis zu einen bestimmten, von den Kernkräften ermöglichten Abstand. Die anziehende potenzielle Energie bringt die Nukleonen näher zusammen. Bei einer Gleichgewichtsnukleonentrennung beginnen die Abstoßkräfte zu dominieren. Die Abstoßkraft bestimmt daher die Größe des Kerns. Die Kernkraft ist nur zwischen Teilchen in einer Entfernung bis zu $1{,}0 \times 10^{-15}$ m vorhanden.

Die Kernkraft sorgt dafür, dass die Elektronen im leeren Raum um den Atomkern schweben. Ihre Präsenz und enorme Kraft sind der Grund dafür, dass wir in Kernkraftwerken enorme Mengen von Energie erzeugen können.

Nukleare Stabilität

Ob ein Atomkern stabil oder instabil ist, hängt vom Kräftegleichgewicht im Kern ab, das mit dem Verhältnis von Protonen und Neuronen zusammenhängt.

Instabile Isotope **zerfallen** meist spontan und geben **Strahlung** ab, während sie ein neues, stabileres Atom bilden.

Das bei der radioaktiven Zerfallsreaktion entstehende neue Atom weist gewöhnlich ein neues Protonen-Neutronen-**Verhältnis** auf, durch das es stabiler wird.

Ein instabiles Isotop ist radioaktiv und wird **Radioisotop** genannt.

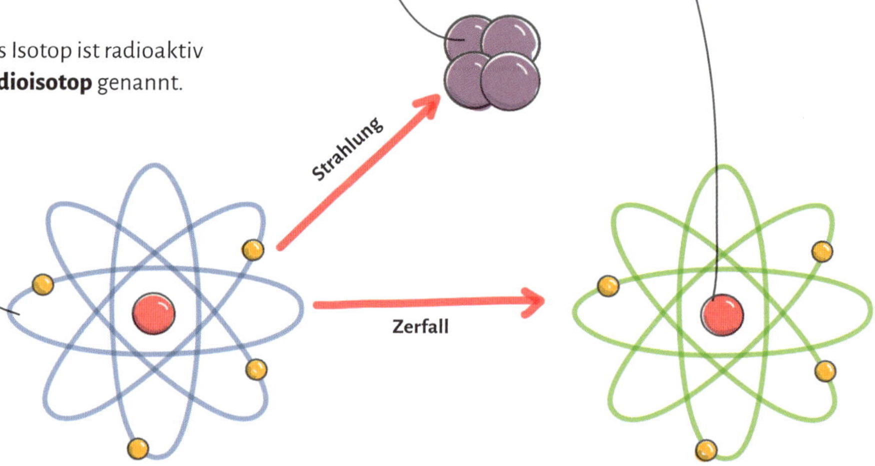

Von den Tausenden von natürlich vorkommenden Isotopen sind nur annähernd 250 stabil mit Ordnungszahlen zwischen 1 und 83. Diese stabilen Isotopen bilden den **Stabilitätsgürtel**.

Über dem Stabilitätsgürtel gibt es zu viele Neutronen im Kern, die ihn instabil machen. Derartige Isotope unterliegen einem nuklearen Zerfall, um durch Abgeben von Betateilchen stabilere Kerne zu bilden.

Über dem Stabilitätsgürtel ist der Kern instabil, da er zu viele Protonen hat. Derartige Isotope unterliegen einem nuklearen Zerfall, um durch Abgeben von Positronen oder Aufgreifen von Elektronen stabilere Atome zu bilden.

Alle Isotope mit Ordnungszahlen höher als 83 sind instabil und unterliegen radioaktivem Zerfall, um durch Abgeben von Alphateilchen stabiler zu werden.

Alle Isotope mit einer gleichen Anzahl von Protonen und Neutronen sind stabil.

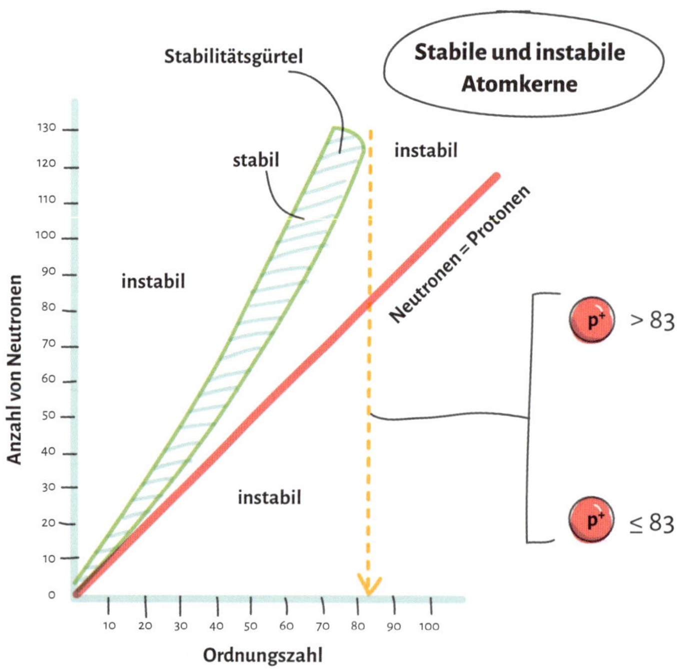

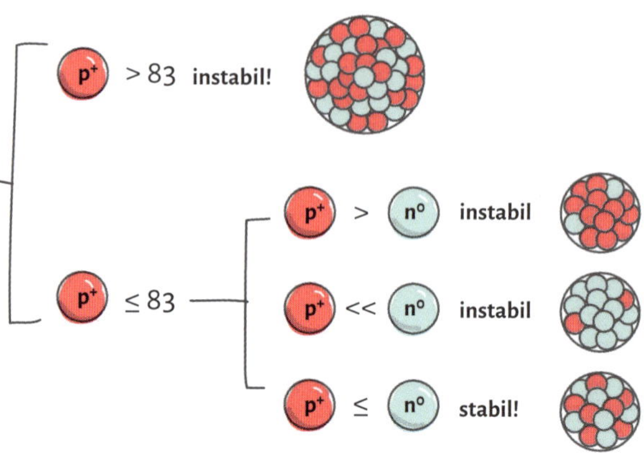

Kernbindungsenergie

Kernbindungsenergie (E_b) ist die Energie, die benötigt wird, um einen Atomkern in seine Protonen und Neutronen zu zerlegen; sie ist hoch für stabile Kerne und niedrig für instabile Kerne.

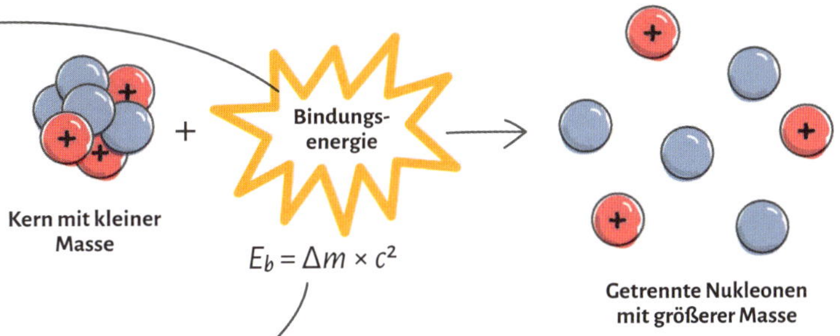

Die Masse eines Atomkerns ist stets geringer als die Gesamtmasse der in ihm enthaltenen Protonen und Neutronen. Dies nennt man **Massendefekt** (Δm). Dieser Unterschied in der Masse wird in Bindungsenergie umgesetzt, wie durch Einsteins Masse-Energie-Beziehung bestimmt ist, die die Lichtgeschwindigkeit ausdrückt ($c = 2{,}998 \times 10^8$ m/s).

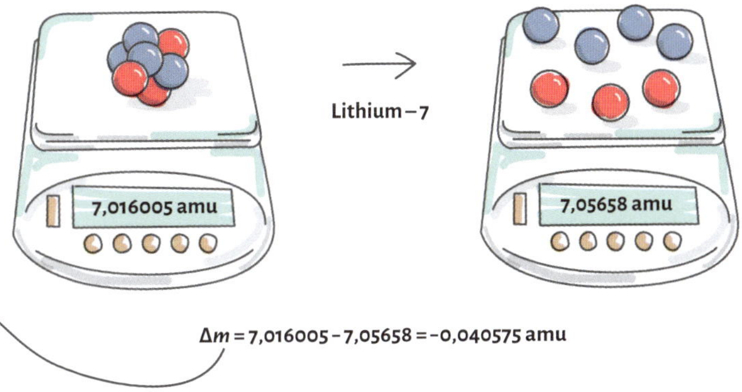

Massendefekt ist eine negative Zahl, da sie die verlorene Masse darstellt, die in Energie umgewandelt wird.

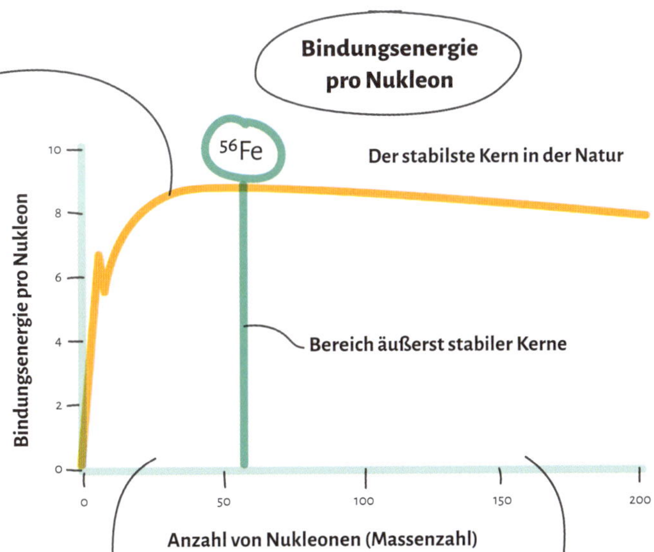

Kernbindungsenergie hängt naturgemäß von der Anzahl von Nukleonen ab; sie erhöht sich gewöhnlich bei Kernen mit niedriger Massenzahl, da die anziehenden Kernkräfte bei niedrigen Massenzahlen die elektrostatischen Abstoßkräfte zwischen Protonen beherrschen.

Die Kernbindungsenergie erreicht ihren Höhepunkt in der Nähe von Eisen (Fe) mit einer Massenzahl von 56 und nimmt dann bei höheren Massenzahlen ab, da bei hohen Massenzahlen die elektrostatischen Abstoßkräfte zwischen Protonen dominieren.

Eisen ist der stabilste Kern in der Natur dank der größten Kernbindungsenergie unter allen bekannten Isotopen. Daher enden die Kernexplosionen in Sternen mit der Produktion von Eisen.

Isotope mit niedrigeren Massenzahlen als Eisen verbinden sich bei Kernfusionsreaktionen zum Freisetzen enormer Energiemengen, da anziehende Kernkräfte in ihrem Kern dominieren.

Isotope mit höheren Massenzahlen als Eisen zerfallen bei Kernspaltungsreaktionen meist und setzen riesige Energiemengen frei, da die elektrostatischen Abstoßungen zwischen Protonen in ihrem Kern vorherrschen.

NUKLEARE VERÄNDERUNGEN

Die Anzahl von Protonen und Neutronen im Atomkern verändert sich bei Kernreaktionen. Dabei entsteht ein neues Atom desselben Atoms oder ein völlig neues Element. Diese Veränderungen werden als Kerntransmutationen bezeichnet und können auf natürliche Weise durch Radioaktivität oder künstlich in einem Teilchenbeschleuniger unter sorgfältig kontrollierten Bedingungen erfolgen.

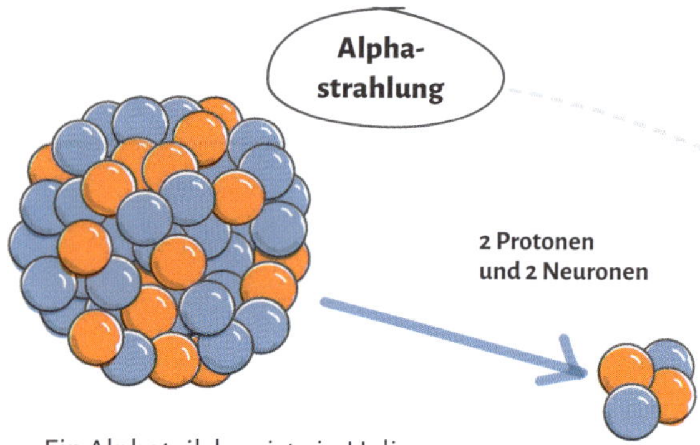

Ein Alphateilchen ist ein Helium-4-Isotop mit 2 Protonen und 2 Neutronen.

Natürliche Transmutation

Natürliche Transmutation, auch Radioaktivität genannt, ist der spontane Zerfall eines instabilen, natürlich vorkommenden Isotops. Radioisotope senden bei Zerfallsreaktionen **Alpha-** (α), **Beta-** (β) und **Gammastrahlung** (γ) zum Bilden neuer, stabilerer Elemente oder Isotope aus.

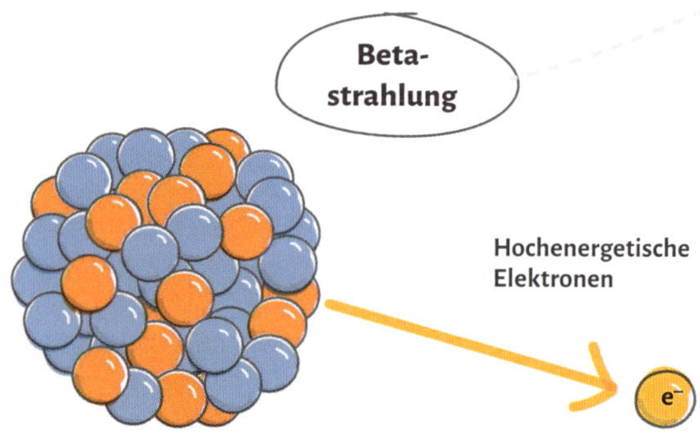

Ein Betateilchen ist ein Elektron mit einer –1 Ladung und ohne Masse.

Strahlenbelastung gehört zu unserem Alltag. Sie stammt von der Nahrung, die wir essen, der Luft, die wir atmen, und der Umgebung, in der wir leben. Ein Teil der Strahlung rührt von natürlichen Quellen her (Alpha-, Beta- und Gammastrahlung); andere Formen der Strahlungsbelastung entstehen aufgrund menschlicher Aktivitäten wie Bildgebung, Diagnosen und Behandlungen.

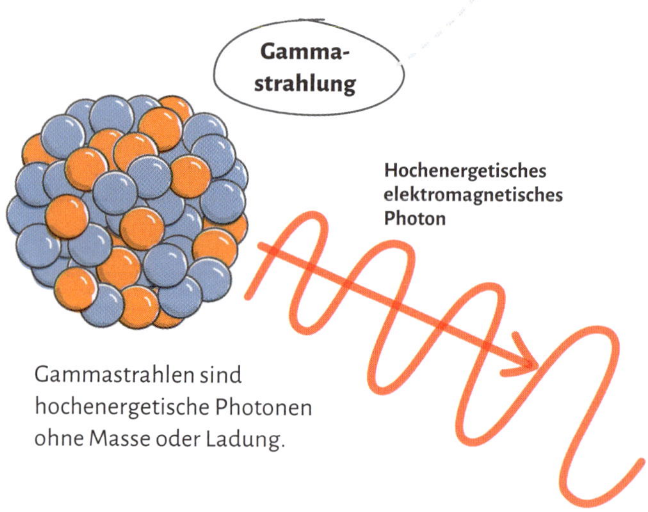

Gammastrahlen sind hochenergetische Photonen ohne Masse oder Ladung.

Auch im menschlichen Körper kann es durch unsere Nahrung zu Strahlenbelastung kommen: Diese Belastung ist besonders gefährlich, da sie Gewebeschäden innerer Organe verursacht.

Strahlung ist eine Form von Energie. Gammastrahlung ist die höchste Form elektromagnetischer Energie und hat das größte Durchdringungsvermögen. Betateilchen dringen weniger durch, und Alphateilchen haben das geringste Durchdringungsvermögen der drei Formen radioaktiver Strahlung. Gammastrahlen und Betateilchen dringen leicht in unseren Körper ein. Die zweithöchste Ursache für Lungenkrebs in den USA z. B. ist die Belastung durch das natürlich vorkommende Radon-222-Isotop (Rn-222), das in Gestein und Erde vorkommt. Radon kommt häufig in Kellern von Gebäuden vor, da es schwerer ist als Luft. Es zerfällt innerhalb von Stunden in Polonium-218 (Po-218) und Alphateilchen. Das Einatmen von Luft, die mit Rd-222 verschmutzt ist, verursacht eine innere Belastung mit Alphateilchen, die zu Gewebeschäden, vor allem in der Lunge, führen können.

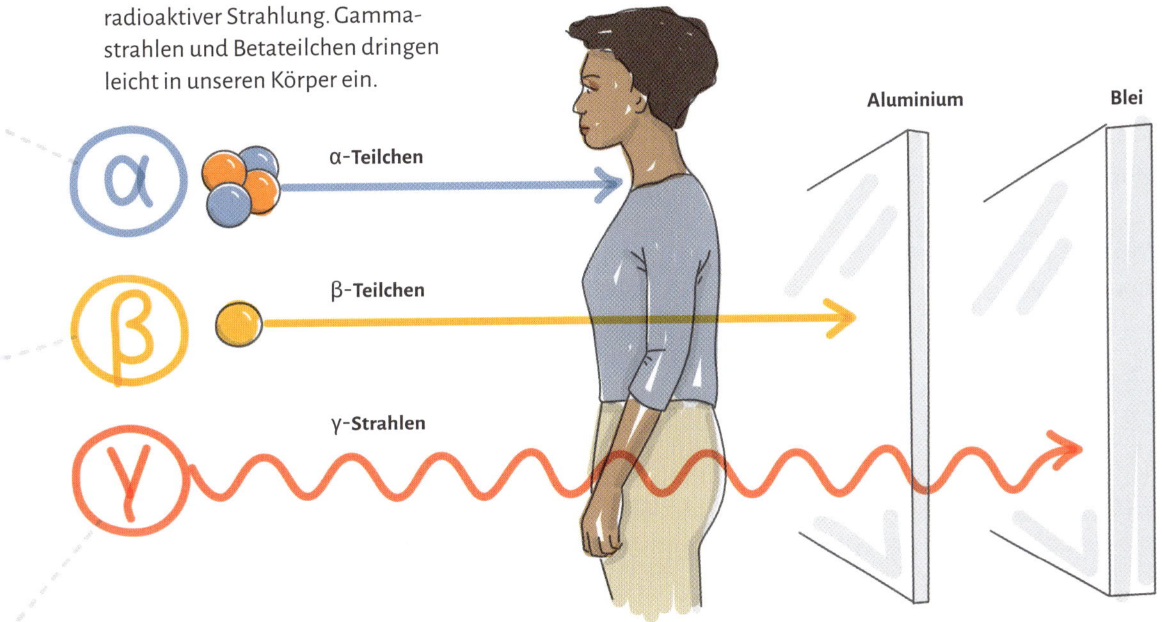

Künstliche Transmutation

Künstliche Transmutation ist nicht spontan und muss durch den Beschuss eines Atomkerns mit einem Hochleistungsteilchen mithilfe spezieller Gerätschaften, etwa einem Teilchenbeschleuniger, herbeigeführt werden. Ernest Rutherford war der erste Wissenschaftler, der 1919 eine künstliche Transmutation erfolgreich durchführte. Er bombardierte ein Stickstoff-14-Isotop mit Alphateilchen und wandelte es in Sauerstoff-17- und Wasserstoff-1-Isotope um.

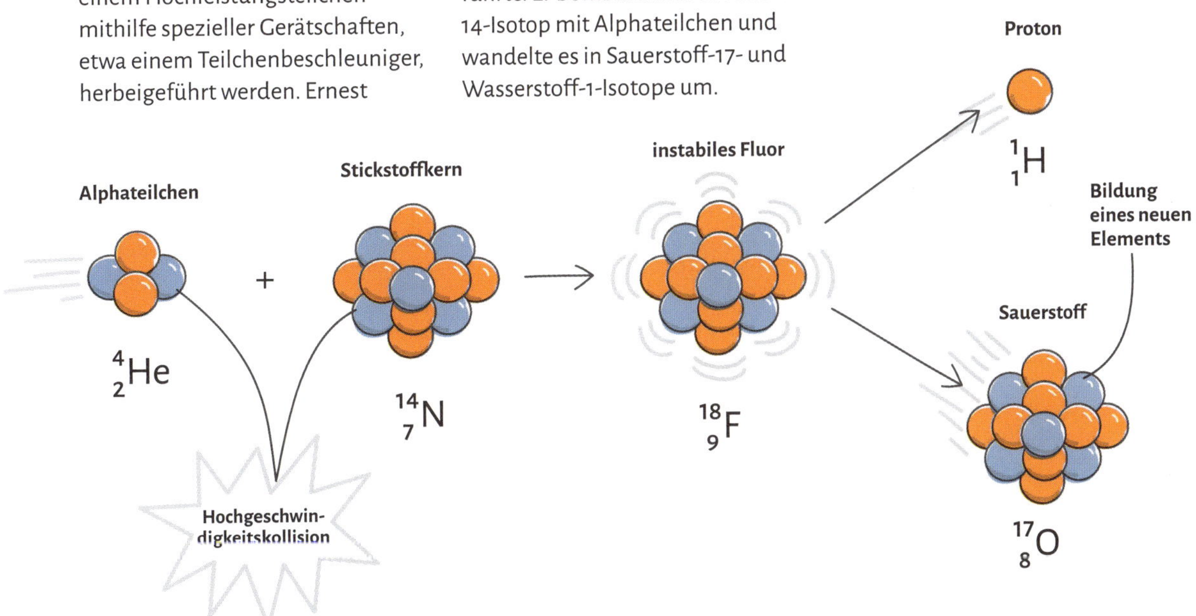

KERNGLEICHUNGEN

Kerngleichungen sind die schriftliche Form von Kernreaktionen. Bei Kernreaktionen sendet ein **Elternkern** entweder ein Teilchen aus (**Zerfallsreaktion**) oder absorbiert es (**Einfangreaktion**), um es in einen Tochterkern zu verwandeln. Bei **Kernfusionsreaktionen** kollidieren zwei leichtere Elternkerne und vereinigen sich, um einen schwereren Tochterkern hervorzubringen. Bei **Spaltreaktionen** verändert sich ein schwererer Elternkern in zwei oder mehr leichtere Tochterkerne. Fusions- und Spaltreaktionen werden von Aussendungen von Kernteilchen und/oder Gammastrahlung begleitet. Bei Kerngleichungen müssen Atommasse und Ordnungszahl erhalten bleiben.

Strahlungsarten

An Kernreaktionen sind für gewöhnlich verschiedene Arten von Teilchen und Strahlung beteiligt, die entweder von Elternkernen ausgesendet oder eingefangen werden.

Alphateilchen: aus einem Atomkern ausgestoßene Heliumkerne	${}^{4}_{2}\alpha = {}^{4}_{2}He$
Betateilchen: aus einem Atomkern ausgestoßene Elektronen	${}^{0}_{-1}\beta = {}^{0}_{-1}e$
Positronenteilchen: aus einem Atomkern ausgestoßen	${}^{0}_{+1}\beta = {}^{0}_{+1}e$
Protonenteilchen: aus dem Atomkern unter speziellen Laborbedingungen erzeugt	${}^{1}_{1}H = {}^{1}_{1}p$
Neutronenteilchen: in Kernreaktoren produziert	${}^{1}_{0}n$
Gammastrahlen: aus einem Atomkern gesendete hochenergetische Photonen	${}^{0}_{0}\gamma$

Kernreaktionen

Bei einer **Zerfallsreaktion** sendet ein Elternkern ein Teilchen oder Strahlung zum Bilden des Tochterkerns aus. Bei der Alphazerfallsreaktion von Radon-222 etwa sendet der Elternkern ein Alphateilchen aus, und es entsteht ein neuer Tochterkern – Polonium-218.

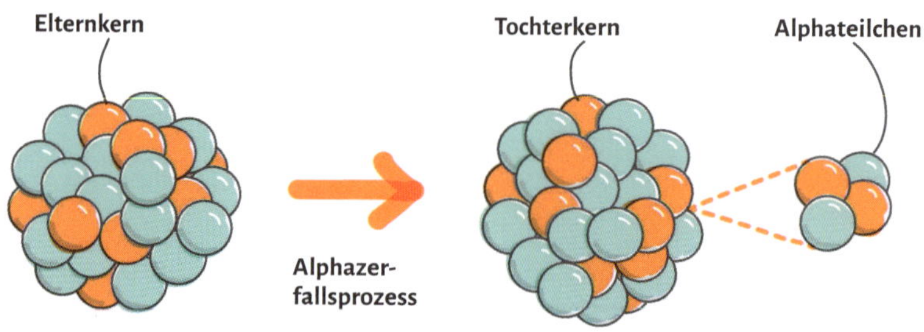

$$ {}^{222}_{86}Ra \rightarrow {}^{218}_{84}Po + {}^{4}_{2}He $$

Atommasse bleibt erhalten. $218 + 4 = 222$

Ordnungszahl bleibt erhalten. $84 + 2 = 86$

Massenzahl und Ladung bleiben erhalten.

Bei einer **Einfangreaktion** ergreift der Kern ein Teilchen, was zu Veränderungen in der Anzahl seiner Nukleonen führt.

Ein Beryllium-7-Isotop fängt eines seiner Elektronen ein, die dem Kern am nächsten sind. Dieses negativ geladene Elektron verbindet sich mit einem der positiv geladenen Protonen im Atomkern und bildet ein Neutron. Die Ordnungszahl verringert sich um 1 und bildet das Lithium-7-Isotop.

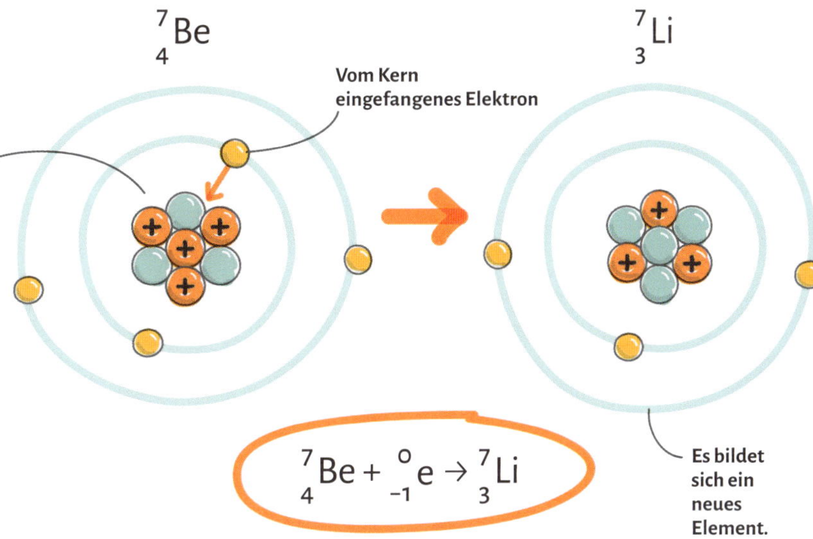

$$^{7}_{4}Be + ^{0}_{-1}e \rightarrow ^{7}_{3}Li$$

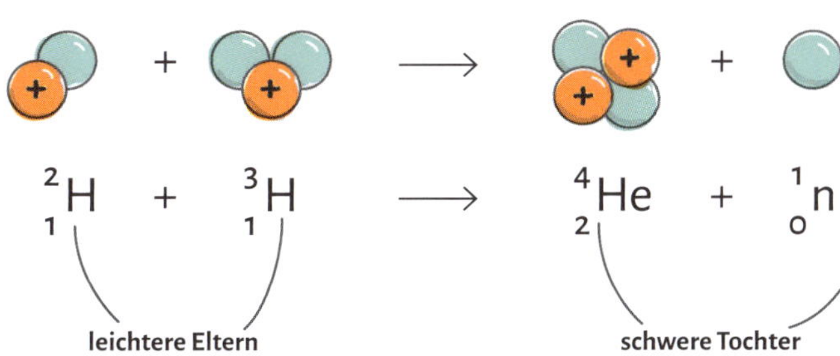

$$^{2}_{1}H + ^{3}_{1}H \longrightarrow ^{4}_{2}He + ^{1}_{0}n$$

Bei einer **Fusionsreaktion** verbinden sich zwei leichtere Eltern zum Hervorbringen einer schweren Tochter und einer Menge Energie. Wenn sich Wasserstoff-2- und Wasserstoff-3-Isotope einer Fusion unterziehen, entsteht ein schwererer Kern – Helium-4.

Bei einer **Spaltreaktion** spaltet sich ein schwererer Elternkern wie Uran-235 in zwei oder mehr leichtere Töchter. Dies setzt eine ungeheuere Energiemenge frei.

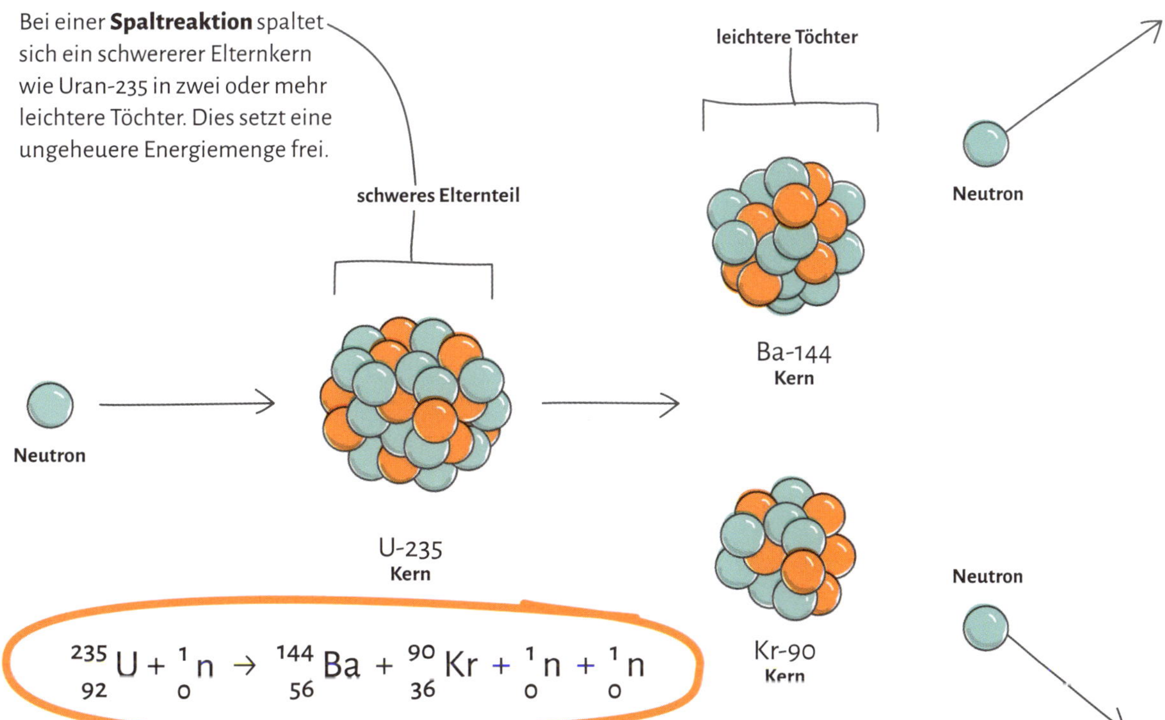

$$^{235}_{92}U + ^{1}_{0}n \rightarrow ^{144}_{56}Ba + ^{90}_{36}Kr + ^{1}_{0}n + ^{1}_{0}n$$

HALBWERTSZEIT UND VERWENDUNG VON RADIOISOTOPEN

Radioisotope enthalten instabile Kerne, die sich zum Bilden stabilerer Atome einem radioaktiven Zerfall unterziehen. Verschiedene Radioisotope verlieren ihre Radioaktivität mit unterschiedlicher Geschwindigkeit, einige schneller als andere. Der Grad der Radioaktivität oder der nuklearen Stabilität wird durch die Halbwertszeit quantifiziert. Dies ist die Zeit, die die Hälfte der radioaktiven Atome in einer Probe zum Zerfallen in ihre Tochterisotope benötigt.

Halbwertszeit

Der spontane Zerfall eines natürlich vorkommenden Isotops in eine stabilere Form findet in festgesetzten Zeitintervallen statt, in denen ein bestimmter Anteil einer radioaktiven Probe zerfällt. Dieses Zeitintervall wird durch die Halbwertszeit gemessen, die man als die Zeitspanne bezeichnet, die vergehen muss, bis genau die Hälfte einer Probe zerfällt. Jod-131 z. B. zerfällt in Xenon-131, indem es ein Elektron in einer nuklearen Zerfallsreaktion mit einer Halbwertszeit von acht Tagen aussendet.

$$^{131}_{53}J \rightarrow \, ^{131}_{54}Xe + \, ^{0}_{-1}e$$

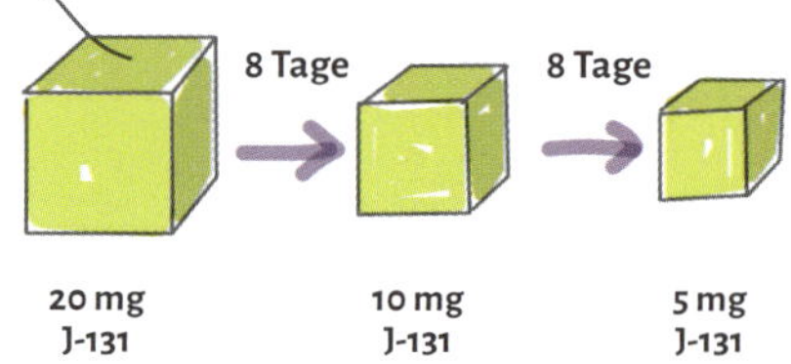

Angenommen, wir beginnen mit 20 Gramm der I-131-Probe. Nach acht Tagen, also einer Halbwertszeit, bleiben 10 Gramm der ursprünglichen I-131-Probe übrig, da sich die andere Hälfte in Xe-131 umgewandelt hat. Mit jeder vergehenden Halbwertszeit wird die Hälfte der verbleibenden I-131-Probe verbraucht.

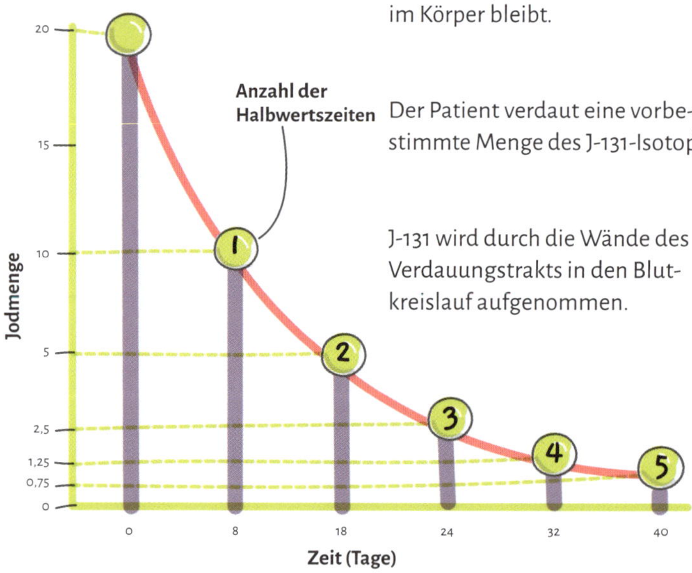

Jod-131 wird zur Behandlung von Schilddrüsenkrebs eingesetzt. Dank seiner kurzen Halbwertszeit eignet es sich hervorragend für die medizinische Anwendung, da es nicht für längere Zeiträume im Körper bleibt.

Der Patient verdaut eine vorbestimmte Menge des J-131-Isotops.

J-131 wird durch die Wände des Verdauungstrakts in den Blutkreislauf aufgenommen.

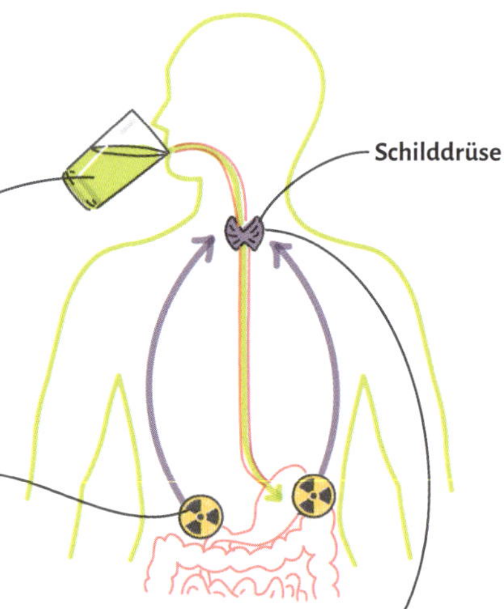

Die Schilddrüse produziert den Jodvorrat des Körpers und kann das verdaute J-131-Isotop leicht anhäufen.

Das J-131-Isotop zerfällt dann durch Aussenden von Strahlung, die die umliegenden Krebszellen mit geringfügigem Schaden der gesunden Zellen abtötet.

Bei einigen Radioisotopen kann die Hälfte ihrer instabilen Kerne in weniger als einer Sekunde zerfallen; bei anderen dauert es viele Jahre. Beispiel: Die Halbwertszeit von Krypton-101 beträgt eine Zehnmillionstel Sekunde; Uran-238 dagegen hat eine Halbwertszeit von 4,51 Milliarden Jahren.

Die Halbwertszeit eines Radioisotops ist ein Hauptfaktor bei der Bestimmung seiner möglichen technologischen Anwendungen.

RADIOISOTOP	HALBWERTSZEIT	ANWENDUNGEN
Technetium-99	6 Stunden	Gehirn, Leber, Lunge, Nierenbildgebung
Eisen-59	45 Tage	Erkennung von Anämie
Jod-131	8 Tage	Schilddrüsentherapie
Kobalt-60	5,3 Jahre	Strahlentherapie bei Krebs
Uran-235	$7{,}04 \times 10^{8}$ Jahre	Kernreaktoren
Kohlenstoff-14	5730 Jahre	Archäologische Datierung
Cesium-137	30 Jahre	Krebstherapie

Nuklearmedizin

Radioisotope mit kurzen Halbwertszeiten werden für medizinische Diagnosen und Behandlungen verwendet. Relativ geringe Dosen von Radioisotopen, als **Tracer** bezeichnet, benötigt man für diagnostische Bildgebung; viel stärkere externe Strahlungsquellen werden jedoch bei der Behandlung von Krebsgewebe durch **Radiotherapie** eingesetzt.

Positron-Emissions-Tomografie (**PET**) nutzt Fluor-18 als Tracer zur Diagnose von Hirnkrebs. Der Tracer wird dem Patienten injiziert und sammelt sich im Gehirn an, wo er Positronen – die Antiteilchen eines Elektrons – aussendet, die sich mit den Elektronen des Hirngewebes verbinden, das Gammastrahlen freisetzt. Gesendete Gammastrahlen werden erkannt und zur Erstellung eines Bilds verwendet, das anhand der Gewebeaktivität normale und krebsartige Bereiche aufzeigt.

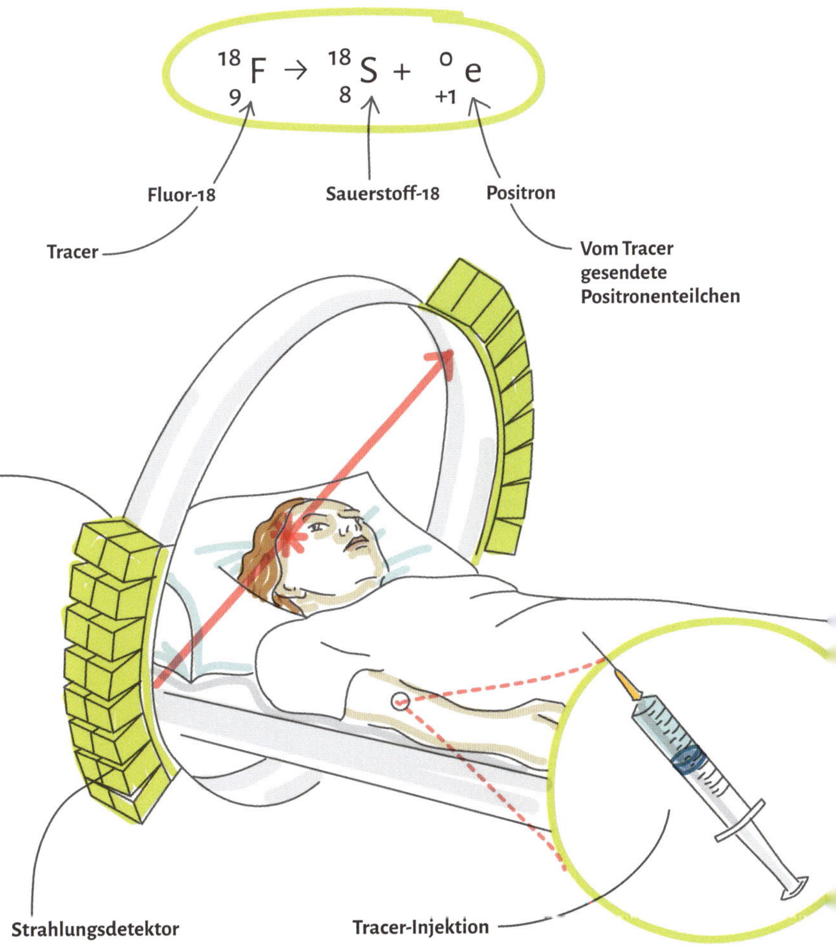

Isotopen-Datierung

Da wir die Halbwertszeit vieler, in der Natur vorkommender Radioisotope kennen, ist die Datierung archäologischer Artefakte relativ unkompliziert. Radioaktivität wird zum Bestimmen des Alters von Gestein, Mineralien, Pflanzen und verschiedenen anderen Fossilien verwendet.

Die Kohlenstoff-14-Datierung ist eine gängige Methode, mit der Wissenschaftler das Alter biologischer Proben bestimmen. Neutronen aus der kosmischen Strahlung kollidieren mit Stickstoff-14-Isotopen in der Atmosphäre und bilden Kohlenstoff-14 (Carbon-14), den Pflanzen in Form von Kohlendioxid aufnehmen.

Tiere und Pflanzen nehmen Kohlenstoff-14 durch den Verzehr von Pflanzen auf. Nach dem Tod können Lebewesen kein C-14 mehr anreichern, und das im toten Gewebe vorhandene C-14 zerfällt wieder zu Stickstoff-14. Die Untersuchung des Kohlenstoff-Stickstoff-Verhältnisses in einem biologischen Fossil ermöglicht daher die Altersbestimmung der Probe.

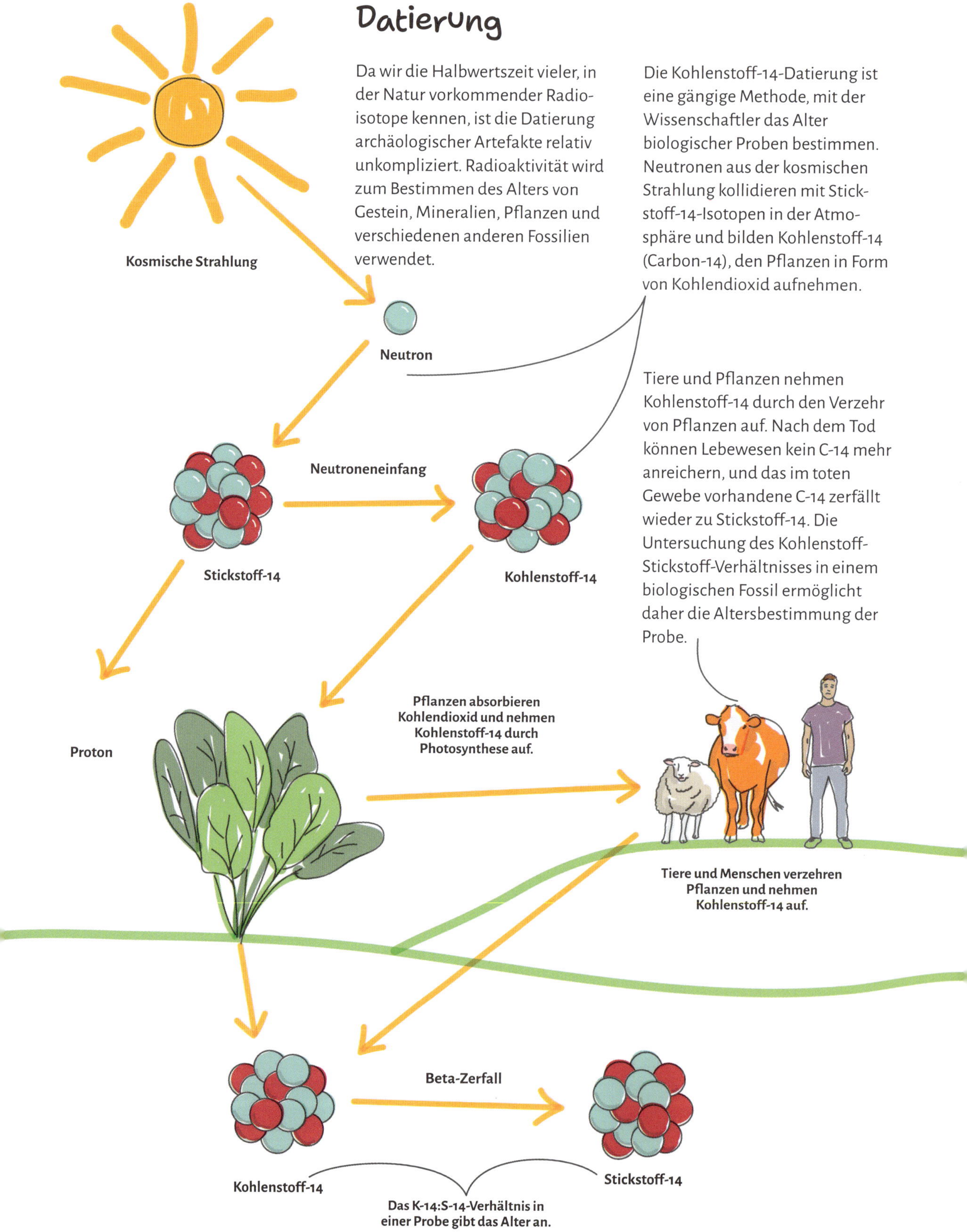

Kernkraft

Kernkraftwerke nutzen die Energie der Kernspaltung des Uran-235-Isotops zum Erhitzen von Wasser zu Dampf. Der Dampf treibt eine große Turbine an, die die Wärmeenergie in mechanische Energie umwandelt, die ein Generator wiederum in elektrische Energie umsetzt.

Die neu erzeugten Neutronen treffen im Reaktor auf weitere Uran-235-Isotope, wodurch mehr Neutronen und kleinere Kerne entstehen. Diese **Kettenreaktion** wächst exponentiell und erzeugt kontinuierliche Energie.

Uran-235 wird mit Neutronen bombardiert, um eine Spaltreaktion auszulösen, bei der zwei oder drei Neutronen und kleinere Töchterkerne erzeugt werden.

Beschleunigte Protonenproduktion bei Kernreaktion

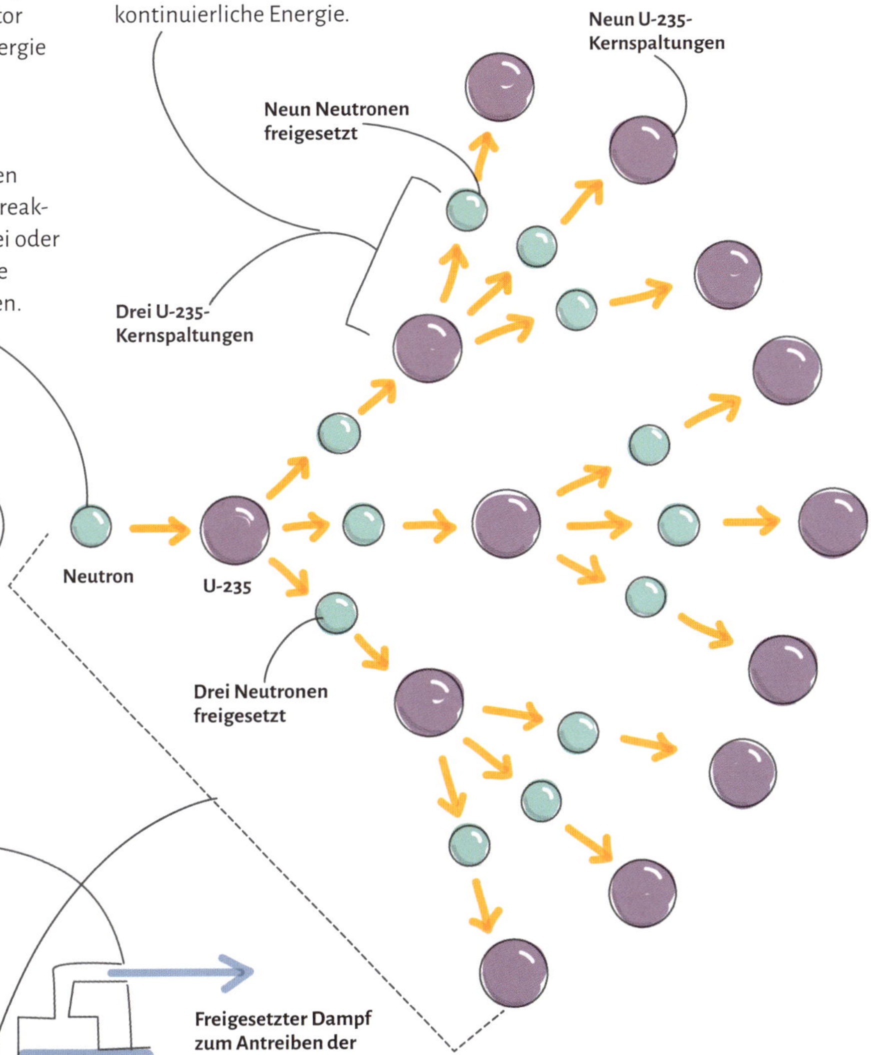

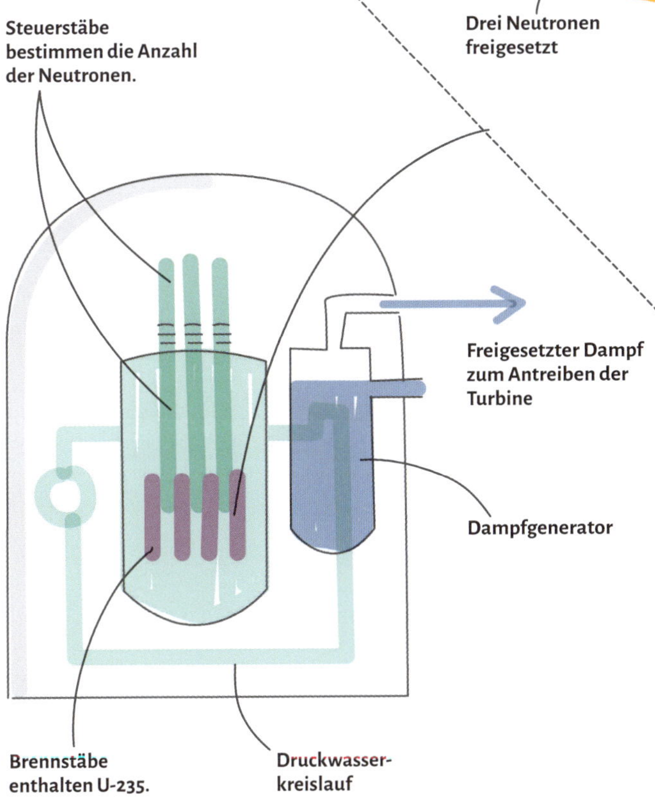

Im Kernreaktor werden neutronenabsorbierende Stäbe eingesetzt, um die Spaltreaktion unter Kontrolle zu halten. Statt wie in einer Atombombe riesige Energiemengen zu erzeugen, werden kleinere, gleichmäßigere Energiemengen produziert.

RESÜMEE

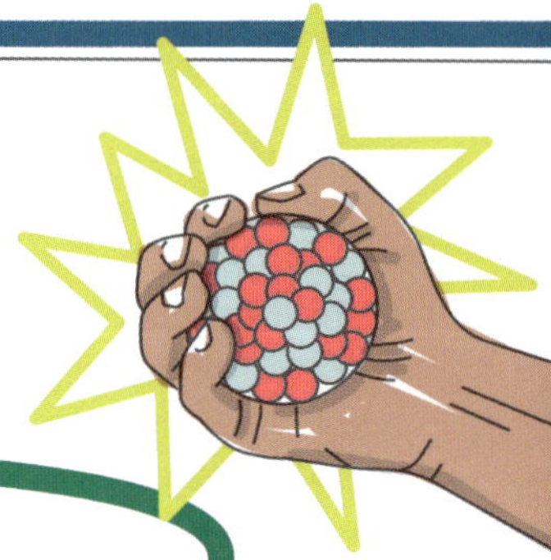

KERNCHEMIE

DER ATOMKERN

KERNBINDUNGSENERGIE

Energie, die den Atomkern zusammenhält

KERNKRAFT

Eine starke Anziehungskraft zwischen Nukleonen

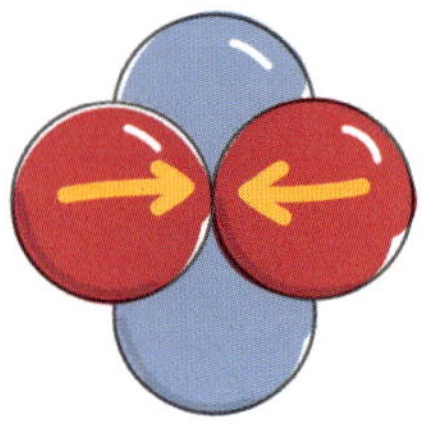

NUKLEARE STABILITÄT

Das Gleichgewicht zwischen nuklearen und elektrostatischen Kräften im Atomkern

MASSENDEFEKT

Atommasse, die bei nuklearen Reaktionen in Energie umgesetzt wird

HALBWERTSZEIT UND VERWENDUNG VON RADIOISOTOPEN

HALBWERTSZEIT

Zeit, die benötigt wird, damit Radioaktivität um die Hälfte abnimmt

KERNKRAFT

Stromerzeugung aus Kernreaktionen

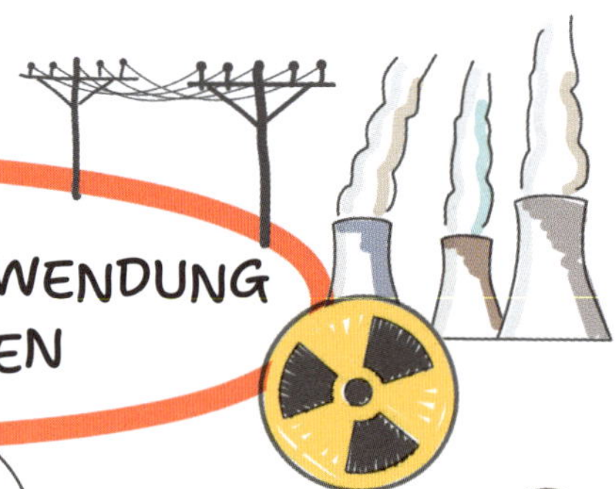

NUKLEARMEDIZIN

Einsatz von Radioisotopen zur Diagnose und Behandlung

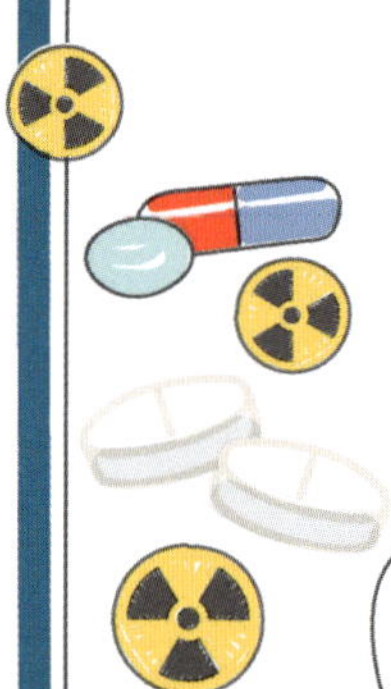

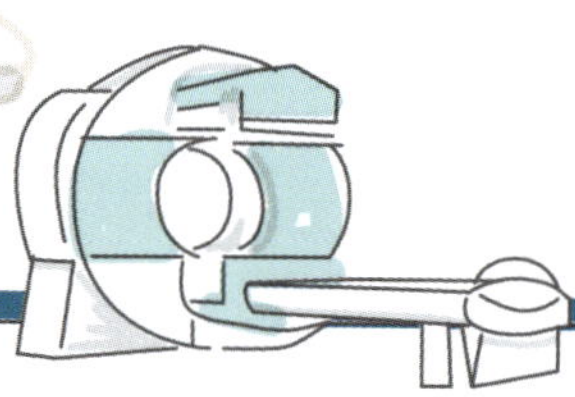

ISOTOPEN-DATIERUNG

Verwendung von Radioaktivität zur Altersbestimmung von Fossilien

RADIOAKTIVITÄT

Der von Marie Curie (1898) geprägte Begriff „Radioaktivität" bezieht sich auf die Spontanemission von Alpha-, Beta- und Gammastrahlung.

NUKLEARE VERÄNDERUNGEN

NATÜRLICHE TRANSMUTATION

Spontaner Zerfall von Radioisotopen

KÜNSTLICHE TRANSMUTATION

Nicht spontaner Zerfall

KERNGLEICHUNGEN

STRAHLUNGSARTEN

Alpha, Beta, Gamma, Positron, Proton, Neutron

ZERFALLSREAKTION

Ein Mutterkern verwandelt sich durch Strahlung in einen Tochterkern.

ANLAGERUNGSREAKTION

Ein Elternkern verwandelt sich durch Einfangen von Strahlung in einen Tochterkern.

FUSIONSREAKTION

Zwei leichtere Elternkerne verbinden sich zum Erzeugen eines schwereren Tochterkerns.

SPALTREAKTION

Ein schwerer Elternkern spaltet sich in zwei oder mehr leichtere Tochterkerne.

KAPITEL 4

ELEKTRONEN IN ATOMEN

Das Verständnis des Elektronenverhaltens in Atomen ist der Schlüssel zur Erklärung chemischer Verbindungen. Elektronen sind außerhalb eines Atomkerns geordnet und nicht zufällig verteilt. Bei Elektronen handelt es sich um Teilchen mit identischer negativer Ladung, Masse und Volumen, deren Energie je nach Nähe zum Kern unterschiedlich ist. Elektronen mit der niedrigsten Energie befinden sich am nächsten zum Kern, wo ihre Anziehung zu den positiv geladenen Protonen am stärksten ist. Elektronen bewegen sich im Kern als Partikel, weisen aber auch wellenartige Eigenschaften auf. Dieser **Welle-Teilchen-Dualismus** ist wichtig, um chemische Bindungen und Reaktivität zu verstehen.

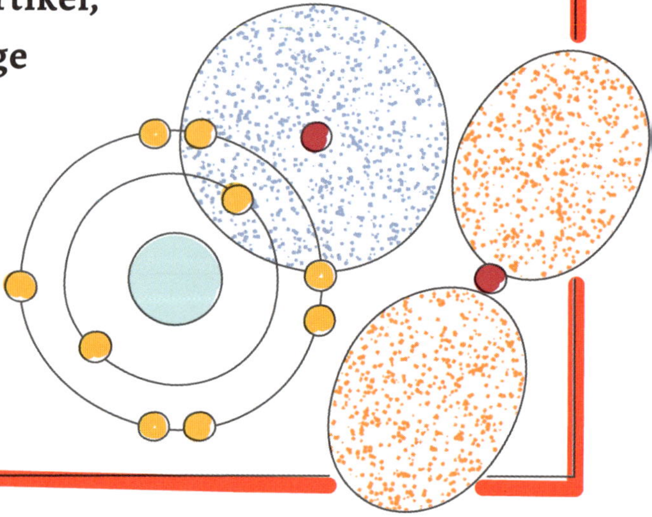

ELEKTROMAGNETISCHE STRAHLUNG: LICHT

Elektromagnetische Strahlung ist Energie, die sich in Form von Wellen masseloser „Teilchen“ namens Photonen durch den Raum bewegt. Die Wärme von einem brennenden Feuer, Sonnenlicht, Röntgenstrahlen und die zum Kochen von Nahrungsmitteln in einer Mikrowelle verwendete Energie sind Formen elektromagnetischer Strahlung. Photonen von verschiedenen Arten elektromagnetischer Energie tragen unterschiedliche Energien. Das bloße menschliche Auge kann nur einen winzigen Bestandteil der diversen Arten elektromagnetischer Strahlung sehen – wir nennen dies sichtbares Licht oder das sichtbare Lichtspektrum.

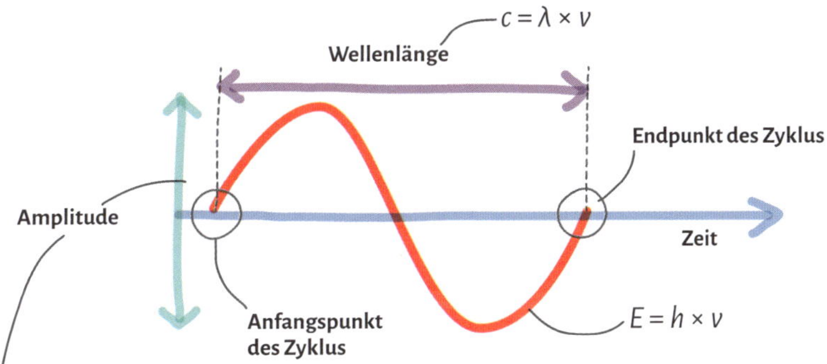

Photonen in elektromagnetischer Strahlung reisen in Wellenform bei konstanter Geschwindigkeit durch den Raum. Diese Welle kann in **Energie** (E), **Wellenlänge** (λ) und **Frequenz** (ν) ausgedrückt werden, die mit der Maßeinheit **Hertz** (Hz) in Zyklen pro Sekunde gemessen wird. Alle drei Mengen sind mathematisch miteinander verbunden.

Die **Amplitude** (Höhe) der Welle ist mit der Helligkeit oder Lichtintensität verbunden: je höher die Amplitude, desto heller das Licht. Mit zunehmender Anzahl der Zyklen pro Sekunde steigt auch die Frequenz. Hochfrequentes Licht enthält mehr Licht als niederfrequentes Licht. Wenn sich die Wellenlänge erhöht, nimmt die Frequenz – und die Lichtenergie – ab.

Ein schmaler Lichtbereich von Infrarot zu Ultraviolett (samt unsichtbarem Licht) ist für uns in angemessenen Mengen unbedenklich, da die Energie niedrig genug ist, ohne schädlich zu sein.

Jenseits des ultravioletten Lichts ist die von Photonen übertragene Hochfrequenzenergie hoch genug für Gewebeschäden. Licht in diesem Bereich bezeichnet man als **ionisierende Strahlung**, da es Elektronen aus Atomen und Molekülen in biologischem Gewebe entfernen kann. Licht unterhalb des Infrarotbereichs ist nicht ionisierend, da es nicht genügend Energie für Gewebeschäden enthält.

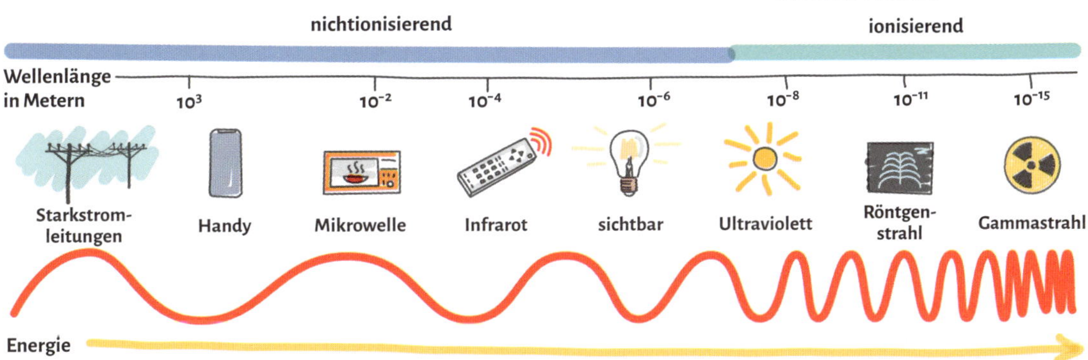

ELEKTRONENANORDNUNG: BOHR'SCHES ATOMMODELL

Während des 18. und 19. Jahrhunderts führten Chemiker Flammentests durch, bei denen sie verschiedene Verbindungen verbrannten und die Farbe des abgestrahlten Lichts zum Identifizieren von Elementen verwendeten. Nach der Entdeckung der Atomstruktur konnten Wissenschaftler erklären, warum jedes Element eine andere charakteristische Farbe erzeugte. Da die Wärmeenergie bei diesen Tests nicht ausreichte, um Veränderungen im Atomkern zu verursachen, mussten die beobachteten Farben eine Folge von Elektronenverhalten außerhalb des Atomkerns sein.

Im Jahr 1913 stellte Niels Bohr seine These über die Elektronen in einem Atom auf, die die Grundlage für das Quantenmodell bildete. Er erklärte, dass Elektronen nur bestimmte Energiemengen, sogenannte Quanten, besitzen dürfen und sich auf Bahnen in diskreten Abständen zum Atomkern bewegen. Bohrs Modell galt zwar nur für das Wasserstoffatom, lieferte aber wichtige Informationen für die nachfolgenden, präziseren Modelle.

Kontinuierliches Spektrum und Linienspektrum

Wenn man das weiße Licht einer Glühlampe durch ein Prisma leitet, entsteht ein Farbspektrum von Rot bis Violett. Da die Farben von Rot bis Violett nahtlos ineinander übergehen, wird dieses beobachtete Farbspektrum als **kontinuierliches Spektrum** bezeichnet.

Wenn Licht von einer Flamme oder einer mit einem gasförmigen Element gefüllten Glühbirne durch ein Prisma geleitet wird, beobachtet man etwas ganz anderes. Statt eines kontinuierlichen Spektrums sieht man mehrere helle und deutlich abgegrenzte Farblinien, die jeweils von Dunkelheit voneinander getrennt sind. Dies wird als **Linienspektrum** bezeichnet, in dem einige Farben fehlen.

Bei einer Flammenprobe erzeugt jedes Element eine andere sichtbare Farbe, und daher besitzt jedes Element ein einzigartiges Linienspektrum, das man zur Identifizierung verwenden kann.

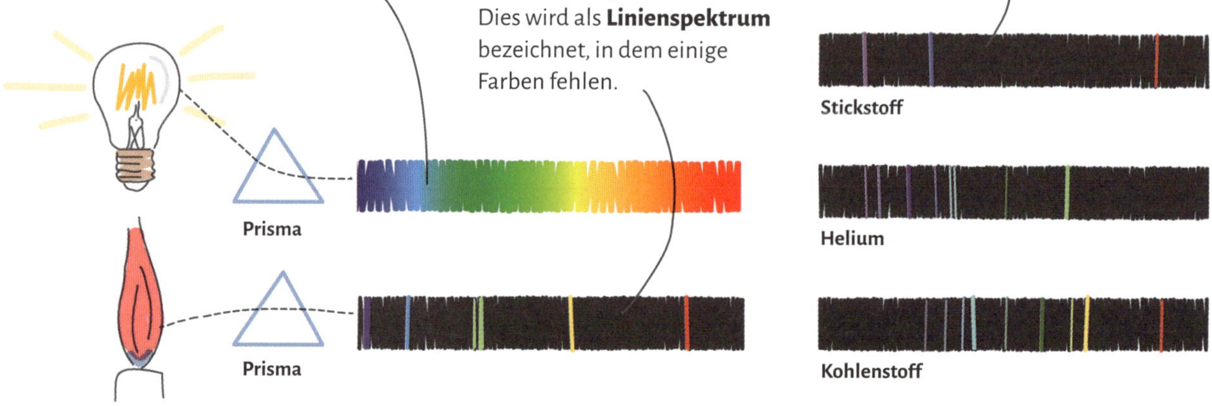

Bohr'sches Modell

Bohr stellte sein Atommodell zum Erklären der Linienspektren für unterschiedliche Elemente vor. Dem Bohr'schen Modell zufolge halten sich Elektronen in Kreisbahnen in unterschiedlichen Abständen vom Atomkern auf. Diese Bahnen sind nach der **Hauptquantenzahl**, ***n***, nummeriert. Die erste Bahn, die dem Kern am nächsten ist, ist $n = 1$, hat die niedrigste Energie. Die Energie steigt mit zunehmender Entfernung vom Kern, und der n–Wert nimmt zu.

Wärme bei einem Flammentest oder Elektrizität im Fall einer Glühbirne aktiviert ein Elektron im Grundzustand und zwingt es, sich in höhere Energiebahnen zu bewegen. In welche Kreisbahn mit höherer Energie es sich bewegt, hängt davon ab, wie viel externe Energie es absorbiert. Das Atom befindet sich nun in einem **angeregten Zustand**.

Elektronen befinden sich bevorzugt in der Nähe des Atomkerns, da sie wegen ihrer elektrostatischen Anziehungskraft zum Kern hingezogen werden. Wenn Elektronen die Kreisbahnen mit der geringsten Energie besetzen, ist das Atom im **Grundzustand**.

Elektronen sind im angeregten Zustand instabil. Wenn ein Elektron in den Grundzustand zurückkehrt, wird ein Photon mit bestimmter Wellenlänge, Frequenz und Energie ausgesandt.

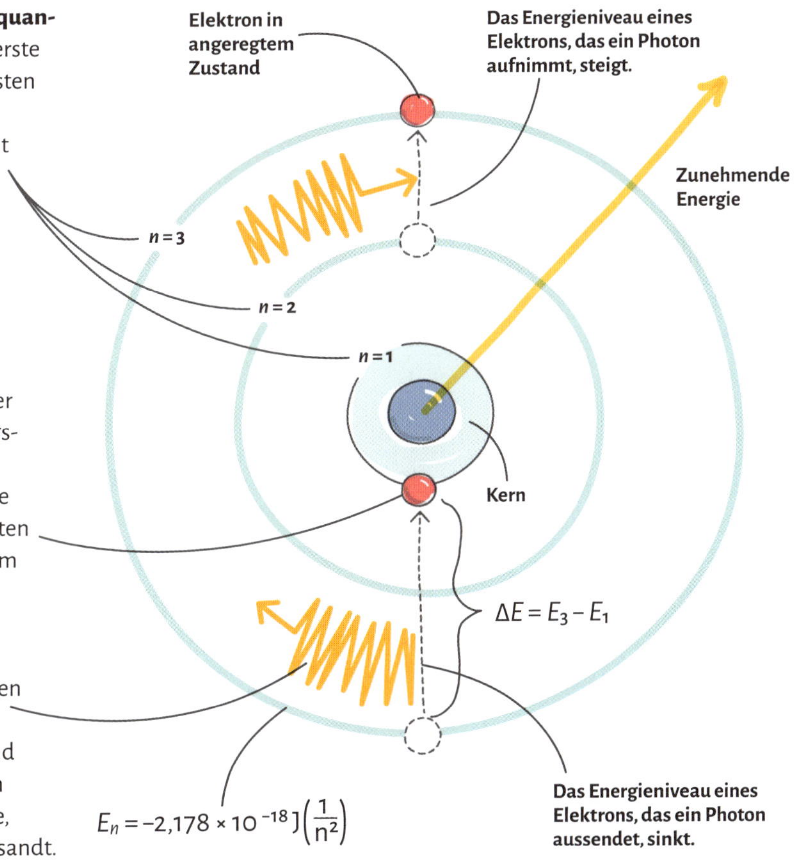

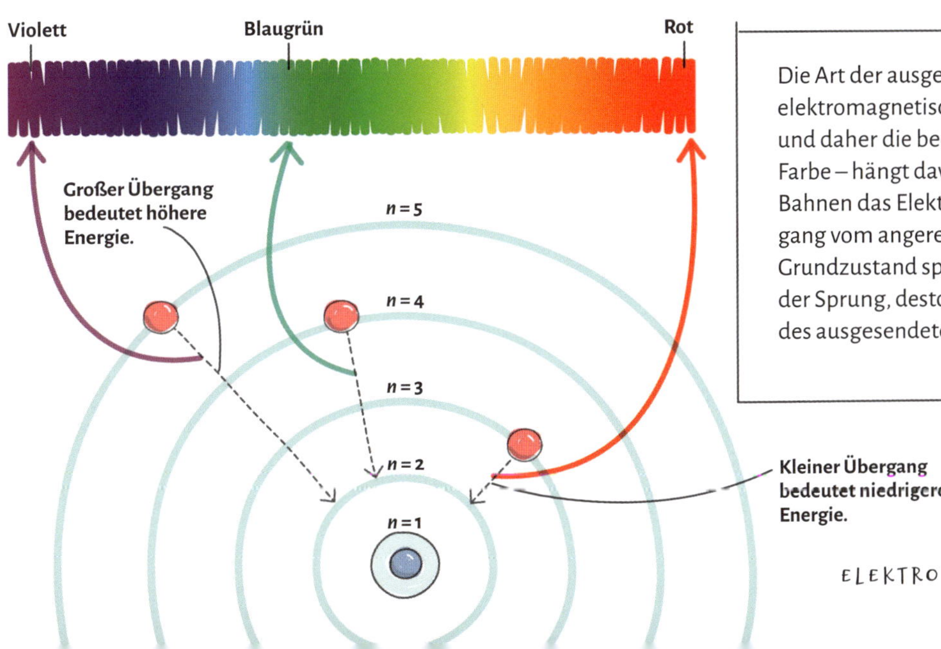

Die Art der ausgesendeten elektromagnetischen Strahlung – und daher die beobachtete Farbe – hängt davon ab, wie viele Bahnen das Elektron vom Übergang vom angeregten Zustand zum Grundzustand springt: je größer der Sprung, desto höher die Energie des ausgesendeten Photons.

Elektronenschalenverteilung

Die Anzahl der Elektronen, die jede Bahn besetzen können, steigt mit dem Wert der Hauptquantenzahl. Bohr beschrieb die maximale Anzahl von Elektronen, die jede Schale besetzen können, mit der Gleichung $\mathbf{2n^2}$ an.

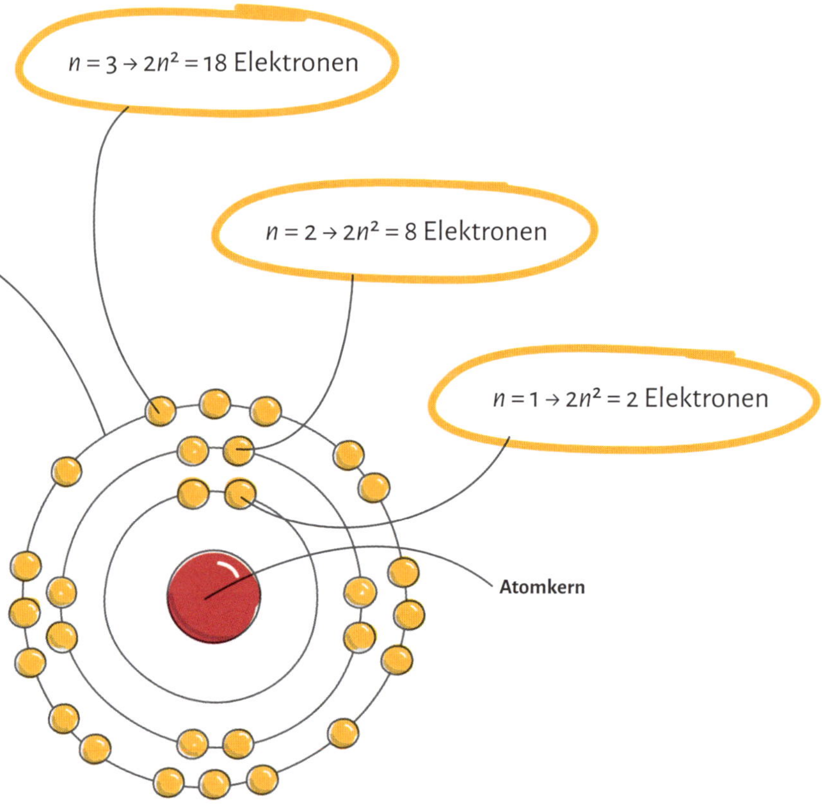

Die Anzahl der Elektronen entspricht der Ordnungszahl, also der Anzahl der Protonen im Atomkern. Im Bohr-Modell sind alle Elektronen eines Atoms auf Energiebahnen (Kreisbahnen) verteilt.

Die Hauptquantenzahl ***n*** gibt die Periodennummer (horizontale Reihen) des Periodensystems an. Lithium und Fluor besitzen beide Elektronen bis zur zweiten Kreisbahn und befinden sich daher in der zweiten Periode.

Aluminium hat Elektronen bis zur dritten Kreisbahn; es befindet sich daher in der dritten Periode.

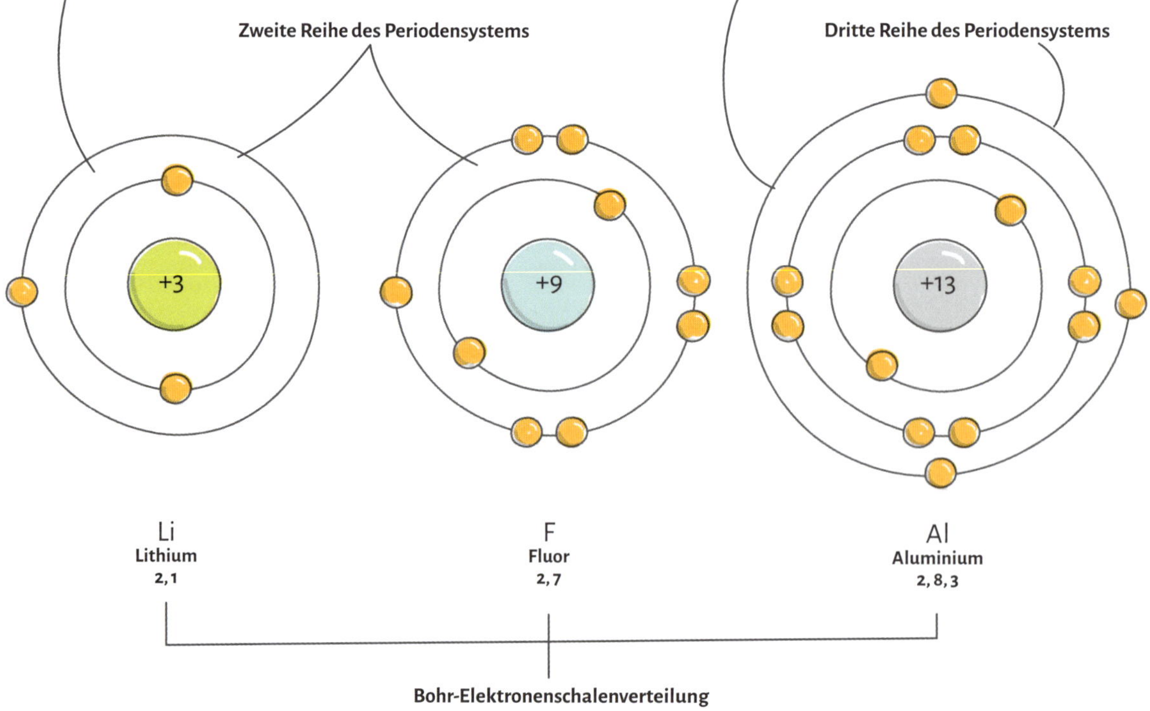

ELEKTRONENANORDNUNG: QUANTENMODELL

Bohrs Atommodell verdeutlichte das Linienspektrum von Wasserstoff mit einem Elektron recht gut, konnte aber nicht die komplexeren Spektren von Elementen mit mehreren Elektronen erklären. Das Quantenmodell ist ein später entwickeltes, ausgereifteres und genaueres Modell, bei dem das Atom hauptsächlich als Wahrscheinlichkeitskarte dient, wo Elektronen wie Teilchen und Wellen behandelt werden. Anstatt sich auf Kreisbahnen zu bewegen, befinden sich die Elektronen in Orbitalen, und ihre Position ist wahrscheinlich und nicht exakt. Atome haben je nach Anzahl ihrer Elektronen viele unterschiedliche Formen von Orbitalen, deren Energie, Form und andere Eigenschaften durch Quantenzahlen dargestellt werden.

Orbitale

Orbitale sind dreidimensionale Wahrscheinlichkeitsbereiche, die den Atomkern umgeben und Positionen anzeigen, wo sich wahrscheinlich ein Elektron befindet. Im Periodensystem sind vier Orbitalarten (**s**, **p**, **d** und **f**) vertreten; welche aber in einem Atom von Elektronen besetzt sind, hängt von der Anzahl der Elektronen ab.

Hätten wir eine Kamera, die ein Elektron während seiner Bewegung um den Atomkern fotografieren könnte, so könnten wir ein Bild entwickeln, das die Orte zeigt, an denen sich das Elektron aufgehalten hat. Die Form eines Orbitals ergibt sich, wenn 90 Prozent dieser Orte berücksichtigt werden.

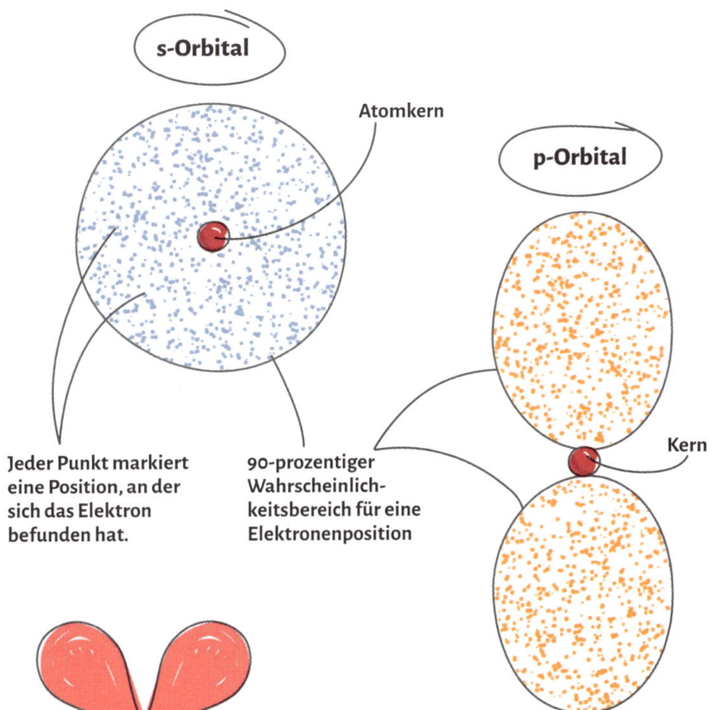

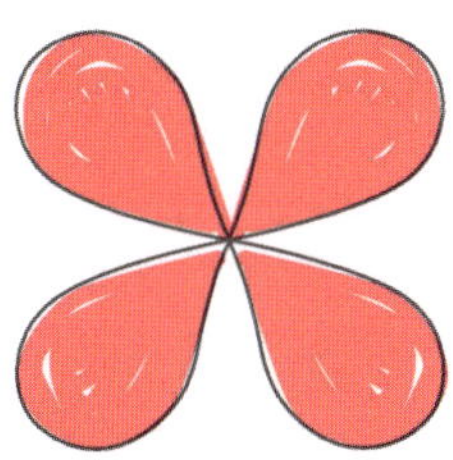
d-Orbital

p-Orbital

s-Orbital

Bei der Darstellung von Orbitalen skizzieren wir geometrische Grenzen, die 90 Prozent aller wahrscheinlichen Elektronenpositionen darstellen, die mithilfe quantenmechanischer Modelle berechnet wurden..

f-Orbital

Schalen und Unterschalen

Beim Quantenmodell ist jede Energieschale – durch die Hauptquantenzahl dargestellt – in die *n*-Zahl der Unterschalen unterteilt. Unterschalen werden durch den *n*-Wert und die Buchstabenbezeichnung der verfügbaren Orbitale gekennzeichnet.

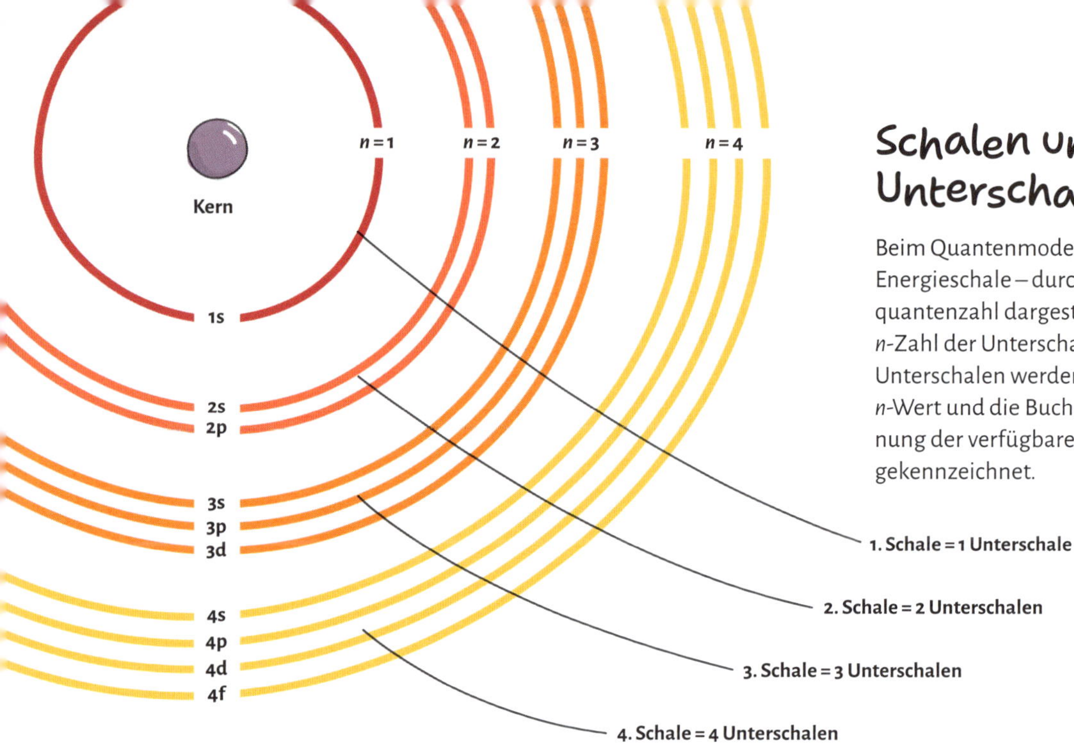

Quantenzahlen

Quantenzahlen sind eine Reihe von Zahlen, die zur Beschreibung von Elektronen in Atomen und der spezifischen Orbitale, in denen sie sich befinden, verwendet werden. Ein Elektron hat vier Quantenzahlen, die es in einem Atom beschreiben.

Die ersten drei Quantenzahlen machen die Elektronen in Schalen, Unterschalen und Orbitalen um den Nukleus ausfindig, ähnlich wie die *x*-, *y*- und *z*-Koordinaten die Position eines Objekts im Raum bestimmen.

Elektronen in Orbitalen verhalten sich, als seien sie winzige geladene Kugeln, die sich um eine Achse drehen. Dieser Spin erzeugt ein kleines Magnetfeld und die vierte Quantenzahl: die **magnetische Spinquantenzahl** (m_s).

NAME	SYMBOL	ERLAUBTE WERTUNG	BEDEUTUNG
Hauptquantenzahl			
Drehimpuls-quantenzahl	l	0, 1, 2, …, n–1	Unterniveauenergie und Orbitalform l = 0 ist s-Unterschale l = 1 ist p-Unterschale l = 2 ist d-Unterschale l = 3 ist f-Unterschale
Magnetische Quantenzahl	m_l	–l, …, 0, …, +l	Orbitalorientierung
Spinquantenzahl	m_s	+1/2, –1/2	Elektronenspin

Die magnetische Spinquantenzahl hat nur zwei mögliche Werte, $+^1/_2$ oder $-^1/_2$, die unterschiedliche Richtungen des Elektronenspins anzeigen.

Quantenzahlen bestimmen die Anzahl der Unterschalen, Orbitale und Elektronen für jede Hauptquantenzahl.

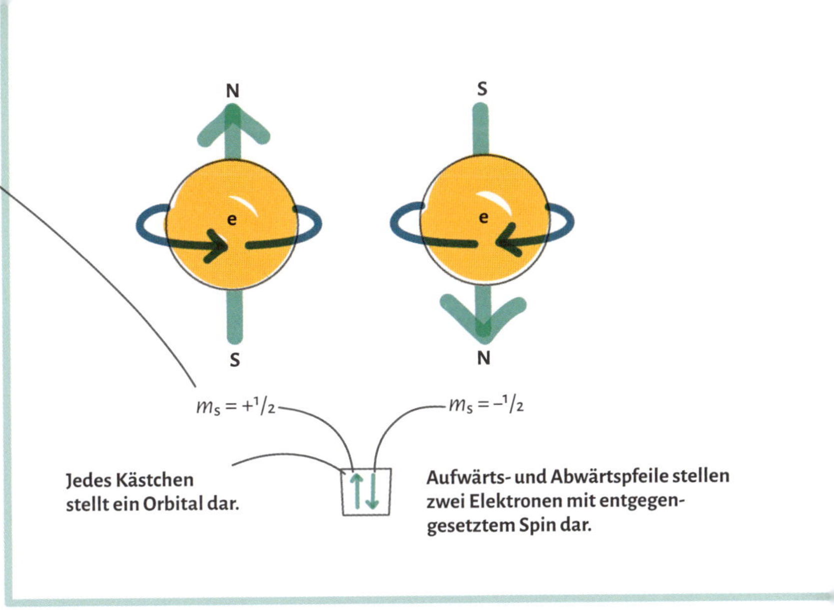

Orbitale und Elektronenspin

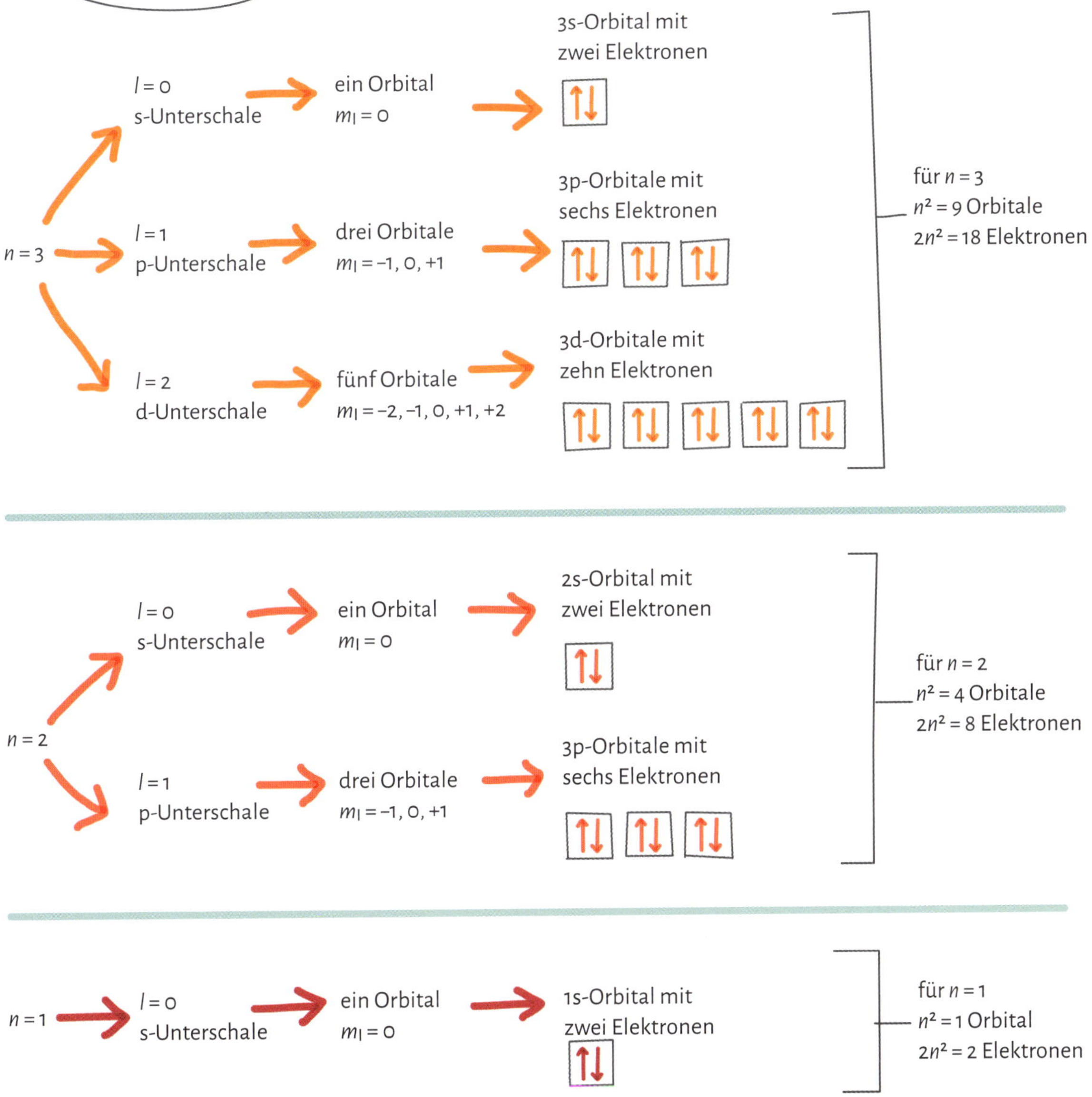

ELEKTRONEN-KONFIGURATION

Die Verteilung von Elektronen eines Atoms auf Orbitale oder Kreisbahnen wird als **Elektronenkonfiguration** bezeichnet. Wolfgang Pauli entdeckte 1925 das Prinzip, das die Anordnung von Elektronen in Atomen nach dem Quantenmodell bestimmt. Elektronen in einem Atom nehmen aufgrund ihrer elektrostatischen Anziehung zum positiv geladenen Atomkern die zur Verfügung stehenden niedrigsten Energieniveaus ein. Die Elektronenkapazität der Bohr-Orbitale wird befolgt, und beim Aufbau der Elektronenkonfigurationen werden die Elektronen auf die Orbitale verteilt. Dieser Prozess ist als **Aufbauprinzip** bekannt.

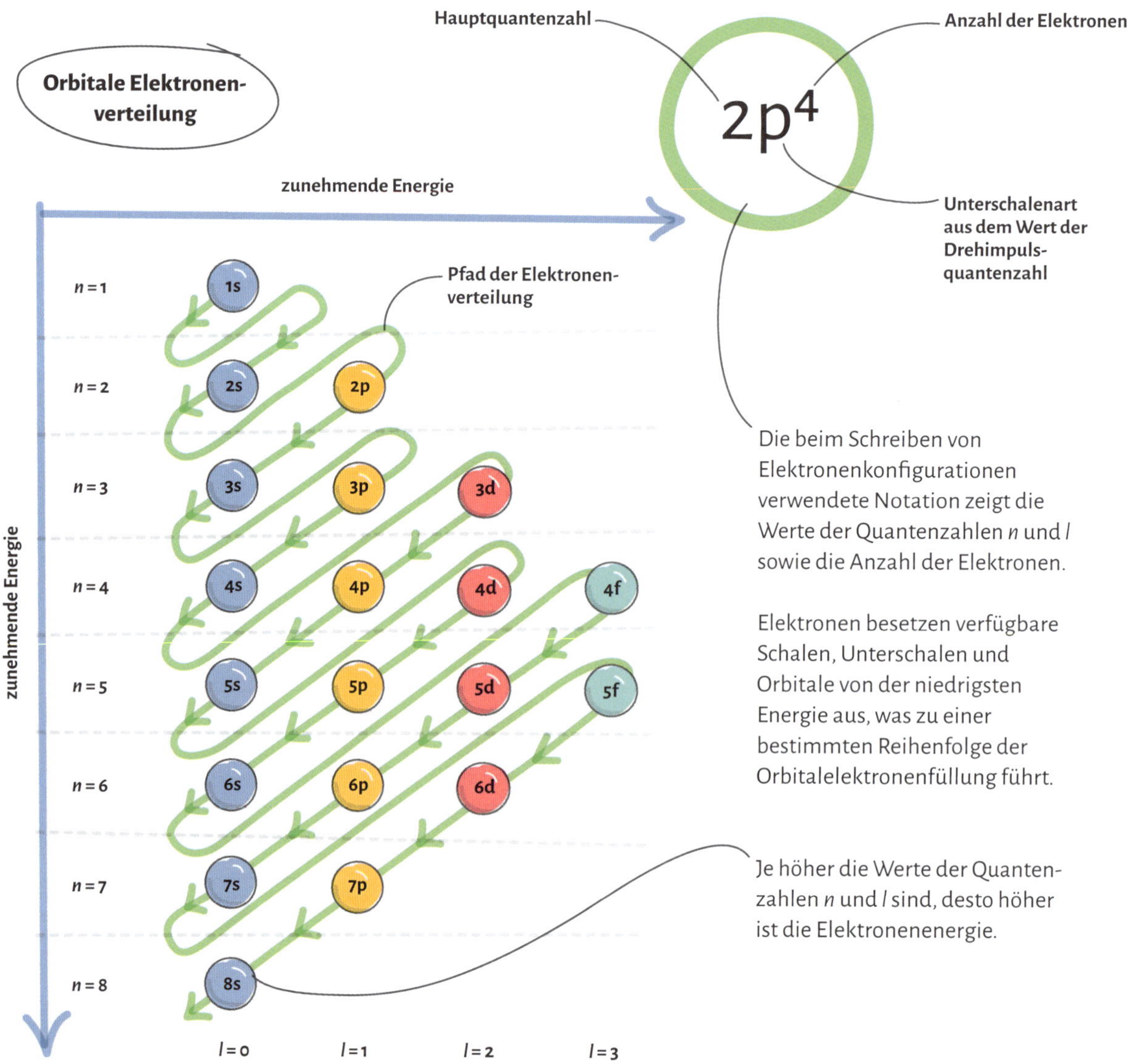

Das Aufbauprinzip

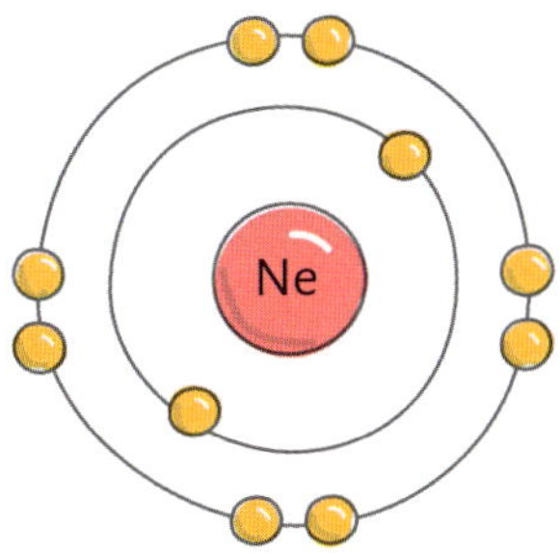

Neon: 10 Elektronen

$1s^2 2s^2 2p^6$

Das Aufbauprinzip ermöglicht uns, die Elektronenkonfiguration von Neon mit 10 Elektronen aufzubauen. Das Bohr-Elektronenmodell von Neon ist (2, 8); das Quantenmodell dagegen platziert die 8 Elektronen in der zweiten Schale in die 2s- und 2p-Orbitale.

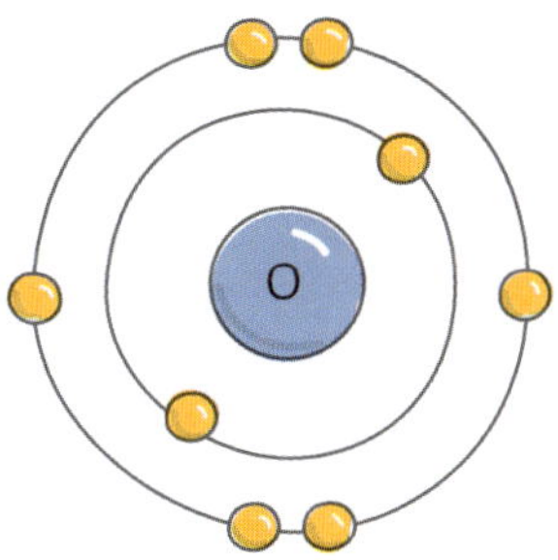

Sauerstoff: 8 Elektronen

$1s^2 2s^2 2p^4$

Sauerstoff hat 8 Elektronen. Wir bauen die Elektronenkonfiguration von Sauerstoff auf, indem wir diese Elektronen in Orbitale platzieren, beginnend mit der niedrigsten Energie.

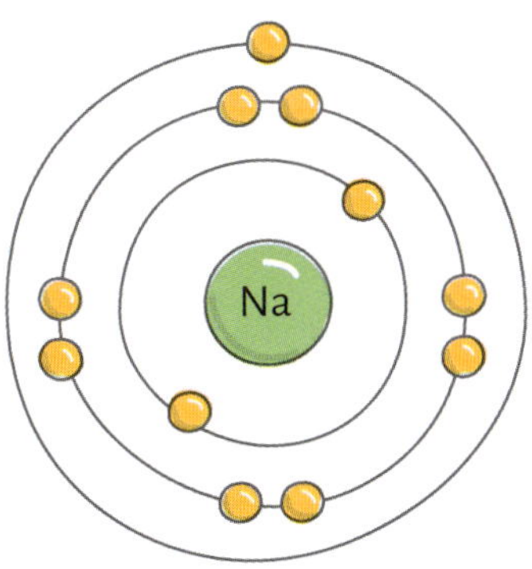

Natrium: 11 Elektronen

$1s^2 2s^2 2p^6 3s^1$

Natrium hat 11 Elektronen, eins mehr als die Elektronenzahl von Neon. Dieses Extraelektron wird nach dem Aufbauprinzip in dem 3s-Orbital platziert.

Das Pauli-Ausschließungsprinzip

Sauerstoff

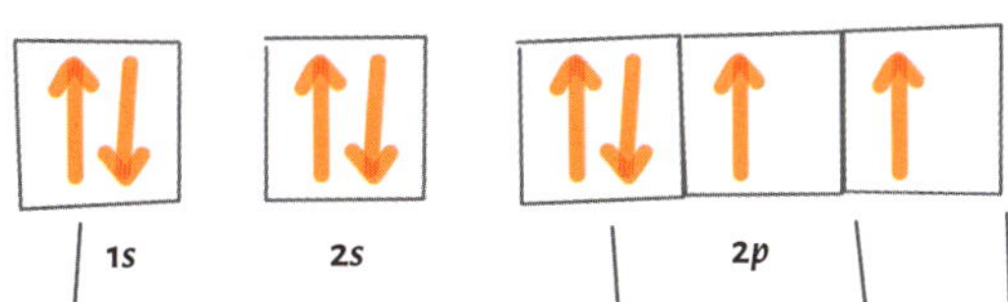

$1s^2 2s^2 2p^4$

Das **Pauli-Ausschließungsprinzip** oder **Pauli-Prinzip** besagt, dass keine zwei Elektronen den gleichen Satz von vier Quantenzahlen haben können. Da n, l und m_l für ein gegebenes Orbital festgelegt sind, bedeutet dies, dass ein zweites, im gleichen Orbital platziertes Elektron eine andere magnetische Spinquantenzahl, m_s, haben muss. Da es nur zwei mögliche Werte einer magnetischen Spinquantenzahl gibt, kann ein Orbital auch nicht von mehr als zwei Elektronen besetzt werden.

Laut der **Hund'schen Regel maximaler Multiplizität** besetzen Elektronen mit identischen Spinquantenzahlen Orbitale jeweils einzeln, bevor sie sich mit entgegengesetzten Spins paaren. Diese Elektronenverteilung hat eine niedrigere Energie und macht das Atom stabiler.

RESÜMEE

ELEKTROMAGNETISCHE STRAHLUNG: LICHT

PHOTON

Als Welle reisendes, massenloses Teilchen

WELLE

Charakterisiert durch Wellenlänge, Frequenz und Energie

SICHTBARES LICHT

Elektromagnetische Strahlung, für Menschen sichtbar

IONISIERENDE STRAHLUNG

Schädlich für Lebewesen

ELEKTRONEN IN ATOMEN

ELEKTRONENKONFIGURATION

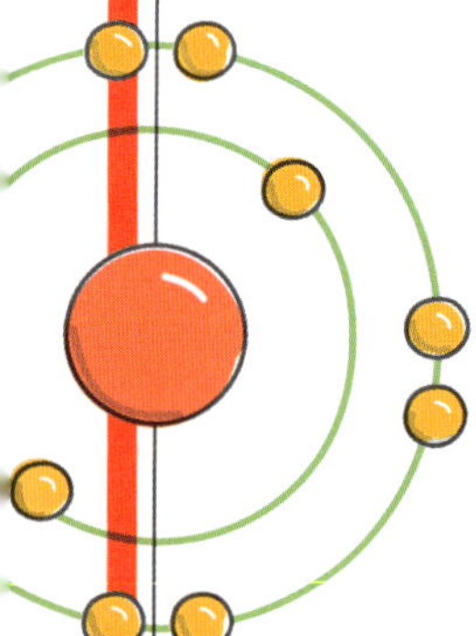

ELEKTRONENKONFIGURATION

Verteilung von Elektronen in Orbitalen oder Kreisbahnen

AUFBAUPRINZIP

Orbitale mit der niedrigsten Energie werden zuerst besetzt.

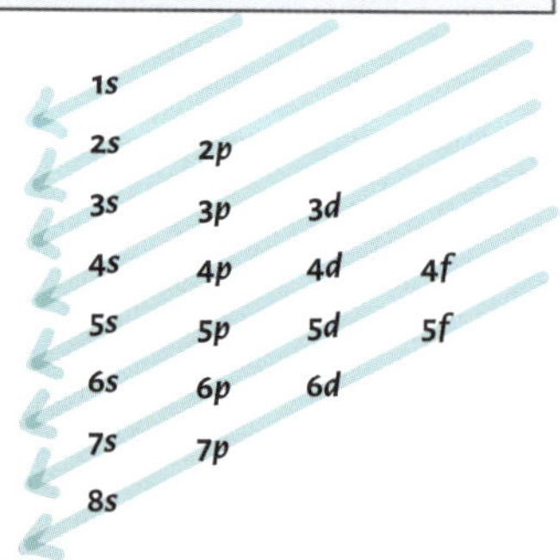

PAULI-PRINZIP

Nicht mehr als zwei Elektronen in einer Kreisbahn

HUND'SCHE REGEL MAXIMALER MULTIPLIZITÄT

Ein Elektron in jedem Orbital vor der Paarung

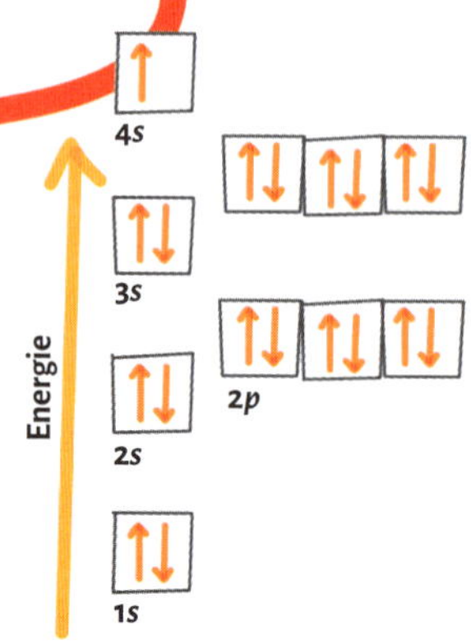

KONTINUIERLICHES SPEKTRUM

Ein Regenbogen aus Farben ohne Lücken dazwischen

LINIENSPEKTRUM

Deutliche Farblinien mit Lücken dazwischen

BOHR'SCHES ATOMMODELL

Elektronen in kreisenden Orbitalen

ELEKTRONENANORDNUNG: BOHR'SCHES MODELL

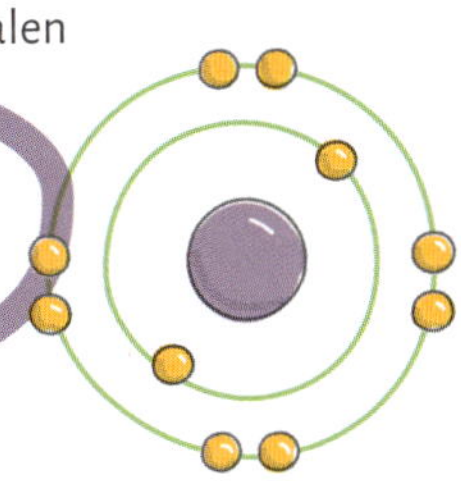

GRUNDZUSTAND

Elektronenzustand mit geringster Energie

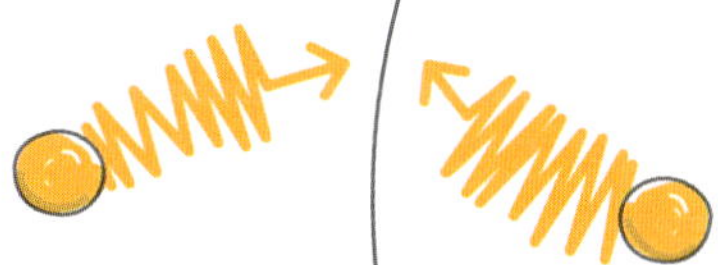

ANGEREGTER ZUSTAND

Elektronenzustand mit hoher Energie

ELEKTRONENSCHALE

Orbital um den Atomkern

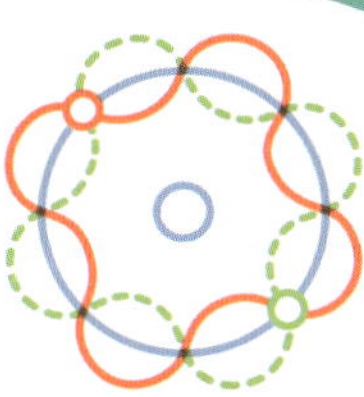

QUANTEN-ATOMMODELL

Als Partikel und Wellen behandelte Elektronen

Wolkenladungsbereiche mit wahrscheinlichen Elektronenstandorten (s, p, d, f)

ORBITAL

HAUPTQUANTENZAHL (n)

Bezeichnet Elektronenschalen

ELEKTRONENANORDNUNG: DAS QUANTENMODELL

SCHALE

Hauptenergieniveaus für Elektronen

MAGNETISCHE QUANTENZAHL (m_l)

Orbitale Ausrichtung

SPINQUANTENZAHL (m_s)

Elektronenspin

DREHIMPULSQUANTENZAHL (l)

Bezeichnet Unterschalen

Kapitel 5

Das Periodensystem der Elemente

Das Periodensystem ordnet Elemente nach ihrer Ordnungszahl, sodass wir ihre Eigenschaften wie etwa Masse, Elektronenzahl und besondere chemische Eigenschaften schnell nachschlagen können. Der Name „Periodensystem“ geht darauf zurück, dass die Tabelle Elemente nach den periodischen Veränderungen ihrer chemischen Eigenschaften angibt. Sie ordnet alle bekannten Elemente in **Gruppen** und **Perioden** ein, die eng mit ihrer elektronischen Figuration verbunden sind: Elemente mit ähnlichem chemischen Verhalten befinden sich in derselben vertikalen Gruppe. Basierend auf der Elementanordnung im Periodensystem zeichnen sich klare Trends in allgemeinen Eigenschaften ab, sodass Wissenschaftler die chemische Natur der Elemente deutlich erkennen können.

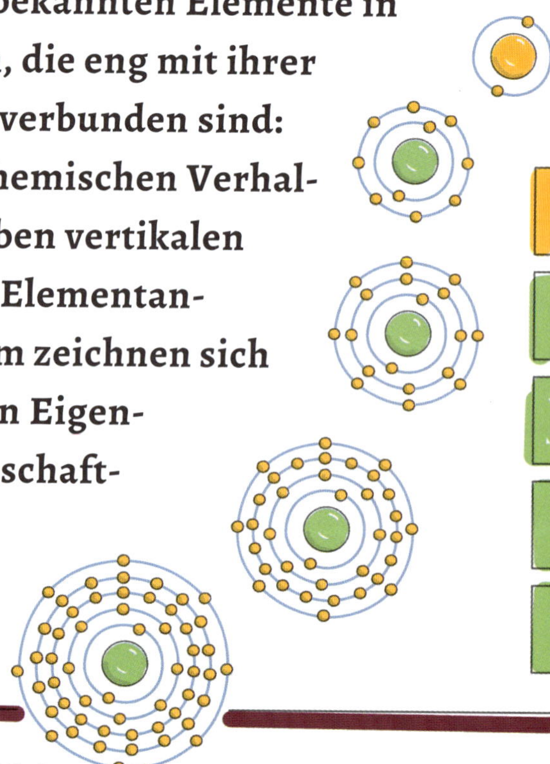

QUANTENZAHLEN UND DAS PERIODENSYSTEM

Die Position eines Elements im Periodensystem spiegelt die Quantenzahlen seines mit Elektronen gefüllten letzten Orbitals wider. Die letzte von Elektronen besetzte Schale (der höchste Wert der Hauptquantenzahl oder Periodenzahl) ist die Valenzschale, die eng mit den chemischen Bindungseigenschaften zusammenhängt. Elemente im Periodensystem gehören je nach ihrer Elektronenkonfiguration zu einem der vier Blöcke – s-, p-, d- oder f-Block. Elemente im s- und p-Block bezeichnet man als Hauptgruppenelemente, da ihre Elektronenkonfiguration und chemischen Eigenschaften vorhersehbar sind. Übergangsmetalle sind im d-Block; innere Übergangsmetalle im f-Block.

Die Periode, in der sich ein Element befindet, spiegelt die Hauptquantenzahl (*n*) wider.

Der Block, zu dem ein Element gehört, liefert den Wert der Drehimpulsquantenzahl (*l*).

Es gibt 2, 6, 10 und 14 Gruppen im **s-**, **p-**, **d-** und **f-Block** für jede Gruppe. Diese Zahlen reflektieren die elektronische Kapazität der s-, p-, d- und f-Orbitale. Die magnetische Zahl (m_l) und die Spinquantenzahl (m_s) werden durch jedes Kästchen in einem Block dargestellt.

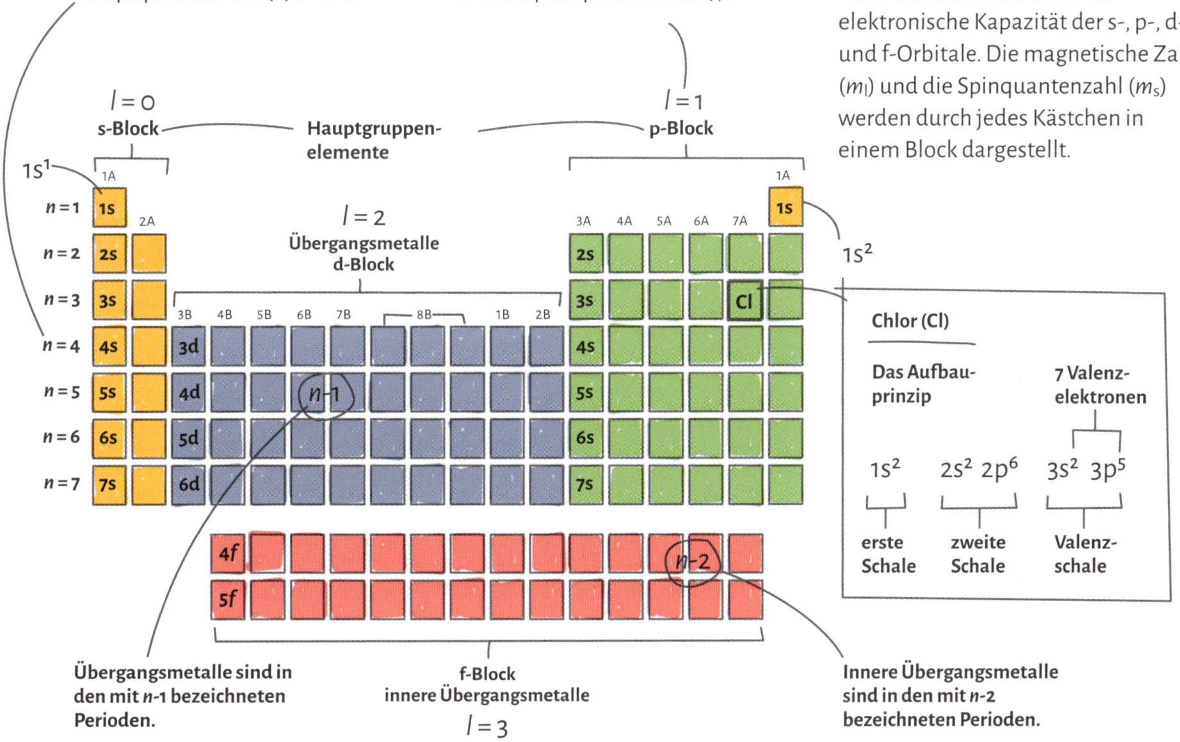

Das Aufbauprinzip wird verwendet, um alle Orbitale mit Elektronen zu füllen, bis die gewünschte Anzahl von Elektronen erreicht ist. Dies liefert die Position des Elements im Periodensystem.

Die Atomzahl von Chlor (Cl) ist 17, mit 17 Elektronen. Chlor ist in der dritten Periode (*n*=3), seiner Valenzschale, die sich in seiner elektronischen Konfiguration widerspiegelt.

Chlor hat sieben Elektronen in der Valenzschale (**Valenzelektronen**), die es in Gruppe 7A des Periodensystems platzieren – der siebten vertikalen Gruppe.

STABILE ELEKTRONENKONFIGURATIONEN

Während des 19. Jahrhunderts ordneten Chemiker alle bekannten Elemente nach ihrer chemischen Bindung mit anderen Elementen. Ihre Beobachtungen zeigten, dass eine bestimmte Gruppe von Elementen, als Edelgase (Gruppe 8A des Periodensystems) bekannt, in der Natur in ihrer reinen elementaren Form vorkamen: Sie zeigen wenig oder keine Reaktivität mit anderen Elementen und sind chemisch relativ *reaktionsträge* oder *stabil*. Da chemische Reaktivität direkt mit Elektronenfiguration zusammenhängt, müssen Edelgase daher eine stabile Elektronenfiguration aufweisen. Später entdeckte man, dass alle Edelgase – mit Ausnahme von Helium – acht Valenzelektronen in ihrer äußersten Schale besitzen (Helium hat zwei Valenzelektronen).

Elektronenkonfigurationen aus dem Periodensystem

Da Nobelgase stabil und chemisch reaktionsträge sind, versuchen alle anderen Elemente, ihrer elektronischen Konfiguration zu folgen. Dies erreichen sie, indem sie zwei Valenzelektronen in ihrer äußersten Schale halten wie Helium (die **Duplettregel**) oder acht Valenzelektronen wie die übrigen Edelgase (die **Oktettregel**).

Jede Periode schließt mit einem Edelgas ab, dessen verfügbare Orbitale vollständig besetzt sind. Die Elektronenkonfiguration mit **geschlossener Schale** für Edelgase wird durch das Elementsymbol in Klammern geschrieben.

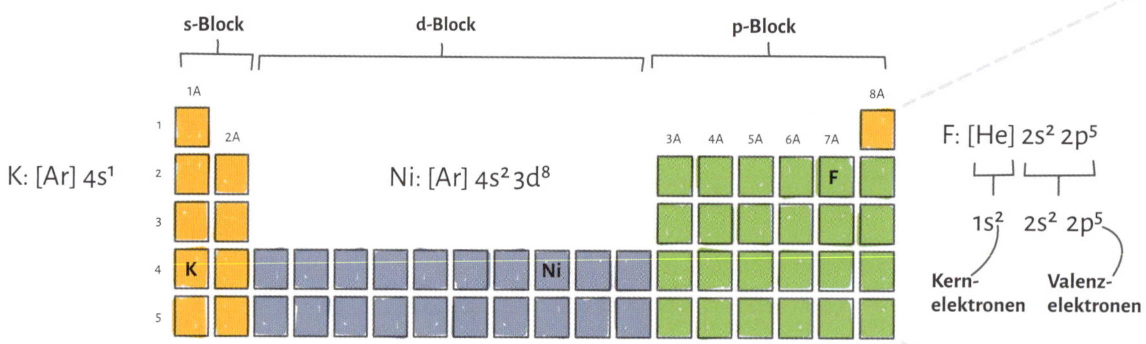

Elektronenkonfigurationen lassen sich einfach anhand der Position eines Elements im Periodensystem schreiben.

Die **volle Elektronenfiguration** für Fluor (F) schreibt man, indem jedes Orbital vom 1s-Orbital (dem 1. Kästchen für Wasserstoff) an ausgefüllt wird, bis man Fluor im Periodensystem mit neun Elektronen erreicht.

Fluor ist in der 2. Periode; die 1. Periode schließt mit Helium ab. Die **abgekürzte Elektronenfiguration** von Fluor wird durch die 1. Periode ausgedrückt, wobei [He] die Kernelektronen darstellt.

Eine **stabile Elektronenkonfiguration** bezieht sich auf ein Atom oder Ion, bei dem die Valenzschale komplett mit Elektronen gefüllt ist. Edelgase haben eine stabile Elektronenkonfiguration. Alle anderen Elemente nehmen Elektronen auf oder geben sie ab, um eine stabile Elektronenkonfiguration zu erreichen.

Ein Natriumatom gibt eines seiner 11 Elektronen ab, um ein **Kation** mit derselben Elektronenkonfiguration wie Neon (10 Elektronen) zu werden.

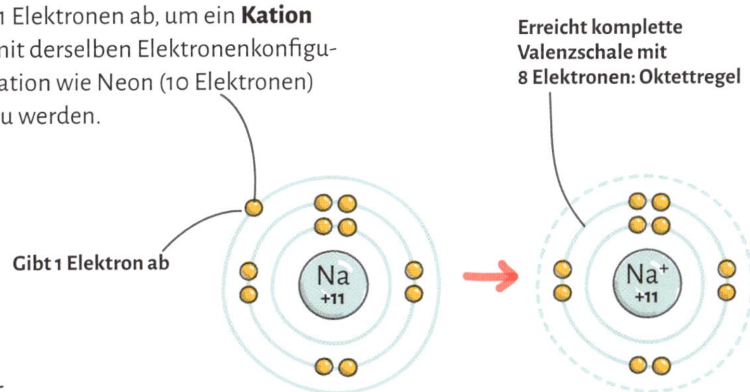

[Ne] $3s^1$ → [Ne]

Ne, Na^+ und F^- haben die gleiche stabile Edelgaselektronenkonfiguration. Sie sind isoelektronisch. Neon hat 8 Elektronen in seiner Valenzschale und erfüllt also die Oktettregel.

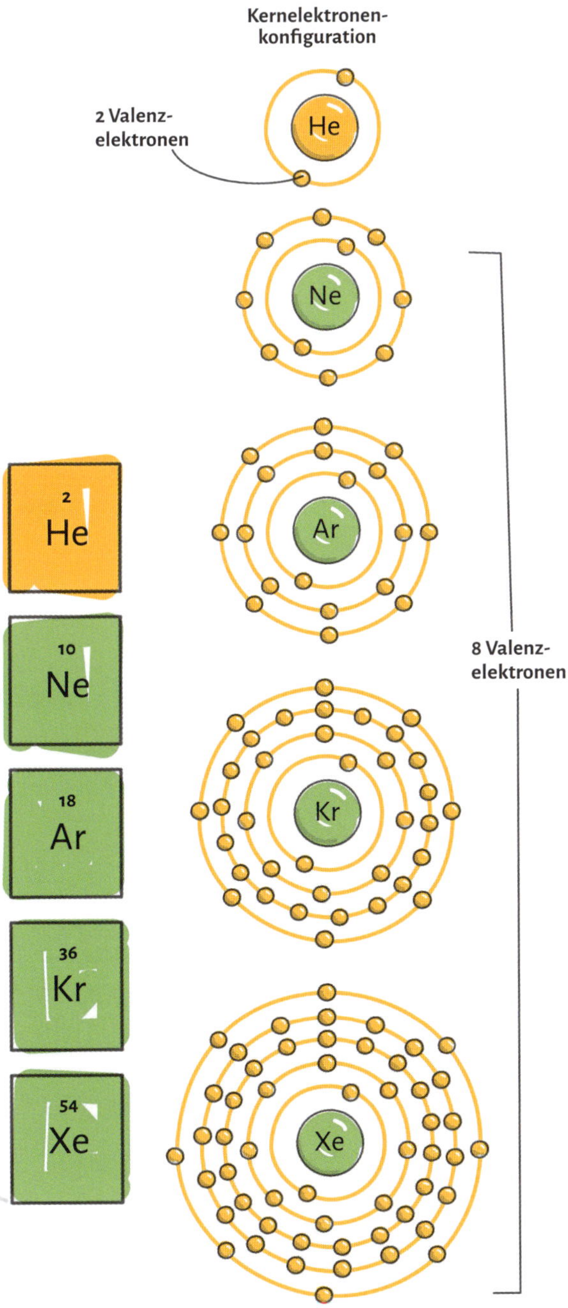

[He] $2s^2 2p^5$ → [Ne]

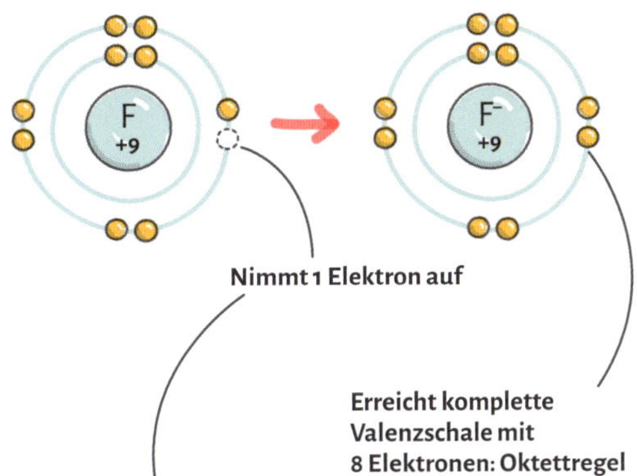

Fluor nimmt ein Elektron auf und wird so zu einem Anion, das die gleiche Elektronenkonfiguration wie Neon mit 10 Elektronen hat.

Für Hauptgruppenelemente entspricht die Gruppennummer der Anzahl der Valenzelektronen. Dadurch lässt sich leicht vorhersagen, wie viele Elektronen für ein stabiles Oktett von 8 Valenzelektronen abgegeben oder aufgenommen werden müssen.

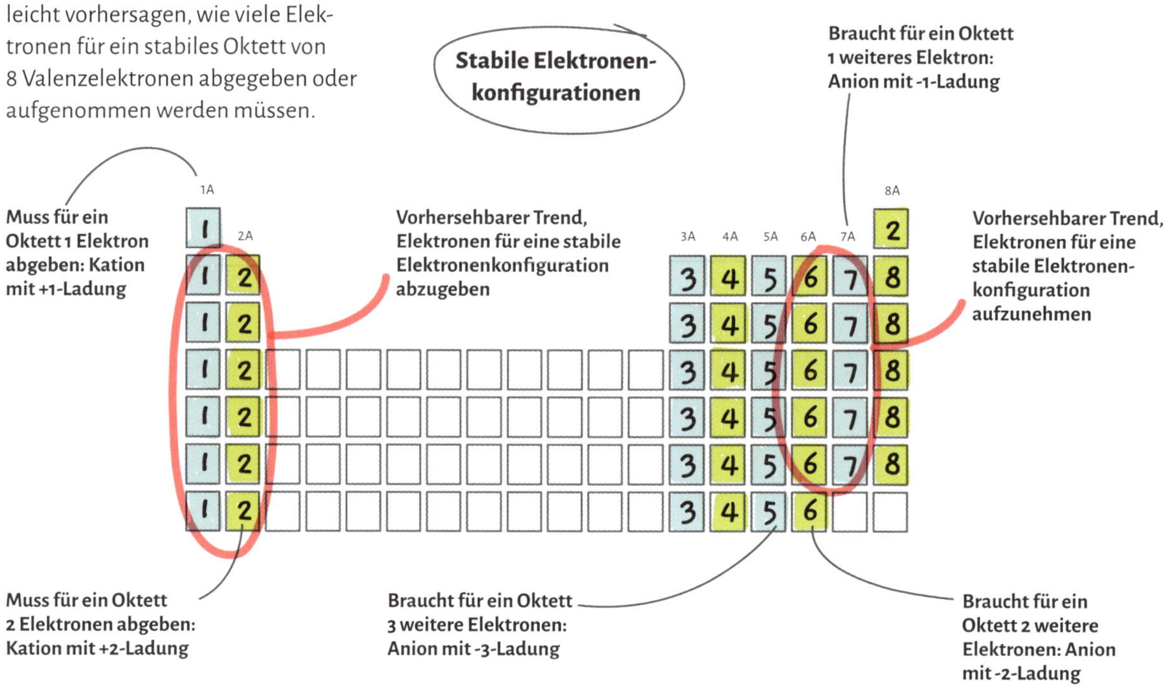

So schreibt man Elektronenkonfigurationen für Ionen

Atome nehmen zum Bilden von Ionen Elektronen auf oder geben sie ab, um stabiler zu werden und eine stabile Elektronenfiguration wie die der Edelgase zu erhalten. Beim Schreiben ionischer Elektronenfigurationen fügt man Elektronen zur Valenzschale mit der höchsten Energie hinzu oder entfernt sie. Deshalb sind bei der Ionenbildung nur Valenzelektronen beteiligt.

Beim Schreiben der Elektronenkonfiguration für ein **Kation** werden Elektronen von der Valenzschale **entfernt**.

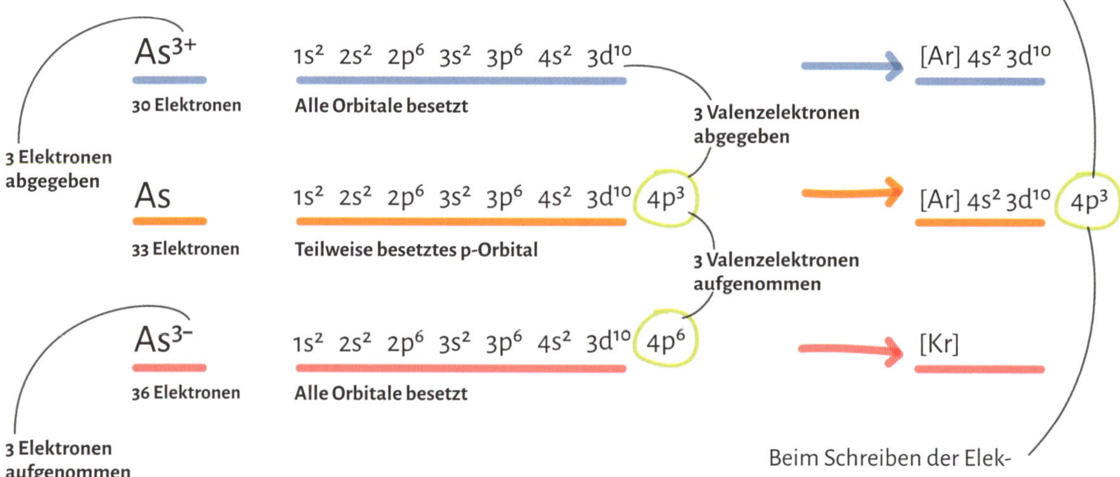

Beim Schreiben der Elektronenkonfiguration für ein **Anion** werden der Valenzschale Elektronen **hinzugefügt**.

PERIODISCHE KLASSIFIKATION DER ELEMENTE

Da Valenzelektronen für die beobachteten chemischen Eigenschaften verantwortlich sind, befinden sich Elemente mit ähnlicher chemischer Natur in derselben Gruppe des Periodensystems. Atome geben Elektronen ab, nehmen sie auf oder teilen sie, um eine stabile Elektronenkonfiguration zu erhalten. Daher sind Elemente in Gruppen, die den Edelgasen am nächsten sind, meist reaktiver als diejenigen, die weiter entfernt sind. Dieser periodische Trend unterschiedlicher chemischer Eigenschaften ermöglicht die Einteilung aller Elemente in **Metalle**, **Nichtmetalle** und **Halbmetalle**.

METALLE
- bilden meist Kationen
- Glanz
- verformbar
- dehnbar
- gute Wärme- und Stromleiter
- bei Raumtemperatur meist fest
- hohe Dichte

HALBMETALLE
- können Elektronen abgeben oder aufnehmen
- Eigenschaften zwischen Metallen und Nichtmetallen
- teils glänzend, teils matt
- teils verformbar, teils nicht
- teils dehnbar, teils nicht
- Halbleiter für elektrische Ladung

NICHTMETALLE
- bilden meist Anionen, mit Ausnahme von Edelgasen
- matt
- spröde
- nicht verformbar
- nicht dehnbar
- schlechte Wärme- und Stromleiter
- bei Raumtemperatur fest, flüssig oder gasförmig

Die Nähe der **Alkalimetalle** in Gruppe 1A zu den Edelgasen macht sie zu den reaktivsten Metallen. Sie sind für gewöhnlich weich und glänzend und erfordern eine spezielle Lagerung; in der Natur kommen sie nie in reiner Form vor.

Erdalkalimetalle sind nicht so aktiv wie Alkalimetalle, haben aber dennoch mehr Reaktivität als die meisten Metalle. Sie sind ziemlich hart und strahlend weiß und kommen in der Natur mit anderen Elementen kombiniert vor.

Halogene sind aufgrund ihrer Nähe zu Edelgasen hochreaktive Nichtmetalle. Verbindungen, die Halogene enthalten, werden als „Halogenide" bezeichnet.

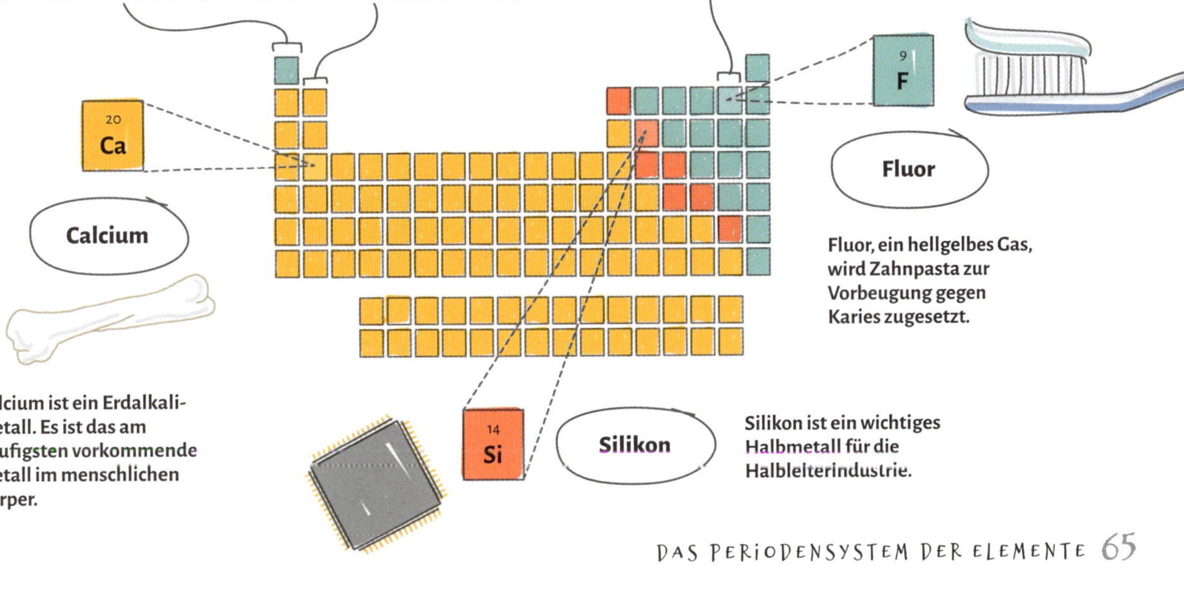

Calcium ist ein Erdalkalimetall. Es ist das am häufigsten vorkommende Metall im menschlichen Körper.

Fluor, ein hellgelbes Gas, wird Zahnpasta zur Vorbeugung gegen Karies zugesetzt.

Silikon ist ein wichtiges Halbmetall für die Halbleiterindustrie.

PERIODISCHE TRENDS

Periodische Trends sind voraussagbare Muster, die verschiedene Aspekte von Elementen demonstrieren, basierend auf ihrer Position im Periodensystem. Die wichtigsten Trends sind **Atomradius, Ionisationsenergie, Elektronenaffinität, Elektronegativität** und **metallischer Charakter**; sie geben Chemikern ein unschätzbares Werkzeug zur schnellen Vorhersage elementarer Eigenschaften. Diese voraussagbaren Trends entstehen wegen der ähnlichen Atomstruktur von Elementen, die von ihrer Elektronenkonfiguration her in Gruppen und Perioden eingeteilt sind.

Der **Atomradius** nimmt innerhalb einer Gruppe von oben nach unten zu, da es mehr vollständig oder teilweise gefüllte Elektronenschalen gibt.

Innerhalb einer Periode des Periodensystems werden Atome kleiner. Das liegt daran, dass keine neuen Elektronenschalen hinzugefügt werden und die zunehmende positive Ladung des Atomkerns die Elektronen stärker an den Kern zieht, wodurch das Atom schrumpft.

Ionisationsenergie ist die Energie, die benötigt wird, um ein Elektron aus einem neutralen Atom im gasförmigen Zustand zu entfernen. Valenzelektronen sind in größeren Atomen weiter vom Atomkern entfernt, und es erfordert weniger Energie, sie zu entfernen. Je kleiner das Atom, desto höher die Ionisationsenergie.

Periodische Eigenschaften der Elemente

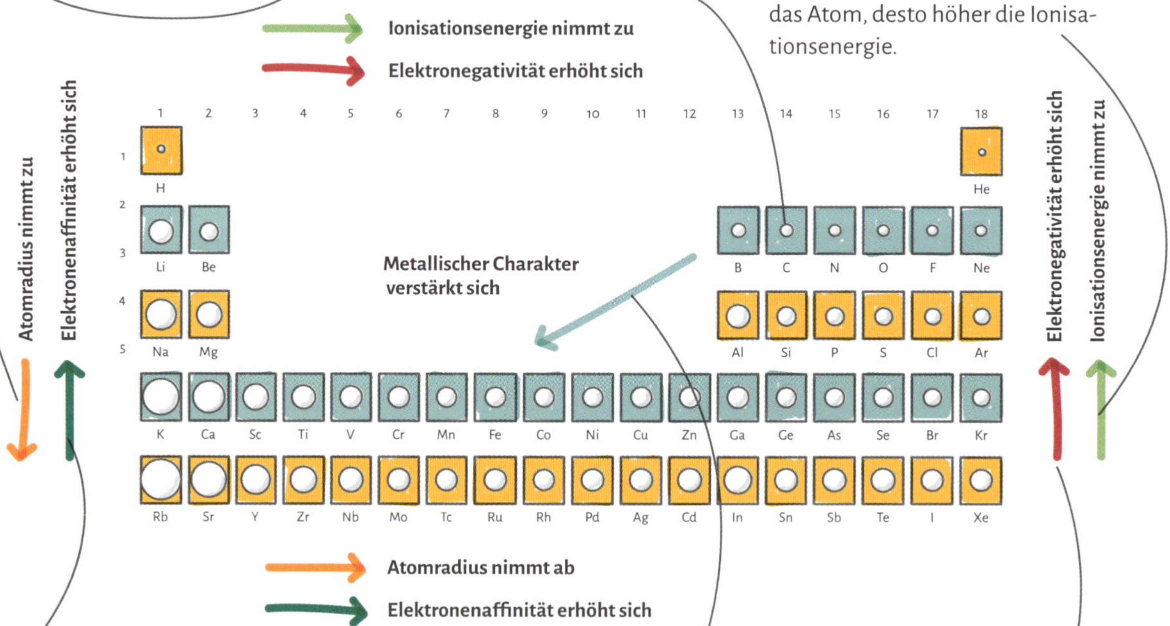

Elektronenaffinität gibt an, wie leicht ein Atom ein Elektron annimmt. Die Valenzschale kleinerer Atome ist näher beim Kern und stärker zu diesem hingezogen; daher ist es einfacher, ihnen Atome hinzuzufügen. Je kleiner das Atom, desto höher die Elektronenaffinität.

Metallischer Charakter bezieht sich auf die Reaktivität eines Metalls, das bei chemischen Reaktionen Elektronen verlieren kann. Der metallische Charakter erhöht sich generell von ganz rechts oben im Periodensystem diagonal nach unten links.

Elektronegativität bezeichnet die Fähigkeit eines Atoms, Elektronen anzuziehen. Kleinere Atome mit hoher Elektronenaffinität haben eine hohe Elektronegativität. Fluor ist das elektronegativste Element des Periodensystems.

LEWIS-PUNKT-DIAGRAMM

Valenzelektronen sind bei den meisten chemischen Reaktionen beteiligt, bei denen chemische Bindungen zwischen Atomen gebrochen und neu gebildet werden. Der amerikanische Chemiker G. N. Lewis entwickelte ein brillantes Symbolsystem (heute als Lewis-Punkt-Diagramm oder Lewis-Struktur bekannt), um die Valenzelektronen darzustellen und ein besseres Verständnis dafür zu ermöglichen, wie sich ein Atom mit anderen Atomen bindet. Lewis-Punkt-Symbole erklären, wie ein Atom der Oktettregel folgt, um eine stabile Elektronenkonfiguration zu erhalten, und wie sich Ionen und Verbindungen zu Hauptgruppenelementen bilden.

Wie man Lewis-Punkt-Symbole schreibt

Bei einem **Lewis-Punkt-Symbol** repräsentiert das Symbol eines Elements den Kern des Atoms (Kernelektronen und Nukleus); die Valenzelektronen werden durch einen Punkt für jedes Elektron dargestellt. Jedes Elementsymbol hat vier Seiten, und diese können jeweils bis zu zwei Valenzelektronen aufnehmen, also insgesamt acht (Oktettregel).

Bei Hauptgruppenelementen zeigen die Lewis-Punkt-Symbole anschaulich, was ein Atom tun muss, um eine stabile Edelgaskonfiguration zu erhalten.

SCHRITT 1:
Das Element im Periodensystem suchen und sein Symbol schreiben.

SCHRITT 2:
Die Anzahl der Valenzelektronen bestimmen. Sauerstoff, ein Hauptgruppenelement, ist in Gruppe 6A (oder 16). Es hat 6 Valenzelektronen.

SCHRITT 3:
Für jedes Valenzelektron einen Punkt auf allen vier Seiten des Atomsymbols für Sauerstoff platzieren, bevor die Punkte für 6 Valenzelektronen paarweise angeordnet werden.

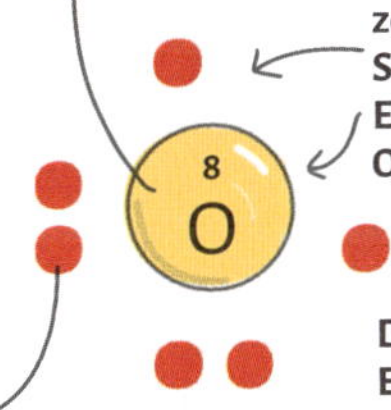

Beryllium (Be) und Bor (B) sind zwei ungerade Mitglieder der Hauptgruppenelemente, da sie weder der Duplett- noch der Oktettregel folgen. Diese Elemente sind mit zwei bzw. drei Valenzelektronen vollkommen zufrieden.

Elemente, die sich in Gruppen näher an den Edelgasen befinden, sind meist reaktiver. Gruppe 1A und 7A sind hochreaktiv, da beide ein Valenzelektron von der Edelgaskonfiguration entfernt sind.

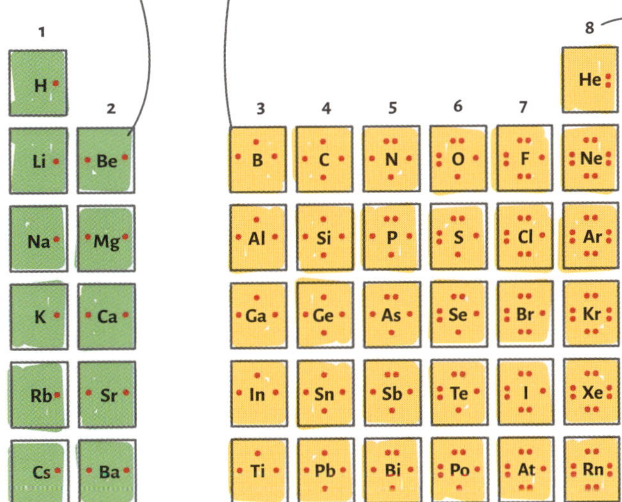

RESÜMEE

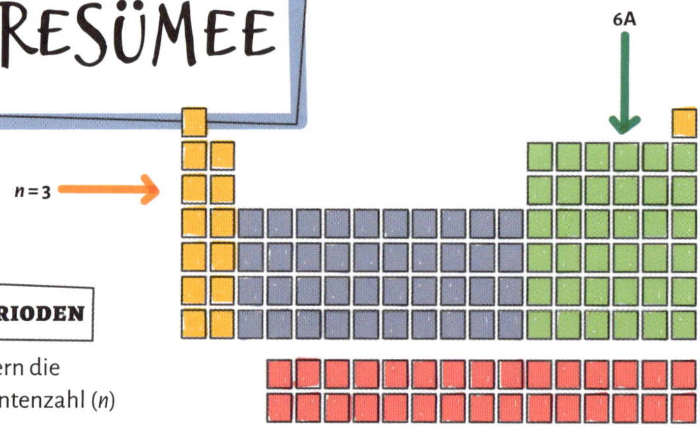

GRUPPEN

Liefern die Anzahl der Valenzelektronen

PERIODEN

Liefern die Quantenzahl (*n*)

QUANTENZAHLEN UND DAS PERIODENSYSTEM

s-, p-, d-, f-BLOCK

Liefert die Quantenzahl (*l*)

PERIODENSYSTEM DER ELEMENTE

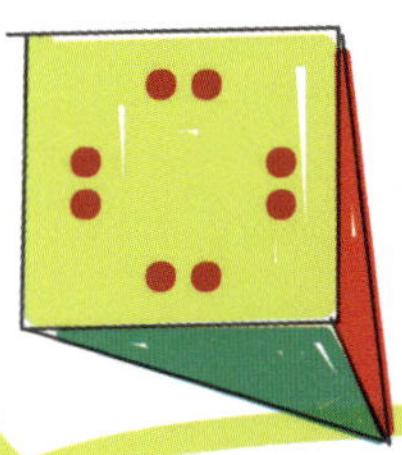

Zeigt Valenzelektronen als Punkte

LEWIS-PUNKT-DIAGRAMM

ATOMRADIUS

Erhöht sich innerhalb einer Gruppe nach unten; verringert sich innerhalb eines Zeitraums von links nach rechts

Benötigt Energie zum Entfernen eines Elektrons von Atomen

IONISATIONS-ENERGIE

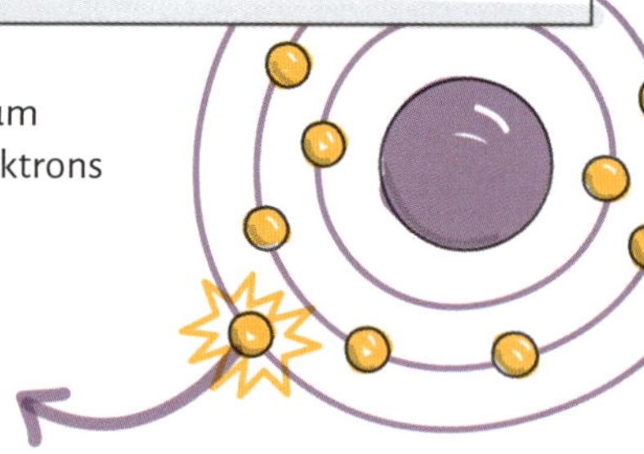

ELEKTRONENAFFINITÄT

Wie leicht ein Atom Elektronen annimmt

PERIODENTRENDS

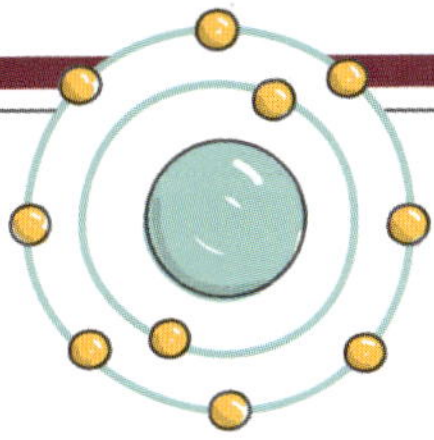

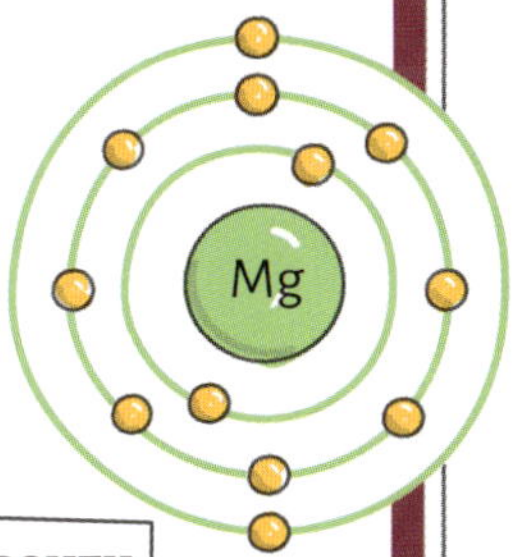

STABILE ELEKTRONENKONFIGURATIONEN

DUPLETTREGEL

Zwei Valenzelektronen

OKTETTREGEL

Acht Valenzelektronen

VOLLE ELEKTRONENKONFIGURATION

Zeigt alle Schalen, Unterschalen und Orbitale an

ABGEKÜRZTE ELEKTRONENKONFIGURATION

Edelgase repräsentieren alle geschlossenen Schalen.

STABILE ELEKTRONENKONFIGURATION

Valenzschale komplett gefüllt

ISOELEKTRONISCH

Atome und Ionen mit identischen stabilen Elektronenkonfigurationen

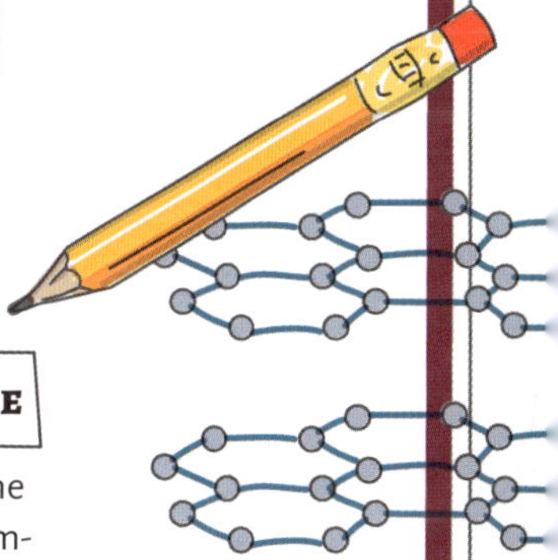

PERIODISCHE KLASSIFIKATION DER ELEMENTE

METALLE

Fest; hart; leiten Wärme und Strom

NICHTMETALLE

Spröde; matt; keine Wärme- und Stromleitfähigkeit

HALBMETALLE

Im Periodensystem zwischen Metallen und Nichtmetallen

METALLISCHER CHARAKTER

Gibt den Quantenwert der Reaktivität von Metallen an

ELEKTRONEGATIVITÄT

Die Fähigkeit eines Atoms, Elektronen anzuziehen

ALKALIMETALLE

Hochreaktive Metalle in Gruppe 1A

HALOGENE

Hochreaktive Nichtmetalle in Gruppe 7A

ERDALKALIMETALLE

Reaktive Metalle in Gruppe 2A

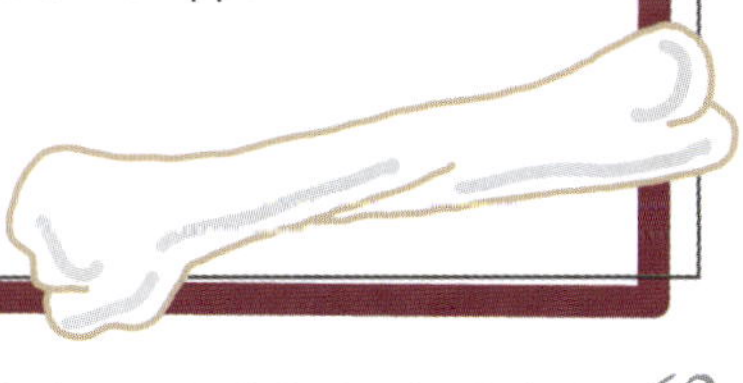

KAPITEL 6

CHEMISCHE BINDUNG

Eine **chemische Bindung** ist eine dauerhafte Anziehung zwischen Atomen, Ionen oder Molekülen, die zur Bildung chemischer Verbindungen führt. Chemische Bindung – eines der grundlegendsten Konzepte der Chemie – ist für die Erklärung anderer wichtiger Konzepte, z. B. Reaktivität und die Eigenschaften von Materie, von entscheidender Bedeutung. Es gibt Theorien zu chemischer Bindung, die auf experimentellen Beobachtungen beruhen und u. a. erklären, warum Atome voneinander angezogen werden. Wenn sich Atome einander nähern, reagieren ihre Valenzelektronen miteinander und werden neu verteilt: Ist die Energie der gebundenen Atome niedriger als die Summe der Energien der einzelnen Atome, so liegt eine stabile chemische Bindung vor.

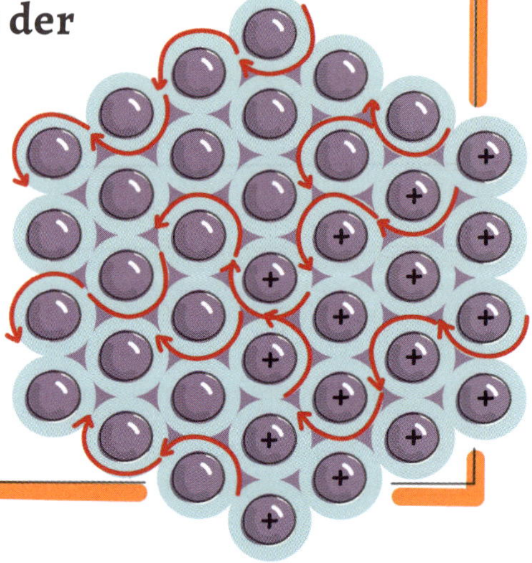

CHEMISCHE BINDUNGSARTEN

Es gibt 91 natürlich vorkommende Elemente. Es wäre unmöglich, sich vorzustellen, dass diese in ihrer reinen Form alle Materie und alles Leben bilden könnten; stattdessen müssen sie sich durch chemische Bindung zusammenschließen, um eine Vielzahl anderer Verbindungen einzugehen. Chemische Bindung lässt sich im Allgemeinen in drei grundsätzlich verschiedene Arten einteilen: ionische, kovalente und metallische Bindung. Die Art der Bindung hängt von der Natur der beteiligten Atome ab und bestimmt größtenteils die physikalischen und chemischen Eigenschaften der Materie.

Metallische Bindung tritt zwischen zwei Metallatomen auf und bezieht delokalisierte, lose gebundene Valenzelektronen ein.

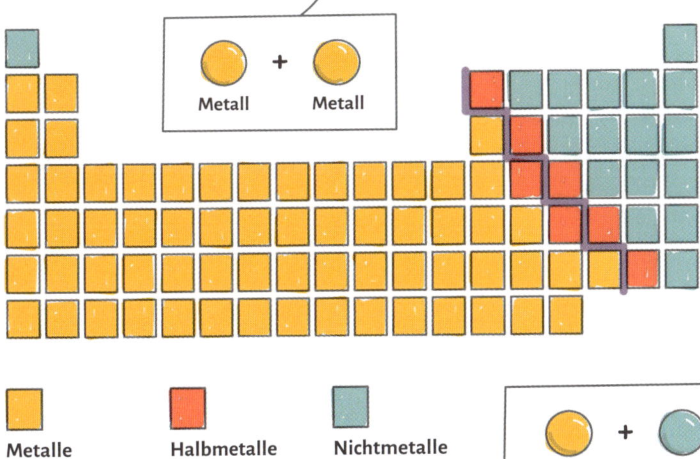

Kovalente Bindung tritt zwischen zwei Nichtmetallatomen oder zwischen einem Nichtmetallatom und einem Halbatom auf. Sie bezieht ein *Teilen der Valenzelektronen* ein.

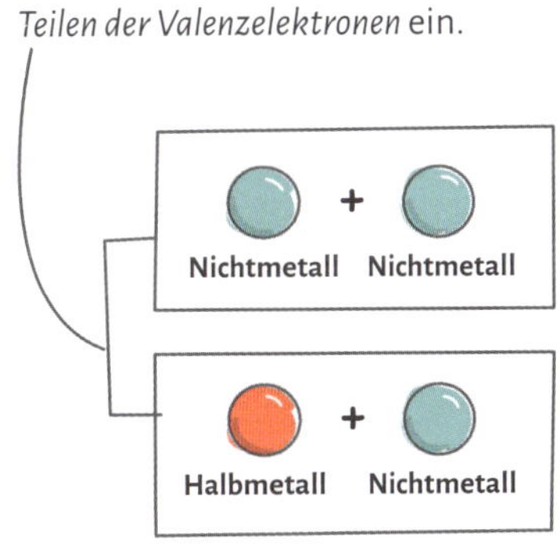

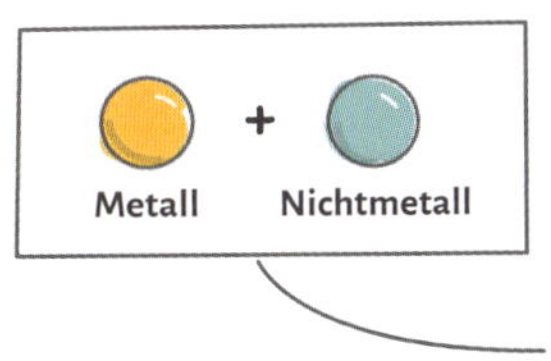

Ionische Bindung tritt zwischen einem Metallatom und einem Nichtmetallatom auf. Sie bezieht ein *komplettes Übertragen der Valenzelektronen* vom Metallatom zum Nichtmetallatom ein.

Elektronegativität spielt eine entscheidende Rolle dabei, was für eine Art von Bindung zwischen zwei Atomen bevorzugt wird: Eine ionische Bindung ist selten rein ionisch, und eine kovalente Bindung ist selten 100 Prozent kovalent.

Die Art und die Eigenschaften einer chemischen Bindung verändern sich je nach Unterschied in der Elektronegativität der bei der Bindung beteiligten Atome.

Unterschied in der Elektronegativität →

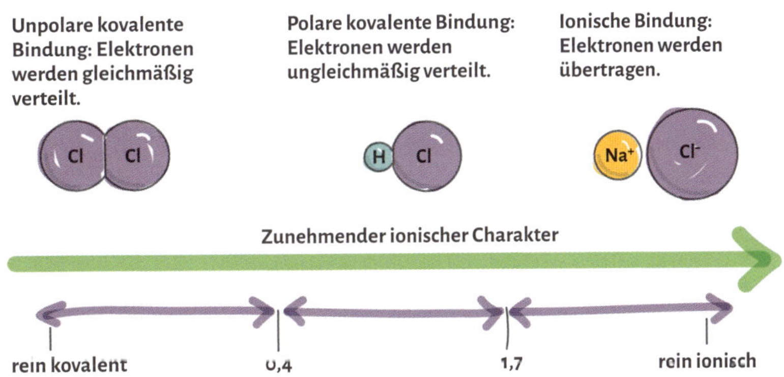

IONISCHE BINDUNG UND IONISCHE VERBINDUNGEN

Ionische Bindung tritt auf, wenn sich ein Metallatom mit niedrigerer Elektronegativität mit einem Nichtmetallatom mit höherer Elektronegativität bindet: Je größer der Unterschied in Elektronegativität ist, desto stärker ist die ionische Eigenschaft der zwischen den beiden Atomen entstehenden Bindung. Das Metallatom gibt Valenzelektronen ab und wird zu einem Kation; das Nichtmetallatom nimmt diese Elektronen an und bildet ein Anion. Die starke Anziehung zwischen den entgegengesetzt geladenen Ionen wird als ionische Bindung bezeichnet, und die entstehende Verbindung ist eine ionische Verbindung. Die Anzahl der abgegebenen und aufgenommenen Elektronen muss identisch sein, damit eine ladungsneutrale ionische Verbindung entsteht.

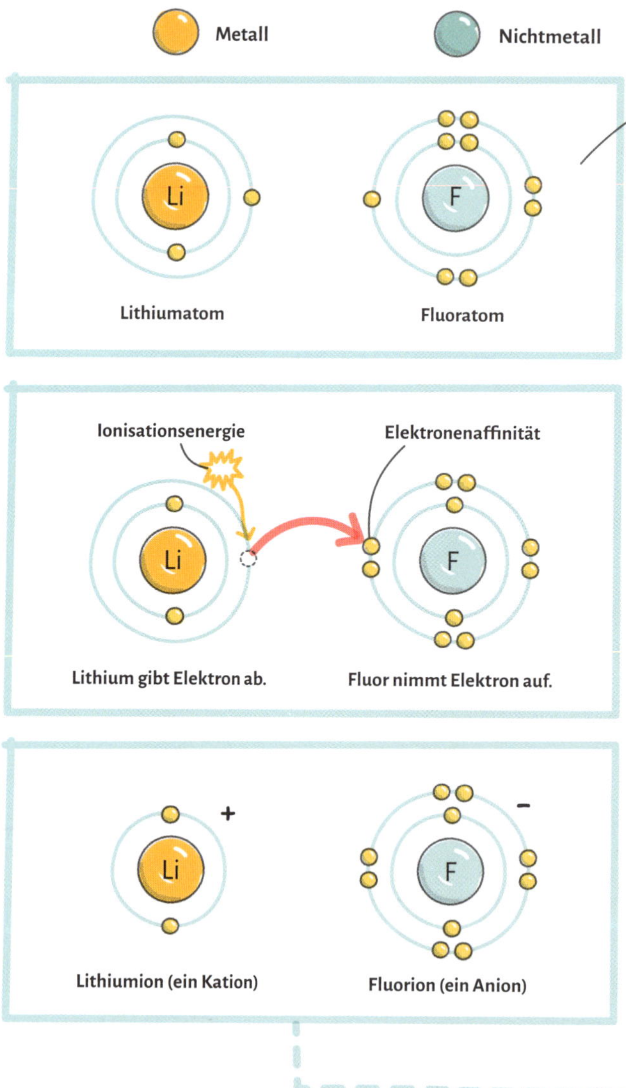

Wenn sich Lithiummetall (Elektronegativität 1,0) mit Fluor (Elektronegativität 4,0) bindet, ist die entstehende Bindung ionisch aufgrund des großen Unterschieds ihrer Elektronegativität.

Lithium mit niedriger Ionisationsenergie gibt ein Valenzelektron (Gruppe 1A) ab; Fluor mit hoher Elektronegativität nimmt ein Valenzelektron (Gruppe 7A) auf. Die Anziehung der entstehenden Ionen bildet die ionische Verbindung Lithiumfluorid.

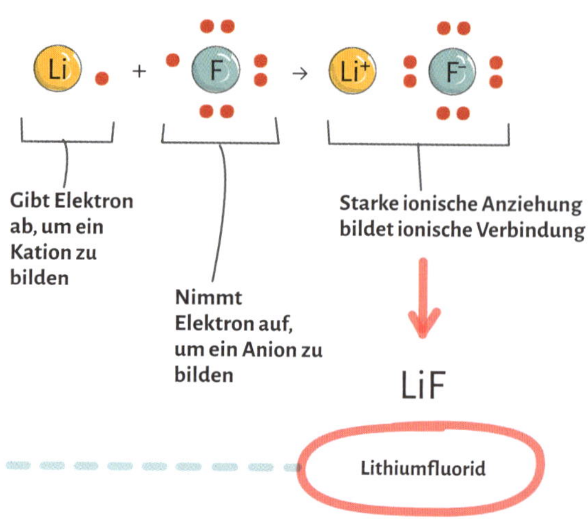

Binäre ionische Verbindungen

Binäre ionische Verbindungen bilden sich zwischen zwei einatomigen Ionen der Hauptgruppenelemente, deren ionische Ladungen voraussagbar sind.

Die Ladung des Metallkations bestimmt, wie viele Anionen in der ladungsneutralen ionischen Verbindung vorkommen sollten.

Überkreuzte ionische Ladungen erscheinen als hochgestellte Zahlen in der Formel, in der das Metall stets zuerst geschrieben wird, gefolgt vom Nichtmetall.

Die Ladung des Anions aus dem Nichtmetall bestimmt, wie viele Kationen in der ladungsneutralen ionischen Verbindung sein sollten.

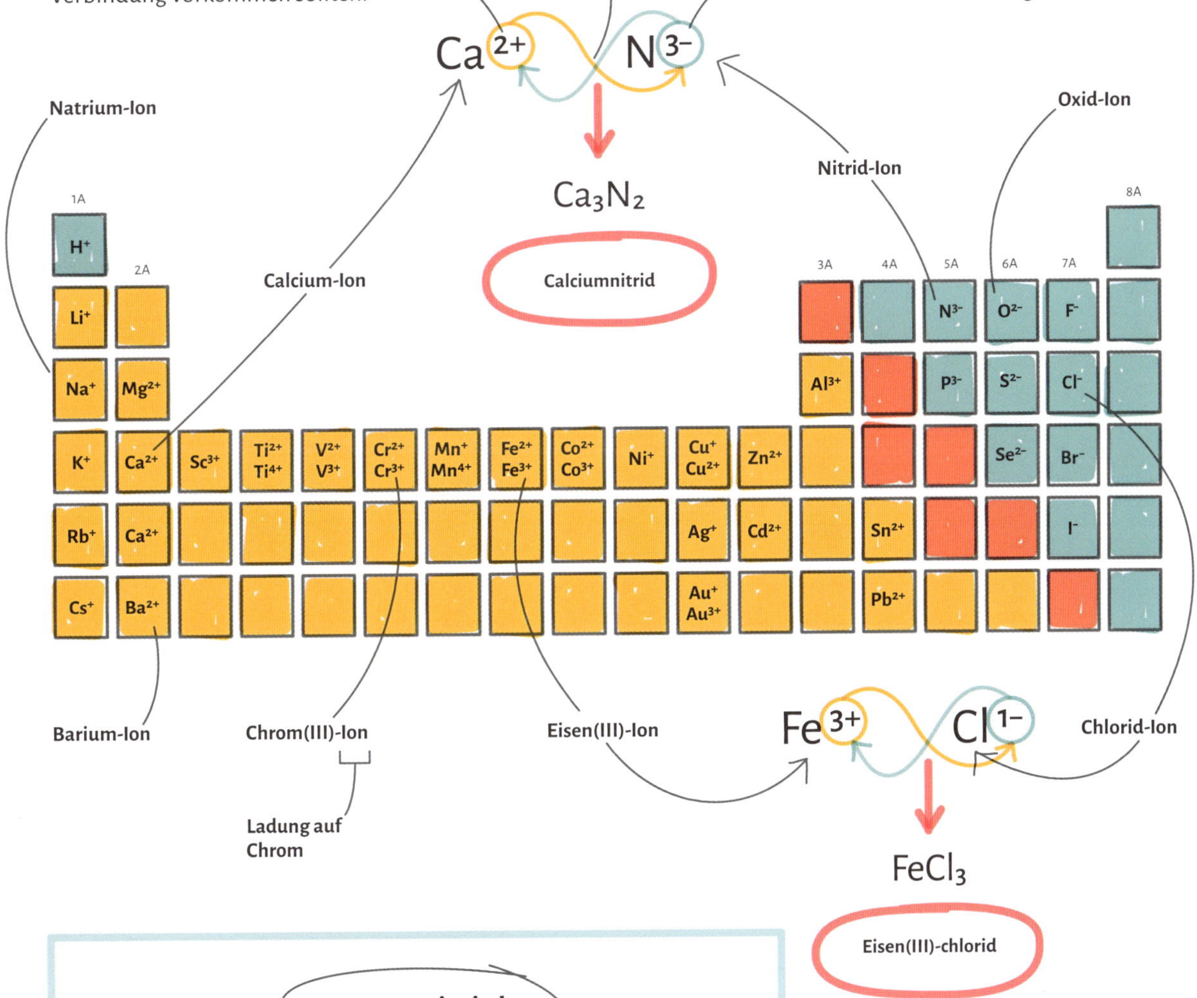

Benennung ionischer Verbindungen:

Calciumnitrid

Name des Metallions + Wurzelname des Nichtmetallions + id

Bei Übergangsmetallen sind die ionischen Ladungen unterschiedlich. Eisen etwa kann in seinen ionischen Formen eine +2-Ladung und eine +3-Ladung haben. Die Art der Ladung ist in römischen Ziffern ausgedrückt, die dem Namen des Übergangsmetall folgen, z. B. als Eisen(II) und Eisen(III).

Ternäre ionische Verbindungen

Ternäre ionische Verbindungen bilden sich zwischen mindestens drei verschiedenen Elementen. Dazu können ein Polyatomion und mindestens ein Metall- oder ein Nichtmetallatom gehören oder zwei unterschiedliche mehratomige Ionen (Polyatomionen).

Mehratomige Ionen sind eine Gruppe von zwei oder mehr kovalent gebundenen Atomen, die eine positive oder negative Ladung tragen.

Elemente in mehratomigen Ionen sind kovalent gebunden und bilden ein Molekül mit einer insgesamt positiven oder negativen Ladung.

Beispiel: Die Wirksubstanz in Haushaltsbleiche ist Natriumhypochlorit (NaClO). Hier ist das Hypochlorit-Ion (ClO^-) ein mehratomiges Ion, bei dem die negative Ladung zum gesamten Molekül und nicht zum Sauerstoff allein gehört.

$Ba_2(SO_4)_2$

$BaSO_4$

Bariumsulfat

Häufige mehratomige Ionen

BrO_3^- **Bromat**

ClO_3^- **Chlorat**

NO_3^- **Nitrat**

SO_4^{2-} **Sulfat**

CO_3^{2-} **Karbonat**

PO_4^{3-} **Phosphat**

NO_3^{1-}

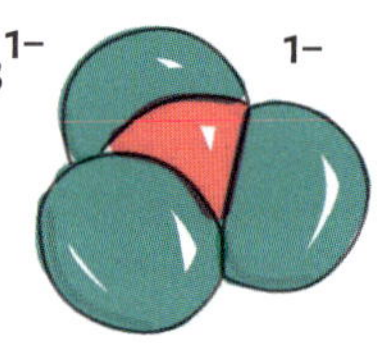

Ternäre Verbindungen werden auf dieselbe Weise benannt wie binäre ionische Verbindungen, doch der Name des mehratomigen Ions bleibt unverändert.

einatomiges Metallion **mehratomiges Ion**

$Ca(NO_3)_2$

Calciumnitrat

Ammoniumphosphat $(NH_4)3PO_4$ ist eine aus zwei mehratomigen Ionen bestehende ionische Verbindung: Ammonium-Ion ($NH4^+$) und Phosphat-Ion ($PO_4{}^{3-}$). Der Name der Verbindung ist eine Kombination der Namen seiner mehratomigen Ione ohne Veränderungen.

Ammoniumphosphat ist eine wichtige ionische Verbindung, die gewöhnlich als Bestandteil bestimmter Düngemittel verwendet wird und elementaren Stickstoff für Pflanzenwachstum liefert.

Wenn ein Übergangsmetall beteiligt ist, wird dessen Ladung in ternären ionischen Verbindungen wie Kupfer(II)-sulfat ($CuSO_4$) in römischen Ziffern angegeben.

Kupfer(II)-sulfat wird in Schwimmbädern zur Verhinderung von Algenwachstum und Verbreitung von Fußpilz eingesetzt.

KOVALENTE BINDUNG UND MOLEKULARE VERBINDUNGEN

Nichtmetalle haben normalerweise eine höhere Elektronegativität als die übrigen Elemente des Periodensystems und aufgrund ihrer kleinen Atomgröße eine höhere Elektronenaffinität. Wenn sich ein Nichtmetall mit einem anderen Nichtmetall oder einem Halbmetall bindet, überträgt daher keines der Atome Elektronen zum anderen: Für eine stabile Elektronenkonfiguration teilen die zwei Atome ihre Valenzelektronen. Die geteilten Elektronen wechselwirken mit den beiden Kernen der bindenden Atome und senken ihre potenzielle Energie. Diese Wechselwirkung ist eine **kovalente Bindung**. Als Ergebnis einer kovalenten Bindung entsteht eine **kovalente Verbindung** oder eine **molekulare Verbindung**.

Bildung einer kovalenten Bindung

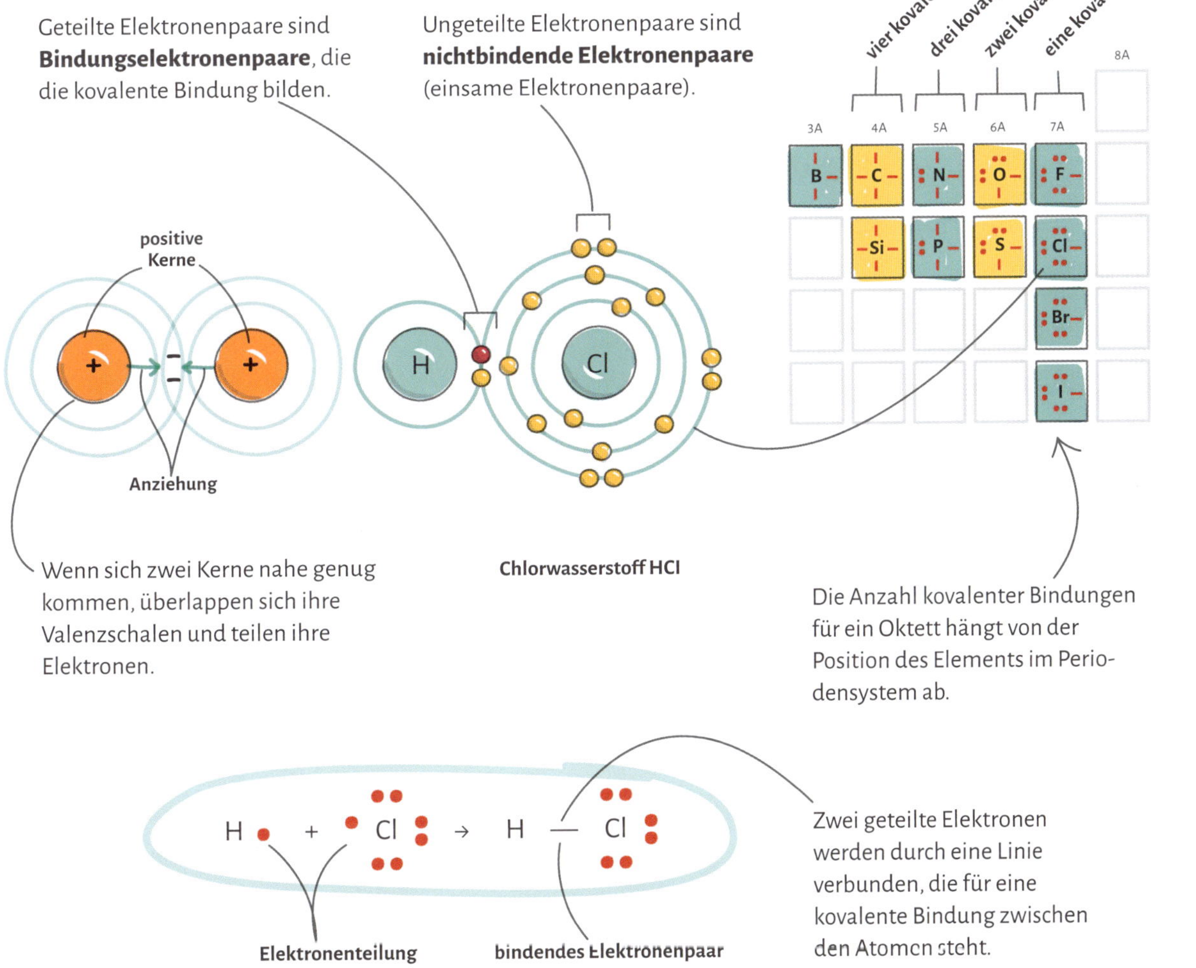

Nichtmetalle können ein, zwei oder drei Elektronenpaare teilen und bilden **einfache**, **doppelte** oder **dreifache kovalente Bindungen** zum Erfüllen der Oktett- oder Duplettregel.

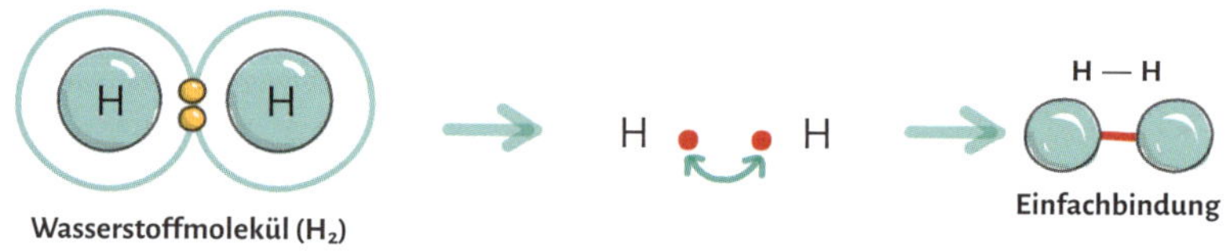

Bildung mehrfacher kovalenter Bindungen

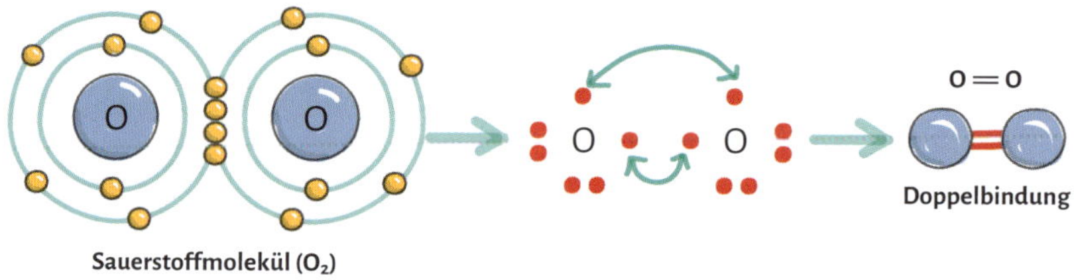

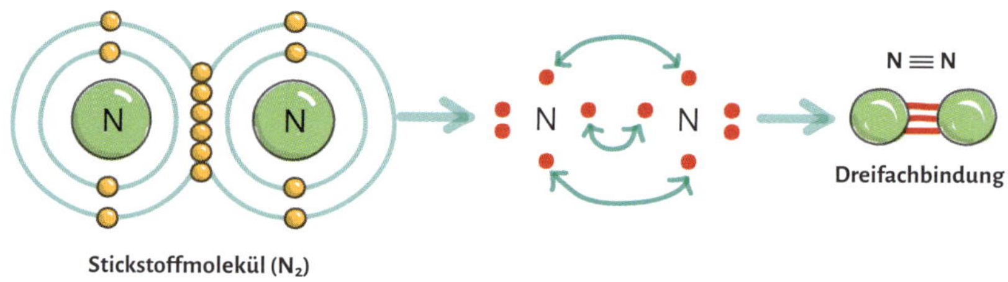

Polare und unpolare kovalente Bindungen

Beträgt der Elektronegativitätsunterschied zwischen den gebundenen Atomen weniger als 0,4, so entsteht eine **unpolare** kovalente Bildung – beide Atome teilen Elektronen gleichmäßig.

Wenn der Elektronegativitätsunterschied zwischen den gebundenen Atomen zwischen 0,4 und 1,7 liegt, entsteht eine **polare kovalente Bindung**, d. h. Elektronen werden nicht gleichmäßig geteilt. Das Atom mit höherer Elektronegativität zieht die geteilten Elektronen stärker zu sich und kreiert einen Bereich höherer negativer Ladungsdichte.

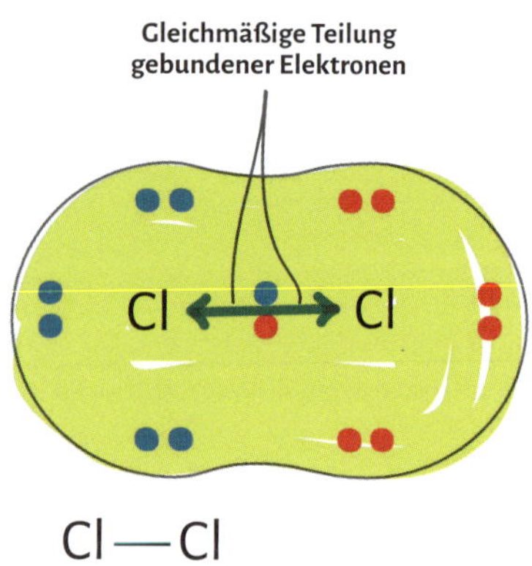

Unpolare kovalente Bindung

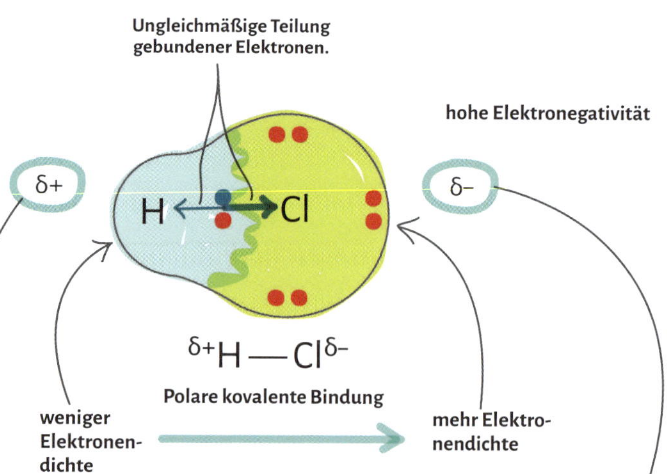

Der Bereich eines Moleküls mit weniger Elektronendichte wird mit dem Zeichen δ⁺ beschriftet.

Der Bereich eines Moleküls mit mehr Elektronendichte wird mit dem Zeichen δ–sign beschriftet.

Molekulare Verbindungen

Bei **molekularen Verbindungen** oder **kovalenten Verbindungen** werden Atome durch Elektronenpaarbindung vereint.

PRÄFIXE

1	mono	6	hexa
2	di	7	hepta
3	tri	8	okta
4	tetra	9	nona
5	penta	10	deka

Beim Benennen molekularer Verbindungen werden Präfixe zum Angeben der Anzahl jedes im Molekül enthaltenen Elements verwendet.

Die Gesetze konstanter und multipler Proportionen (siehe S. 26) werden in molekularen Verbindungen gestützt.

NO_2
Stickstoffdioxid

N_2O
Distickstoffmonoxid

SiH_4
Siliciumwasserstoff (Monosilan)

CO_2
Kohlendioxid

CO
Kohlenmonoxid

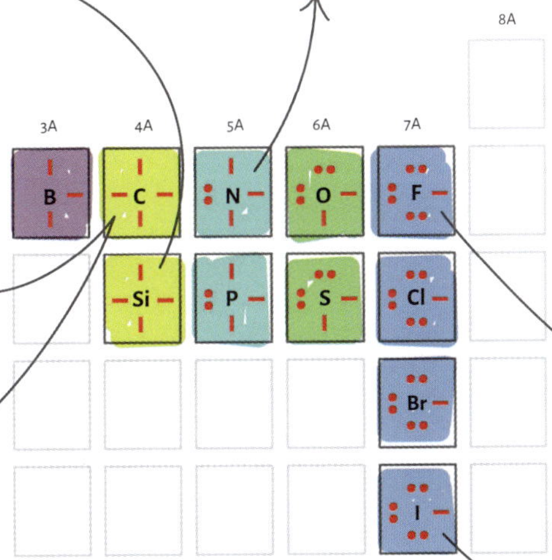

Wenn es nur eines der ersten Atome gibt, muss der Name nicht mit „mono“ beginnen.

OF_2
Sauerstoffdifluorid

I_2O_5
Diiodpentoxid

Element ganz rechts oder ganz oben im Periodensystem

Element ganz links oder ganz unten im Periodensystem

Das am wenigsten elektronegative Element (ganz links oder ganz unten im Periodensystem) wird in molekularen Formeln kovalent gebundener Verbindungen immer zuerst geschrieben.

Das elektronegativste Element in diesen Formeln erhält die Endung *-id*.

Benennung molekularer Verbindungen:

Diiodpentoxid

Präfix + Elementname + Wurzelname + id

METALLISCHE BINDUNG

Metalle machen rund zwei Drittel aller Elemente und etwa 24 Prozent der Erdmasse aus. Sie haben tendenziell hohe Schmelztemperaturen, ob in reiner Form oder gemischt, was darauf hindeutet, dass ihre Atome stark miteinander gebunden sind. Die metallische Bindung ist für die Bindung zwischen Metallatomen verantwortlich und unterscheidet sich deutlich von der ionischen und der kovalenten Bindung. Zur Erklärung der Natur metallischer Bindung verwenden wir das Elektronensee-Modell.

Metallatome bilden ein regelmäßiges Muster, wenn sie sich im dreidimensionalen Raum binden. Die resultierende Atomanordnung nennt man **Kristallgitter**.

In einem Kristallgitter ist jedes Metallatom von anderen Metallatomen umgeben.

Metallatome geben ihre Valenzelektronen an einen **Elektronensee** ab und werden zu positiv geladenen Kationen. Stellen wir uns dies als Kationen vor, die in einem See negativ geladener Elektronen schwimmen.

Alle Elektronen sind locker gebunden und bewegen sich ständig durch das Kristallgitter, wobei sie die Kationen fest zusammenhalten.

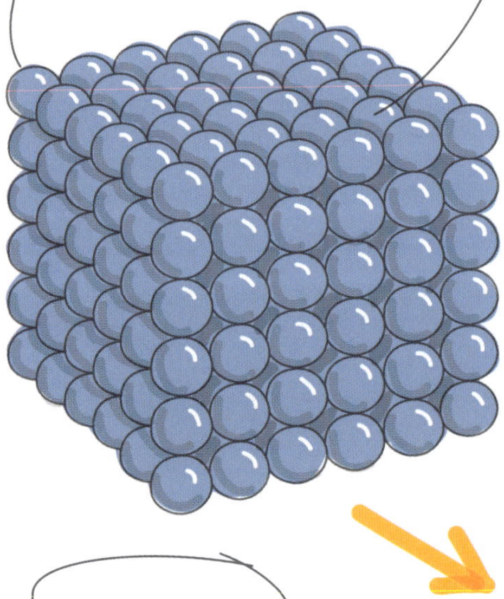

Kristallgitter

Die metallische Bindung hat keine Richtung wie die kovalente Bindung, da es keinen Elektronegativitätsunterschied zwischen den Metallatomen gibt. Die Stärke der Bindung zwischen Metallatomen hängt allein von der Anzahl der sie umgebenden Elektronen ab, nicht von Elektronegativität.

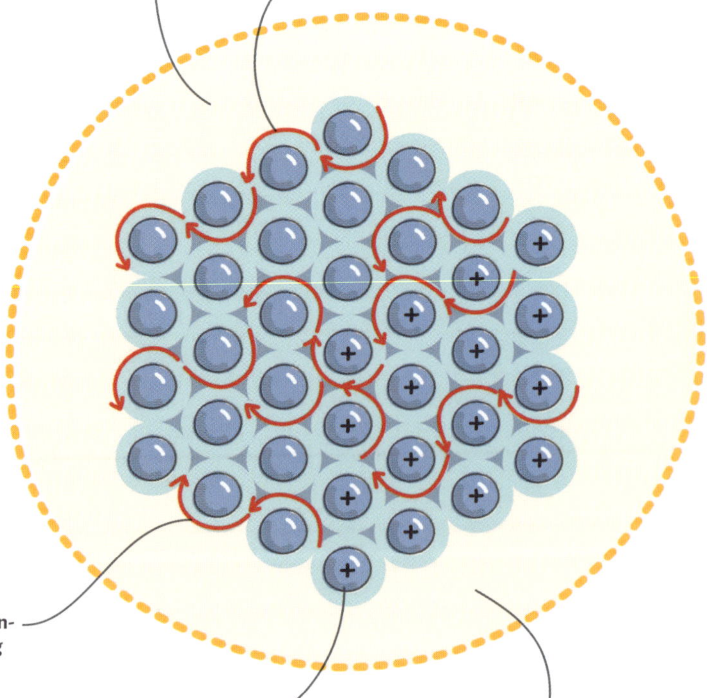

Glanz in Metallen

Metalle haben einen hohen Glanz, weil sie Licht stark absorbieren und reflektieren. Das glänzende Aussehen von Metallen ist auf die hohe Beweglichkeit der Valenzelektronen zurückzuführen.

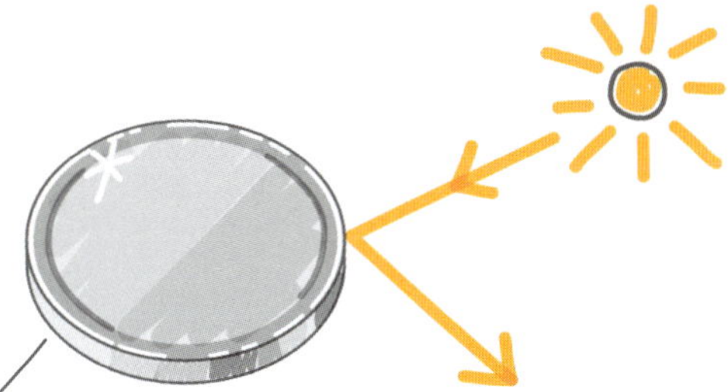

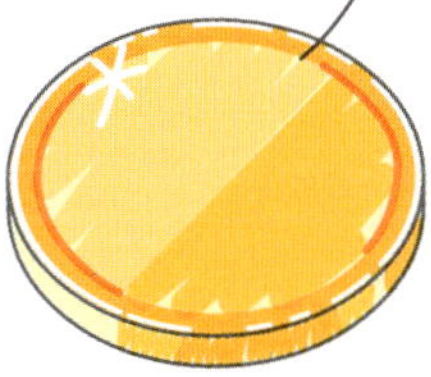

Wenn Licht (elektromagnetische Strahlung von Photonen mit Energie) auf eine Metalloberfläche fällt, absorbieren Valenzelektronen die eingehende Energie und werden aufgeregt. Wenn sich die Elektronen wieder entspannen, geben sie die aufgenommene Energie als sichtbares Licht ab und lassen Metalle glänzend erscheinen.

Warum Metalle glänzen

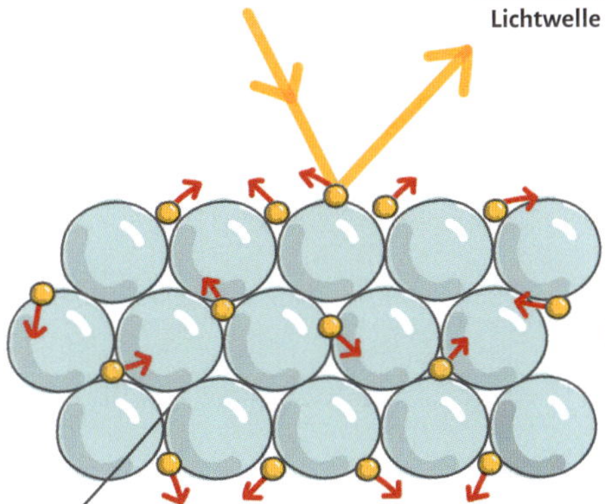

Das Licht, das Metalle reflektieren, ist eine Mischung aus allen Wellenlängen im sichtbaren Spektrum, aber nicht zu gleichen Teilen. Deshalb sehen viele Metalle grauweiß aus, aber einige, z. B. Gold, haben ein anderes Aussehen.

Die dichte Ansammlung von Metallkationen verhindert, dass Licht durchdringt; ein Großteil des Lichts wird daher reflektiert.

Mit der Zeit verschmutzt, rostet oder oxidiert eine Metalloberfläche an der Luft. Dadurch verliert das Metall seinen Glanz; die Oberfläche ist kein reines Metall mehr, sondern eine andere Verbindung, in der die Elektronen nicht so frei sind. Silber etwa läuft an, wenn es mit dem Sauerstoff in der Luft reagiert. Es muss poliert werden, damit es seinen Glanz wiedererhält.

Wie Spiegel funktionieren

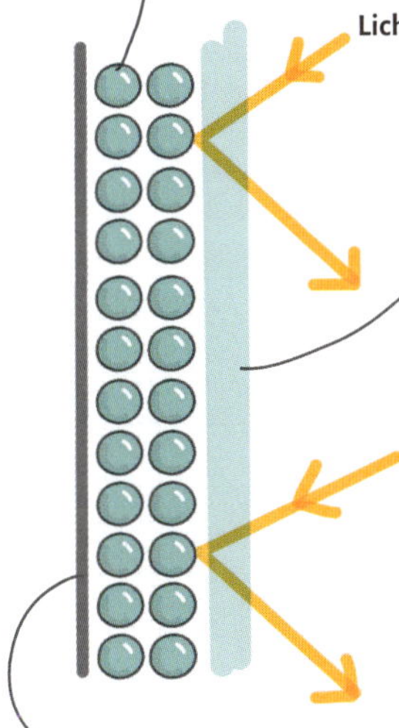

Spiegel, die auf dem Prinzip der hohen Reflexionskraft von Metallen basieren, werden durch die Beschichtung von Glas mit Silberatomen hergestellt. Wenn von einem Objekt reflektiertes Licht auf einen Spiegel trifft, wird es von den Silberatomen reflektiert, wodurch ein „Spiegelbild" entsteht.

EIGENSCHAFTEN VON IONISCHEN UND MOLEKULAREN VERBINDUNGEN

Kovalent gebundene molekulare Verbindungen und ionische Verbindungen haben unterschiedliche physikalische Eigenschaften. Die Wechselwirkung zwischen Ionen in einer ionischen Verbindung ist stark und einheitlich in dem von ihnen gebildeten Kristallgitter. Molekulare Verbindungen andererseits weisen ein viel breiteres Spektrum an Eigenschaften auf. Dies liegt an der unterschiedlichen Stärke und Polarität ihrer kovalenten Bindungen aufgrund der verschiedenen Elektronegativitäten der gebundenen Atome. Folglich können molekulare Verbindungen bei Raumtemperatur in einer Gas-, Flüssigkeits- oder Festphase vorliegen, wohingegen ionische Verbindungen meist fest sind und gut definierte Kristallformen aufweisen.

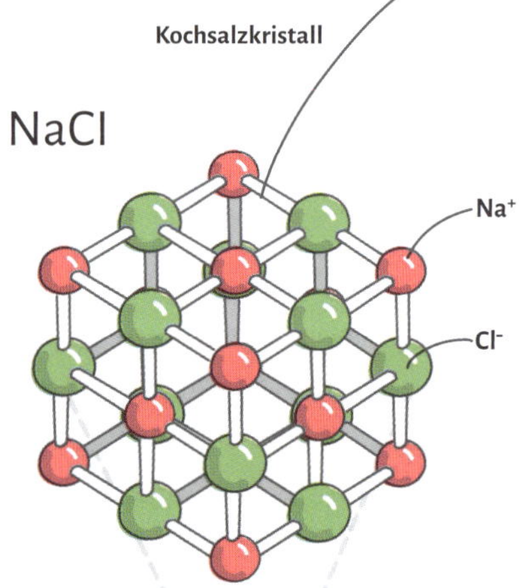

Wegen der starken elektrostatischen Anziehung zwischen den Kationen und Anionen sind ionische Verbindungen harte, spröde Feststoffe, die eine Kristallstruktur bilden. Sie benötigen hohe Temperaturen zum Schmelzen.

Ionische Verbindungen wie Tafelsalz (NaCl) sind wasserlöslich. Dies macht sie zu starken **Elektrolyten**, d. h. sie lösen sich in Wasser auf und bilden Ionen. Die entstehende Lösung, ein Stromleiter, bezeichnet man als **Elektrolytlösung**.

Molekulare Verbindungen können bei Raumtemperatur gasförmig, flüssig oder fest sein, da die Stärke und Art ihrer kovalenten Bindungen stark variieren können. In fester Form sind sie meist spröde oder weich und wachsartig. Sie haben deutlich niedrigere Schmelz- und Siedetemperaturen.

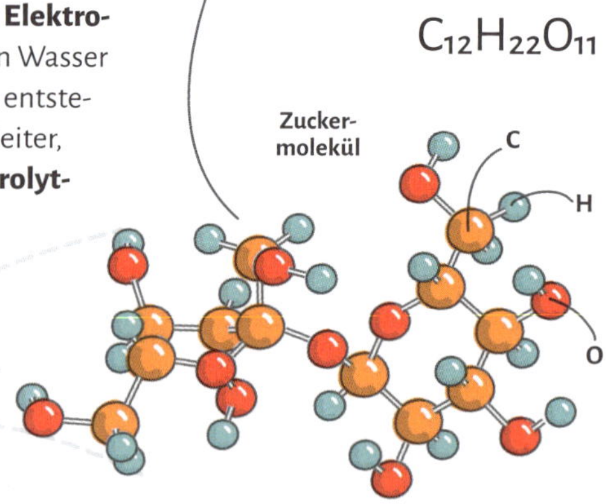

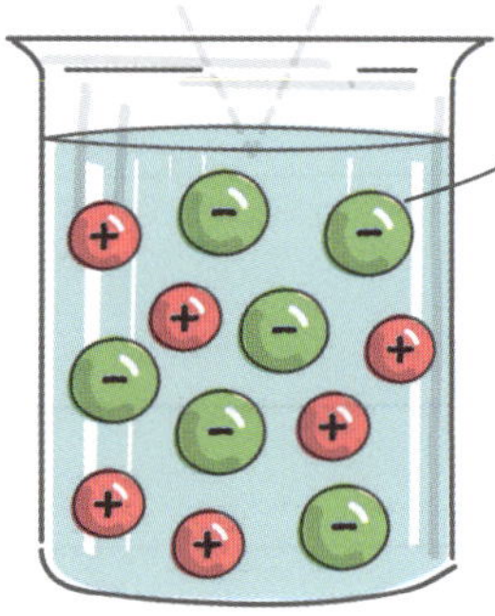

Elektrolytlösung

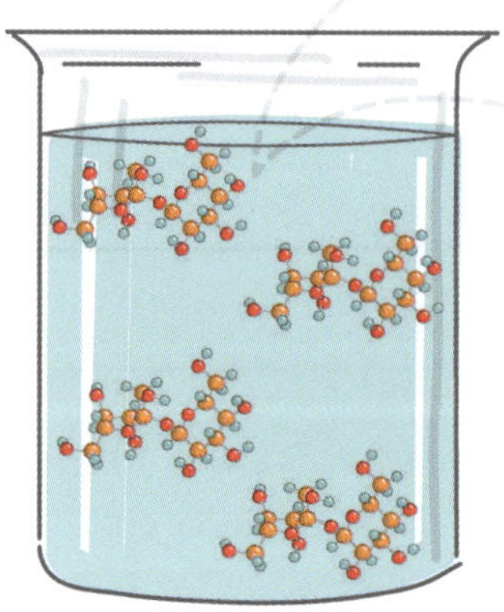

Nicht-Elekrolyt-Lösung

Die meisten molekularen Verbindungen sind nicht wasserlöslich. Die, die sich in Wasser auflösen, z. B. Zucker ($C_{12}H_{22}O_{11}$), trennen sich nicht in Ionen. Sie sind **Nicht-Elektrolyte**, und die entstehende Lösung ist kein Stromleiter.

Elektrolyte und Gesundheit

Der menschliche Körper besteht größtenteils aus Wasser und kann ionische Verbindungen aus essenziellen Mineralien lösen. Blut transportiert Elektrolyte für lebenswichtige biologische Funktionen. Elektrolyte gelangen über Nahrung und Getränke in unseren Körper.

96,2 Prozent des Körpergewichts stammt allein von O, C, H und N. Die meisten der restlichen 3,8 Prozent Elemente sind in Elektrolyten enthalten.

Elektrolytmangel verursacht gesundheitliche Probleme wie Herz- und Muskelprobleme, Angstzustände, Erschöpfung, Schwindel, Schlaflosigkeit, häufige Kopfschmerzen und Flüssigkeitsungleichgewicht.

Wir Menschen nehmen Elektrolyte über eine ausgewogene Ernährung mit verschiedenen Nahrungsmitteln und Getränken auf.

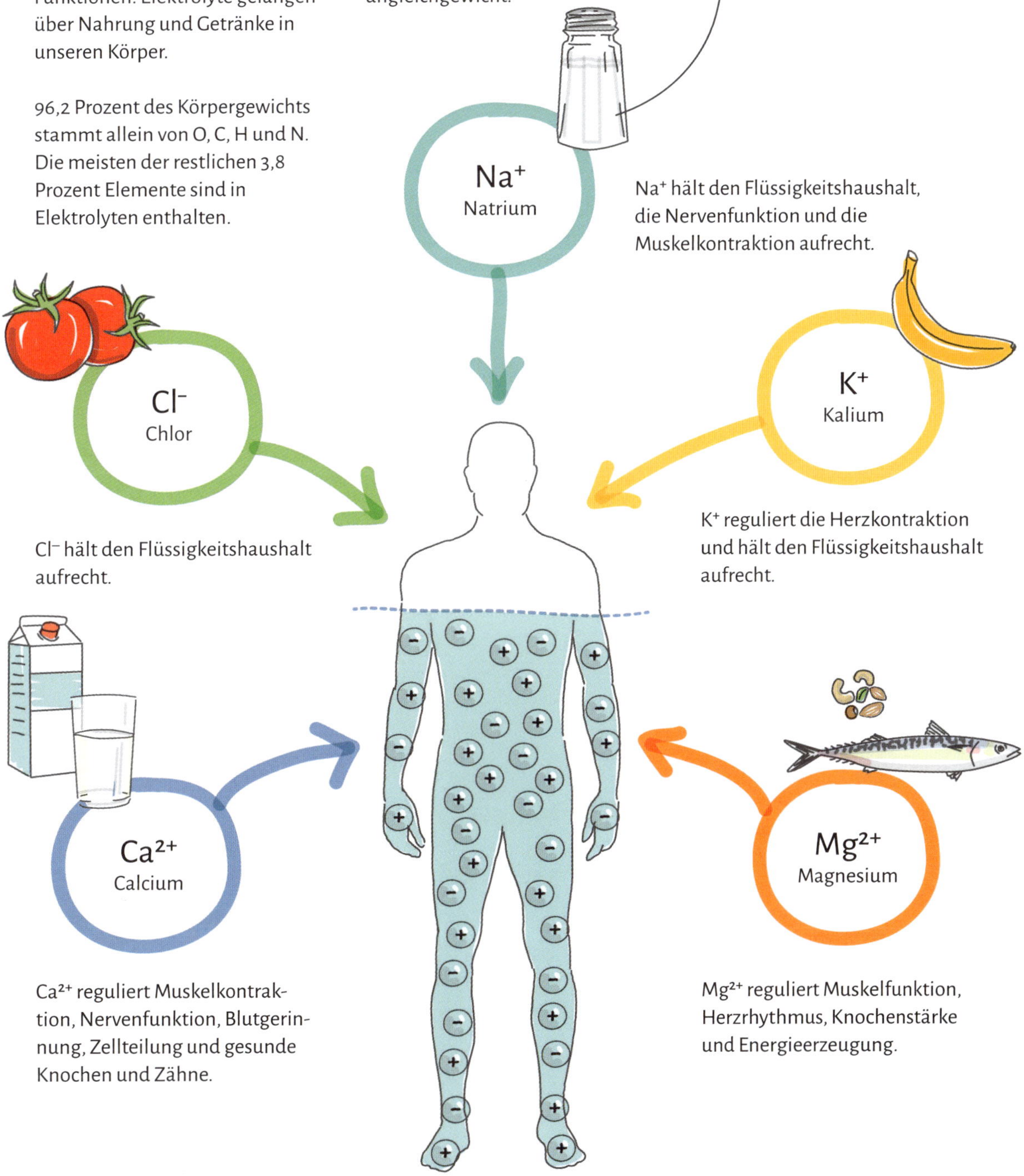

Na^+ hält den Flüssigkeitshaushalt, die Nervenfunktion und die Muskelkontraktion aufrecht.

K^+ reguliert die Herzkontraktion und hält den Flüssigkeitshaushalt aufrecht.

Cl^- hält den Flüssigkeitshaushalt aufrecht.

Ca^{2+} reguliert Muskelkontraktion, Nervenfunktion, Blutgerinnung, Zellteilung und gesunde Knochen und Zähne.

Mg^{2+} reguliert Muskelfunktion, Herzrhythmus, Knochenstärke und Energieerzeugung.

Der menschliche Körper besteht zu 70 Prozent aus Wasser..

RESÜMEE

CHEMISCHE BINDUNG

CHEMISCHE BINDUNGSARTEN

IONISCHE BINDUNG

Metall + Nichtmetall

KOVALENTE BINDUNG

Nichtmetall + Nichtmetall
oder Nichtmetall + Halbmetall

IONISCHE VERBINDUNG

Entsteht zwischen einem Kation und einem Anion

METALLISCHE BINDUNG

Metall + Metall

EIGENSCHAFTEN VON IONISCHEN UND MOLEKULAREN VERBINDUNGEN

Harte, spröde Feststoffe

IONISCHE VERBINDUNGEN

MOLEKULARE VERBINDUNGEN

Können gasförmig, flüssig oder fest sein

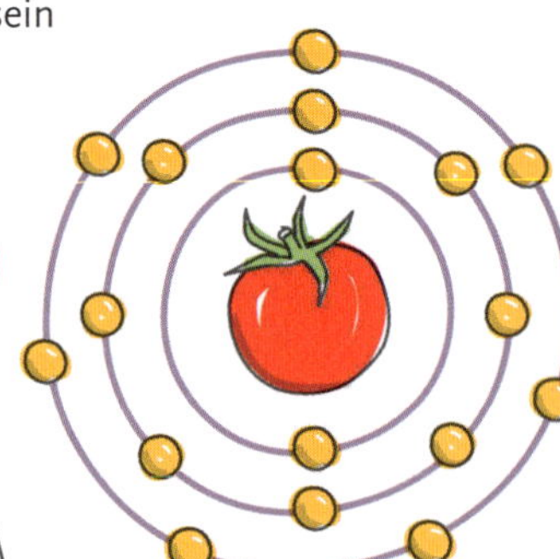

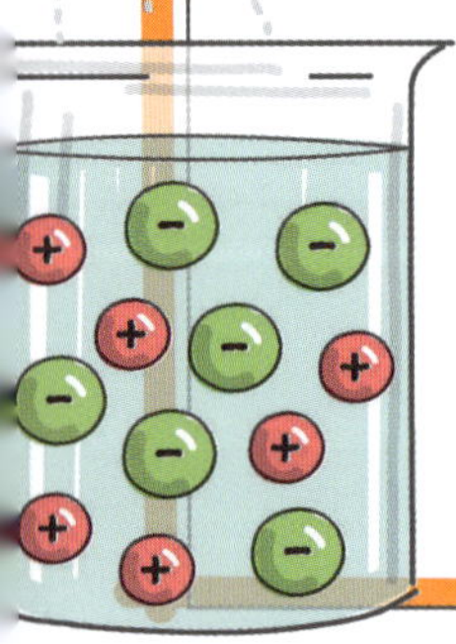

ELEKTROLYT

Bildet Ionen bei Auflösung in Wasser

NICHT-ELEKTROLYT

Bildet keine Ionen bei Auflösung in Wasser

ESSENZIELLE MINERALIEN

Versorgen den Körper mit Elektrolyten

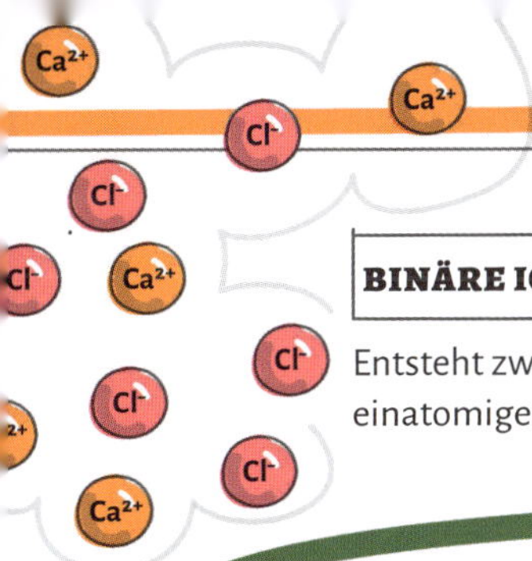

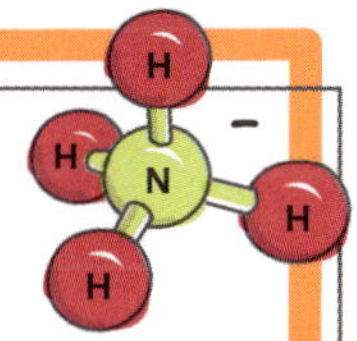

IONISCHE BINDUNG UND IONISCHE VERBINDUNGEN

BINÄRE IONISCHE VERBINDUNG

Entsteht zwischen zwei einatomigen Ionen

TERNÄRE IONISCHE VERBINDUNG

Mehratomiges Ion + Metall oder Nichtmetall

MEHRATOMIGES ION

Ein Ion mit zwei oder mehr gebundenen Atomen

KOVALENTE BINDUNG UND MOLEKULARE VERBINDUNGEN

MOLEKULARE VERBINDUNG

Kovalent gebunden Atome

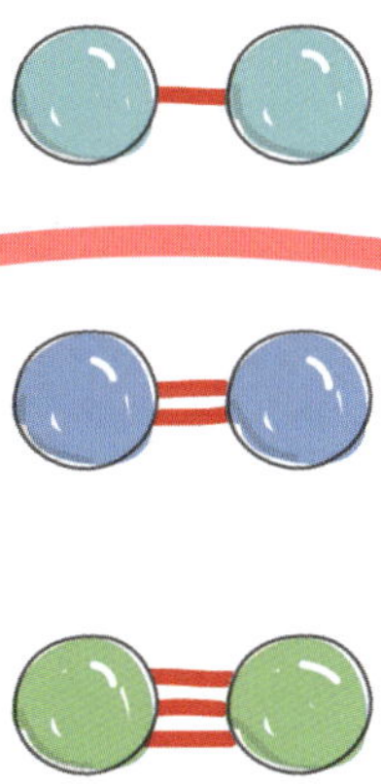

NICHTBINDUNGS-ELEKTRONENPAARE

Valenzelektronen, die nicht an kovalenter Bindung beteiligt sind

POLARE KOVALENTE BINDUNG

Ungleiches Teilen von Bindungselektronen

BINDUNGSELEKTRONENPAARE

Gemeinsam zur Bildung einer kovalenten Bindung genutzt

UNPOLARE KOVALENTE BINDUNG

Gleichmäßiges Teilen von Bindungselektronen

METALLBINDUNG

KRISTALLGITTERBINDUNG

Dreidimensionale Anordnung von Atomen

GLANZ IN METALLEN

Entsteht durch die Lichtreflexion freier Elektronen

„ELEKTRONENSEE"-MODELL

Positive Metallionen in einem „See" von negativ geladenen Elektronen

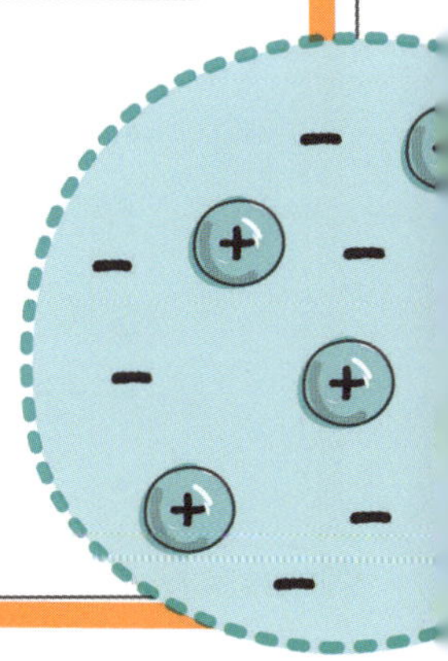

KAPITEL 7

MOLEKULAR-STRUKTUR

Es gibt drei Hauptzustände der Materie: fest, flüssig und gasförmig. Welcher dieser Zustände bei Raumtemperatur für eine Substanz vorherrscht, hängt von der Struktur der darin enthaltenen Partikel und davon ab, wie diese Partikel miteinander wechselwirken. Die Art und Stärke der Wechselwirkungskräfte zwischen den Molekülen einer Substanz – **intermolekulare Kräfte** – spielen eine zentrale Rolle bei den beobachteten Eigenschaften von Materie. In jeder molekularen Verbindung werden die intermolekularen Kräfte in erster Linie durch die geometrische Form und Polarität der Moleküle bestimmt: Wasser z. B. würde ohne die polare Natur des Wassermoleküls mit seiner gekrümmten geometrischen Form nicht existieren.

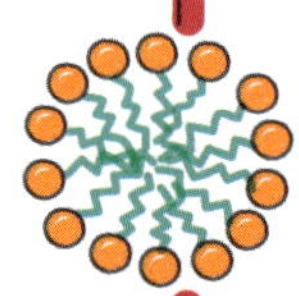

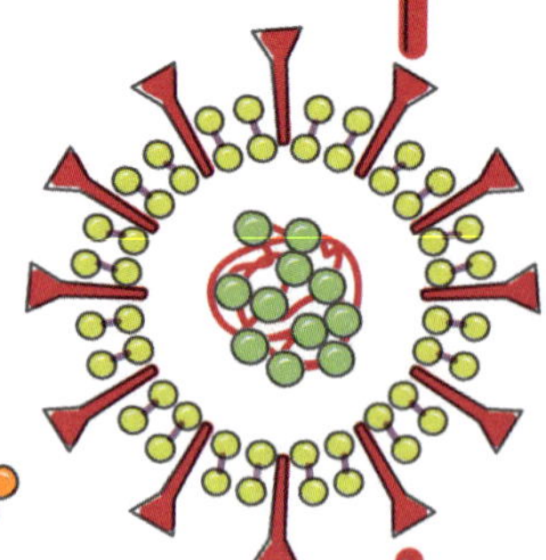

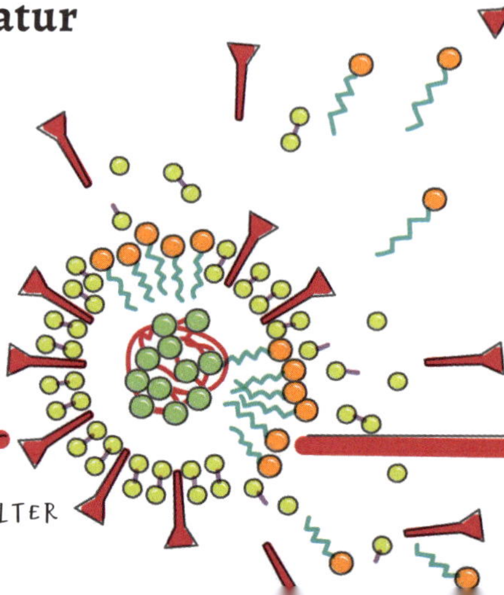

LEWIS-PUNKTSTRUKTUREN MOLEKULARER VERBINDUNGEN

Lewis-Strukturen sind zweidimensionale Darstellungen von Molekülen, die die Visualisierung der Verteilung von Valenzelektronen erleichtern, egal, ob sie als einsame Elektronenpaare oder als Teil einer kovalenten Bindung existieren. Die visuellen Informationen, die Lewis-Punkt-Symbole liefern, können zum Vorhersagen der Polarität eines Moleküls sowie der Art und Stärke seiner intermolekularen Kräfte genutzt werden. Eis treibt, weil es eine geringere Dichte als flüssiges Wasser hat – ein Phänomen, das man direkt aus der Lewis-Struktur eines Wassermoleküls ableiten kann.

Lewis-Strukturen bestehen aus Molekülskeletten mit dem am wenigsten elektronegativen Element (**Zentralatom**) in der Mitte. Kovalente Bindungen verbinden die terminalen Atome mit dem Zentralatom.

Es kann mehr als ein Zentralatom geben. In diesem Fall werden terminale Atome bei der Bildung der Skelettstruktur gleichmäßig um die Zentralatome verteilt.

Eine Lewis-Struktur zeigt ein zweidimensionales Bild eines Moleküls und veranschaulicht die Valenzelektronenverteilung des Moleküls.

SCHRITT 1:
Die Skelettstruktur mit dem am wenigsten elektronegativen Element in der Mitte als Zentralatom schreiben.

SCHRITT 2:
Die Lewis-Punkt-Symbole für jedes Atom schreiben und mit kovalenten Bindungen zum Zentralatom beginnen.

SCHRITT 3:
Kovalente Bindungen und nichtbindende Elektronenpaare zeigen.

SCHRITT 4:
Bei Bedarf Doppel- oder Dreifachbindungen für ein Oktett bilden.

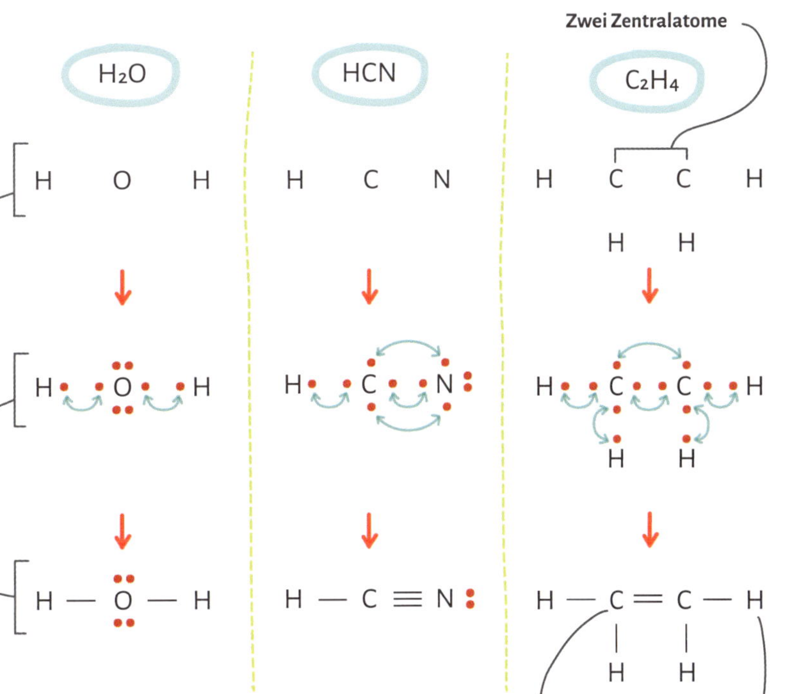

Lewis-Strukturen visualisieren alle Atome und kovalenten Bindungen auf derselben flachen, zweidimensionalen Ebene. Dies ist kein realistisches Bild der Molekularstruktur, doch die Informationen über die Elektronenverteilung und Bindungsordnung, die es zeigt, sind wertvoll.

VSEPR-Theorie: Molekulargeometrie

Die elektrostatische Abstoßung zwischen negativ geladenen Elektronen bildet die Grundlage dafür, wie kovalente Bindungen in einem Molekül angeordnet sind. Die **Valenzschalen-Elektronenpaar-Abstoßung (VSEPR)**-Theorie beruht auf der Vorstellung, dass **Elektronengruppen** – als einsame oder freie Paare, einzelne, zweifache oder dreifache Bindungen definiert – einander abstoßen. Die VSEPR-Theorie konzentriert sich auf die abstoßenden Kräfte zwischen den Elektronengruppen um jedes Zentralatom in einem Molekül und auf die spezifischen dreidimensionalen Geometrien, die sich aus den Anordnungen der Elektronengruppen ergeben.

Elektronengruppengeometrie

Die Anzahl von Elektronengruppen um das Zentralatom bestimmt die maximale Entfernung zwischen ihnen aufgrund der elektrostatischen Abstoßungen.

Es gibt drei Arten von Trennungen, die diese Elektronen voneinander wegschieben: **Bindungspaar–Bindungspaar**, **einsames Paar–Bindungspaar** und **einsames Paar–einsames Paar**.

Genau festgelegte geometrische Formen um das Zentralatom treten auf und demonstrieren die Winkel zwischen den Elektronengruppen um das Zentralatom.

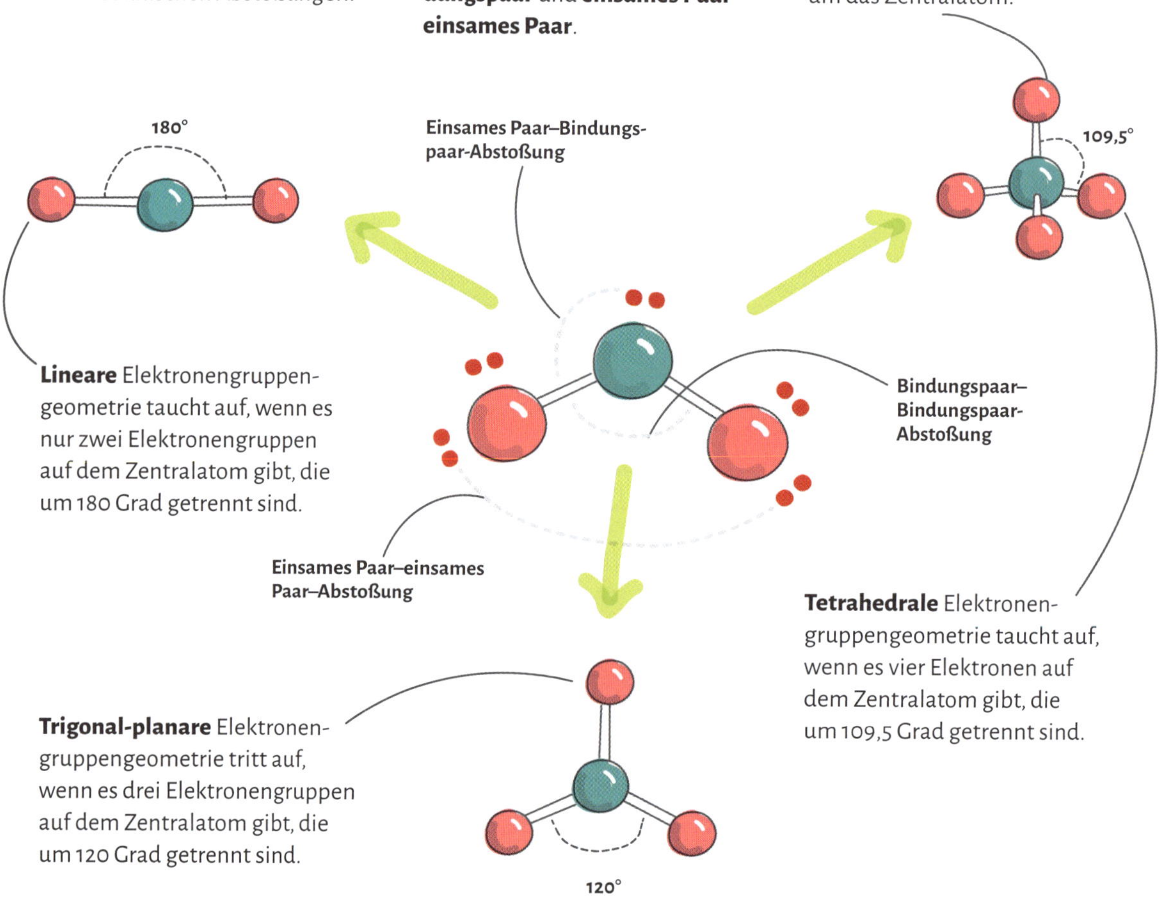

Molekülgestalt

Die lineare, trigonal-planare und tetrahedrale Geometrie tritt als Form eines Moleküls auf, wenn alle der Elektronengruppen um das Zentralatom Bindungspaare sind.

Wenn sich einsame Paare auf dem Zentralatom befinden, verändert sich die Molekülgestalt aufgrund der **Bindungswinkelverzerrung**. Einsame Elektronenpaare mit mehr Bewegungsfreiheit drücken auf Bindungspaare und verursachen eine Verringerung der idealen Bindungswinkel. Bei Molekülen mit linearer Geometrie kommt es nicht zur Bindungswinkelverzerrung.

Die Elektronengruppengeometrie ist tetrahedral ohne Bindungswinkelverzerrung, da sich keine einsamen Paare auf dem Zentralatom befinden.

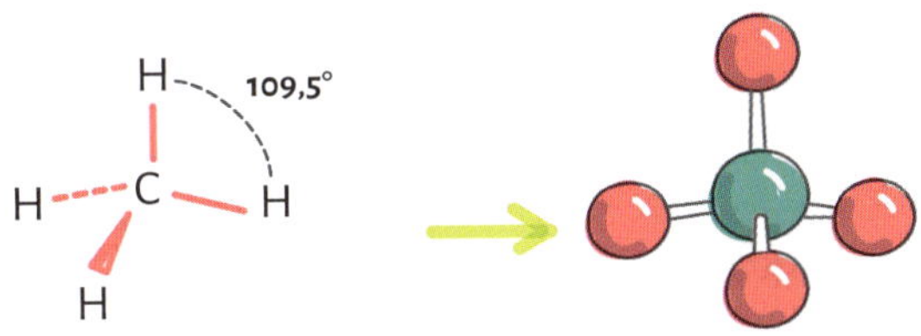

Die Molekülgestalt ist ebenfalls tetrahedral mit idealen Bindungswinkeln, da sich alle Elektronengruppen mit anderen Atomen binden.

Die Elektronengruppengeometrie ist tetrahedral, aber die Bindungswinkel sind aufgrund des einsamen Paars auf dem Zentralatom verringert.

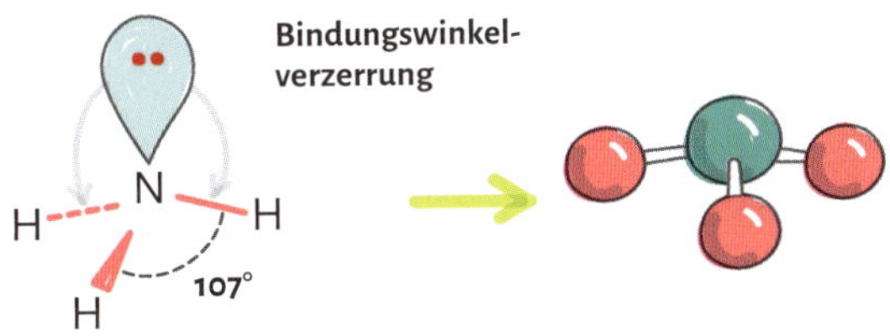

Nur drei Elektronengruppen sind bindend, und die Molekülgestalt ist trigonal-pyramidal.

Die Elektronengruppengeometrie ist tetrahedral, aber die Bindungswinkel sind aufgrund der zwei einsamen Paare auf dem Zentralatom verringert.

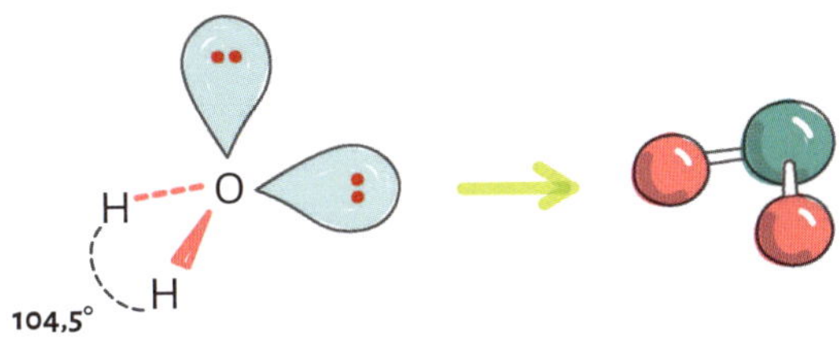

Nur zwei Elektronengruppen binden sich mit einer gekrümmten Molekülgestalt.

Die Elektronengruppengeometrie ist trigonal-planar, aber die Bindungswinkel sind aufgrund des einsamen Paars auf dem Zentralatom verringert.

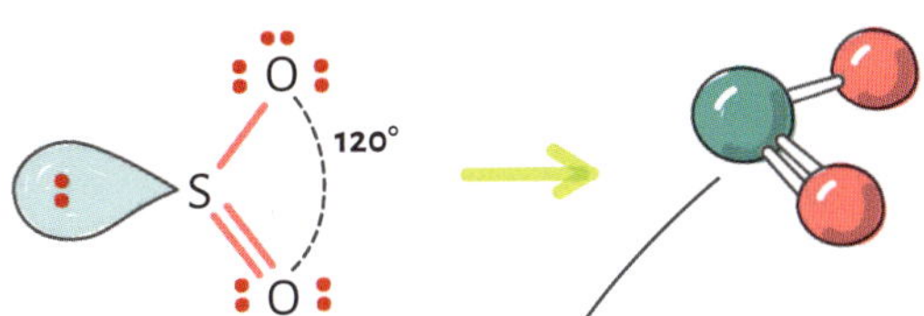

Nur zwei Elektronengruppen binden sich mit einer gekrümmten Molekülgestalt.

Die tatsächliche Form eines Moleküls wird einzig durch die Geometrie der Bindungselektronenpaare (kovalente Bindungen) bestimmt.

Wenn sich die Anzahl der einsamen Paare um das Zenralatom erhöht, nimmt auch die Bindungswinkelverzerrung zu.

MOLEKÜLGESTALT UND POLARITÄT

Molekulare Verbindungen sind je nach ihrer Valenzelektronenverteilung polarer oder unpolarer Natur. Die Molekulargeometrie enthüllt, wie Valenzelektronen in den Atomen in einem Molekül verstreut sind. Wenn Elektronen ungleichmäßig um das Molekül verteilt sind, tauchen molekulare Bereiche mit mehr oder weniger Elektronendichte auf, wodurch das Molekül polar wird. Polare Moleküle nennt man auch Dipole. Eine gleichmäßige Verteilung dagegen kreiert ein unpolares Molekül.

Moleküle mit einsamen Elektronenpaaren auf dem Zentralatom sind meist polar, da sie Bindungswinkelverzerrung und eine ungleichmäßige Elektronenverteilung verursachen.

Moleküle ohne einsame Paare auf dem Zentralatom sind meist unpolar, wenn alle terminalen Atome identisch sind. Wenn die terminalen Atome ungleich sind und unterschiedliche Elektronegativitäten besitzen, wird ein Molekül gebildet.

Hoch elektronegativer Sauerstoff zieht ein Elektron an sich.

Ein Strom polarer Wassermoleküle wird aufgrund der Anwesenheit eines molekularen Dipols von einem geladenen Stab gekrümmt.

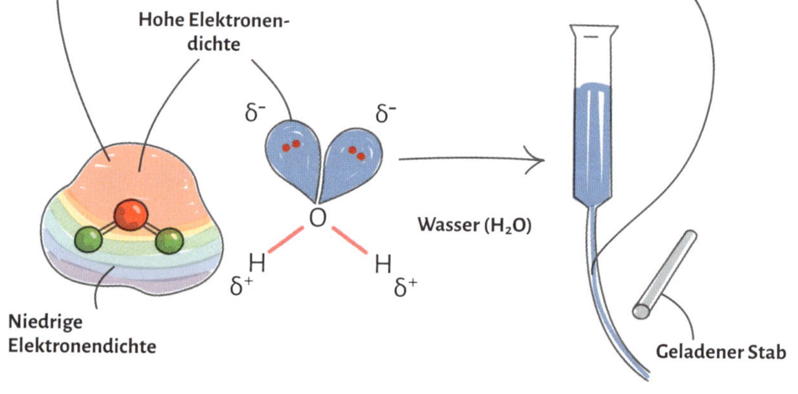

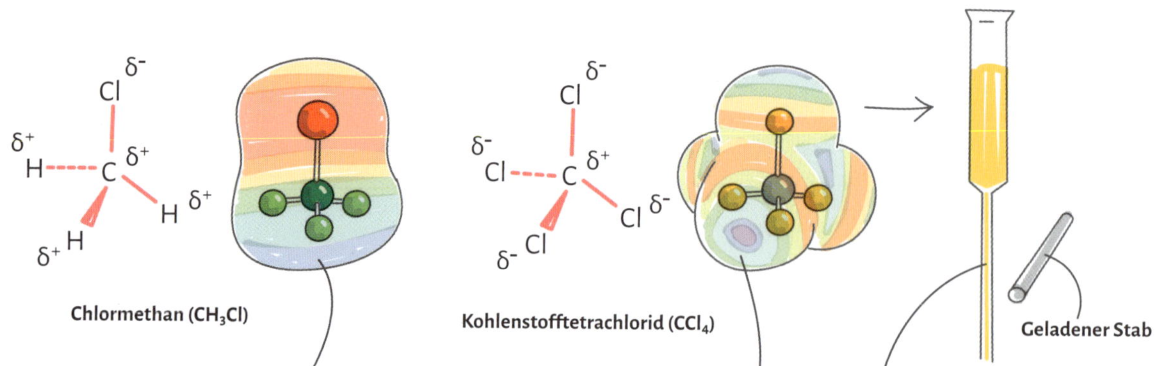

Hoch elektronegatives Chlor verursacht eine ungleichmäßige Elektronenverteilung um das Molekül, das ein Dipol bildet.

Identische terminale Atome um das zentrale Atom resultieren in gleichmäßiger Elektronenverteilung.

Unpolare Moleküle ohne Dipol reagieren nicht auf externe Ladungen.

Gleiches löst sich in Gleichem

Polare und unpolare Moleküle haben unterschiedliche Eigenschaften. Wasser ist ein hoch polarer Stoff, der andere polare Stoffe anziehen oder sich mit ihnen mischen kann. Dies ist als das Prinzip **Gleiches löst sich in Gleichem** bekannt. Wasser allein kann man nicht zum Abtöten des Coronavirus verwenden, da die Oberfläche des Virus aus unpolaren Fettmolekülen besteht.

Seifenmoleküle, sogenannte **Tenside**, bestehen aus einem polaren Kopf und einem unpolaren Schwanz. In Wasser bündeln sich Seifenmoleküle zusammen und bilden große Moleküle, die **Mizellen**, die beim Waschen brechen und Tensidmoleküle freisetzen, die polare Wassermoleküle an unpolare Fettmoleküle binden können.

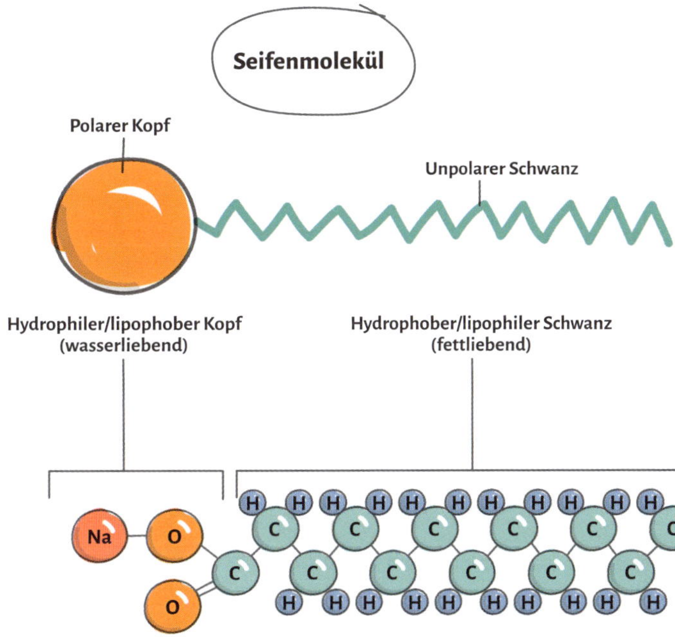

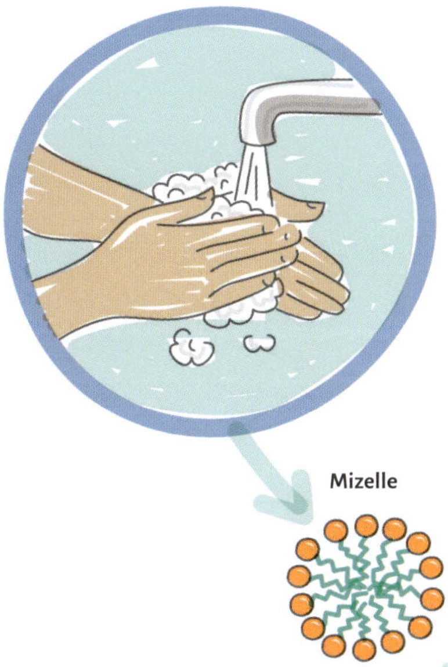

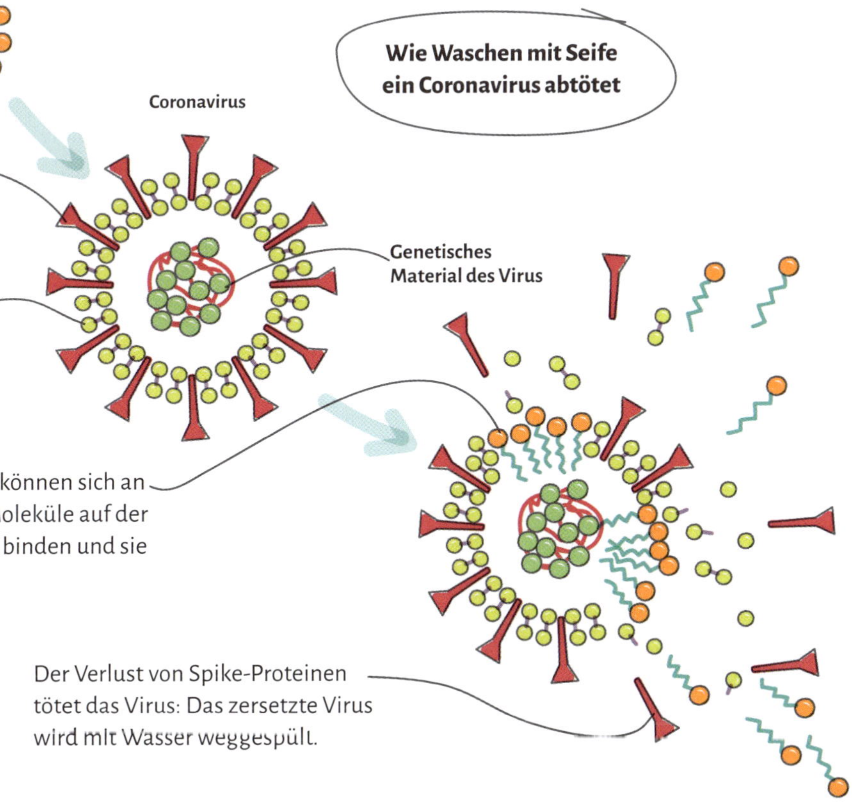

Spike-Proteine erlauben es dem Virus, anzugreifen und sich an menschliche Zellen zu binden.

Ein Coronavirus hat eine aus unpolaren Fettmolekülen bestehende Oberfläche.

Seifenmoleküle können sich an die unpolaren Moleküle auf der Virusoberfläche binden und sie wegziehen.

Der Verlust von Spike-Proteinen tötet das Virus: Das zersetzte Virus wird mit Wasser weggespült.

INTERMOLEKULARE KRÄFTE

Intramolekulare Kräfte – ionische, kovalente und metallische Bindungen – beziehen Valenzelektronen ein. Wenn Moleküle einer durch intramolekulare Kräfte zusammengehaltenen Verbindung in ausreichender Nähe zueinander sind, bilden sich Anziehungskräfte, als Van-der-Waals-Kräfte bekannt, und wirken zwischen ihnen. Dies sind intermolekulare Kräfte, bei denen es nicht zum Teilen von Valenzelektronen kommt. Intermolekulare Kräfte sind weitaus schwächer als intramolekulare Kräfte, doch sie spielen eine wichtige Rolle bei den physikalischen Eigenschaften von Materie.

Stärke der intermolekularen Kräfte

In Wasser geben die intramolekularen Kräfte (kovalente Bindungen) dem Molekül seine gekrümmte Form. Es bestehen aber auch intermolekulare Kräfte aufgrund der Anziehung zwischen den gegensätzlich geladenen Bereichen der polaren Wassermoleküle.

Die Polarität eines Moleküls bestimmt die Art und Stärke seiner intermolekularen Kräfte. Bei Feststoffen sind Moleküle und Atome durch die starken intermolekularen Kräfte in engem Kontakt.

Gasmoleküle sind größtenteils voneinander getrennt und deuten auf schwache intermolekulare Kräfte hin.

Flüssige Moleküle stehen in Kontakt, sind aber aufgrund der mittleren (intermediären) Stärke ihrer intermolekularen Kräfte beweglich.

Die Zufuhr von Wärme schwächt die intermolekularen Kräfte, sodass Phasenübergänge von fest zu flüssig (Schmelzen) und von flüssig zu gasförmig (Verdampfen) stattfinden können.

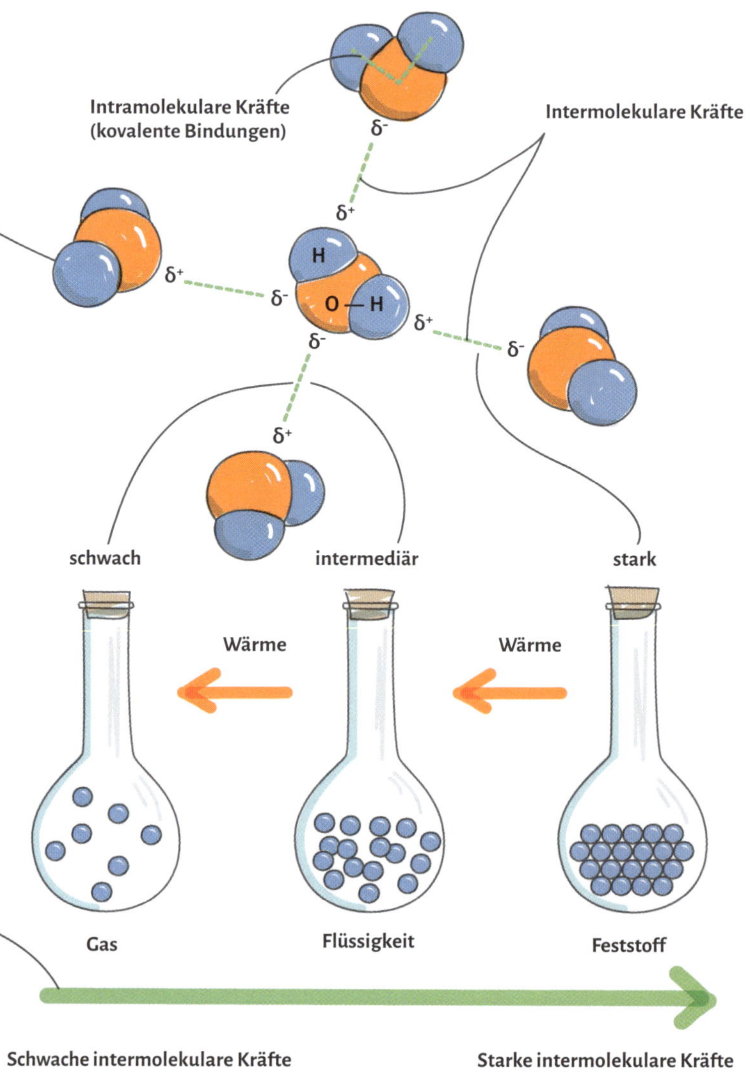

Arten von intermolekularen Kräften

London-Kräfte sind ziemlich schwach. Sie kommen in allen Molekülarten vor, sind aber die einzigen Kräfte zwischen den Molekülen eines unpolaren Stoffs.

Die Valenzelektronenverteilung in unpolaren Molekülen ist relativ gleichmäßig; sie haben daher keinen Dipol.

Ein temporärer, kurzlebiger Dipol kann in unpolaren Molekülen auftauchen, wenn sie dicht an andere Moleküle herankommen. Dieser **induzierte Dipol** kann mit anderen induzierten Dipolen in der Probe wechselwirken und schwache, kurzlebige London-Kräfte erzeugen.

Diese Kräfte brechen leicht. Viele unpolare Stoffe sind in der Tat Gase bei Raumtemperatur, da London-Kräfte nicht stark genug sind, um die Moleküle dicht genug für einen flüssigen oder gasförmigen Zustand zusammenzuhalten.

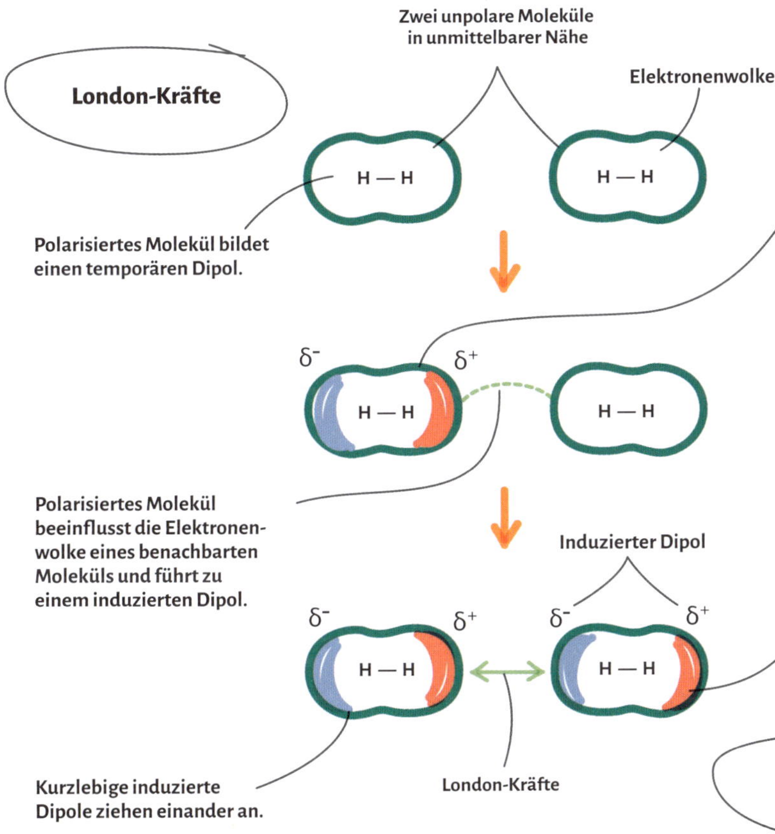

Dipol-Dipol-Kräfte bestehen zwischen den Molekülen eines polaren Stoffs mit permanenten Dipolen. Dies geht auf die ungleichmäßige Verteilung der Valenzelektronen zurück.

Es kommt zu Anziehung und Abstoßung zwischen den positiv und negativ geladenen Molekülbereichen, doch meist dominieren Anziehungen. Dipol-Dipol-Kräfte sind stärker als London-Kräfte.

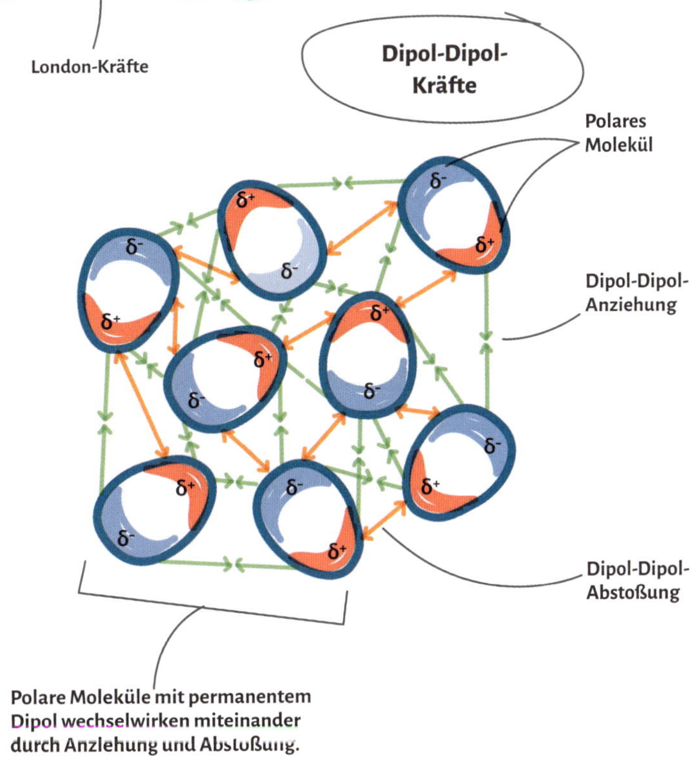

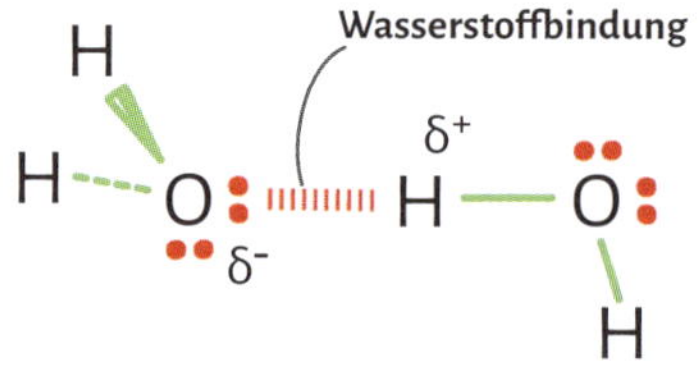

Wasserstoffbindung

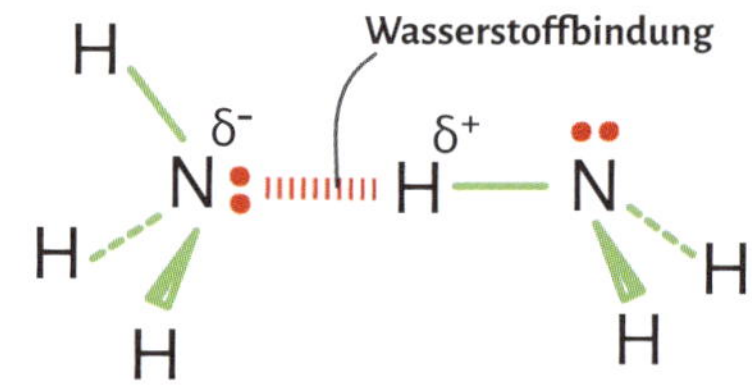

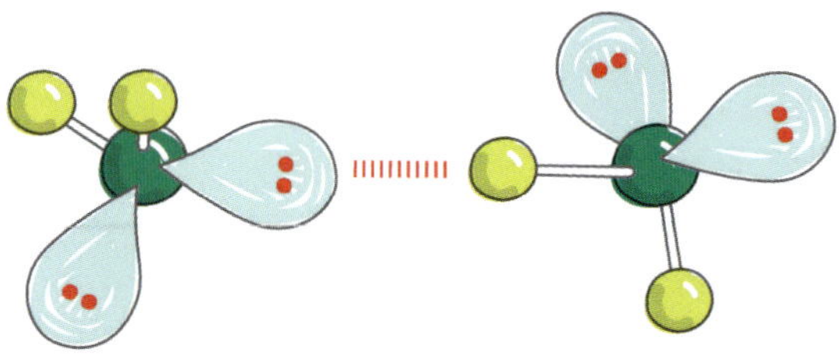

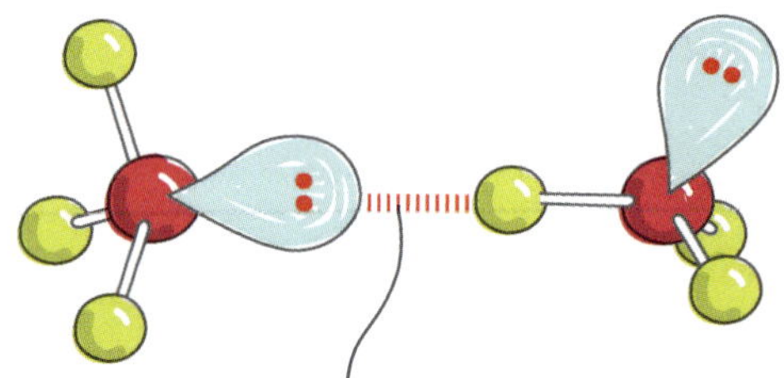

Wasserstoffbindung ist eine Dipol-Dipol-Kraft. Wegen ihrer ungewöhnlichen Stärke wird sie jedoch getrennt betrachtet. Wasserstoffbindung entsteht zwischen polaren Molekülen, bei denen ein H-Atom direkt mit einem F-, O- oder N-Atom verbunden ist. Es bildet sich keine Wasserstoffbindung, wenn diese H–F, H–O oder H–N kovalenten Bindungen nicht in den Molekülen auftreten.

Die Bindungen sind stärker als andere Dipol-Dipol-Kräfte, und viele Stoffe mit Wasserstoffbindung (z. B. Wasser) sind daher bei Raumtemperatur meist flüssig.

Ion-Dipol-Kräfte

Ion-Dipol-Kräfte sind sehr stark, da sie zwischen einem voll geladenen Ion und einem polaren Molekül entstehen. Sie werden in wässrigen Lösungen ionischer Verbindungen wie etwa Tafelsalz (NaCl) beobachtet.

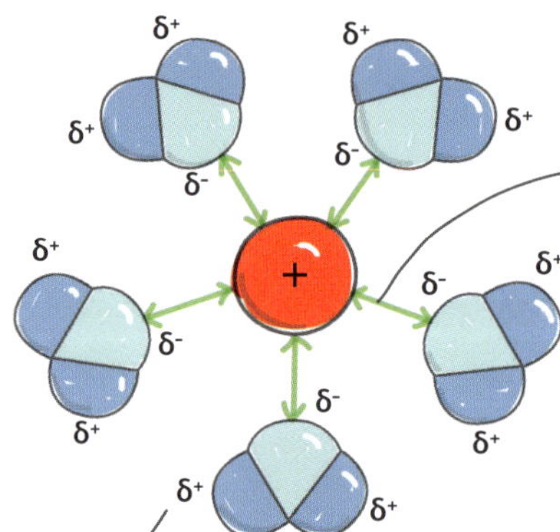

Kationen oder Anionen werden durch Ion-Dipol-Kräfte zu Wasser gezogen.

Die getrennten Ionen treiben von Wassermolekülen umgeben in der Lösung und bilden hydratisierte Ionen.

Verschiedene Wassermoleküle mit Teilladungen im Dipol umgeben ein voll geladenes positives Ion, was zu starken Ion-Dipol-Kräften führt.

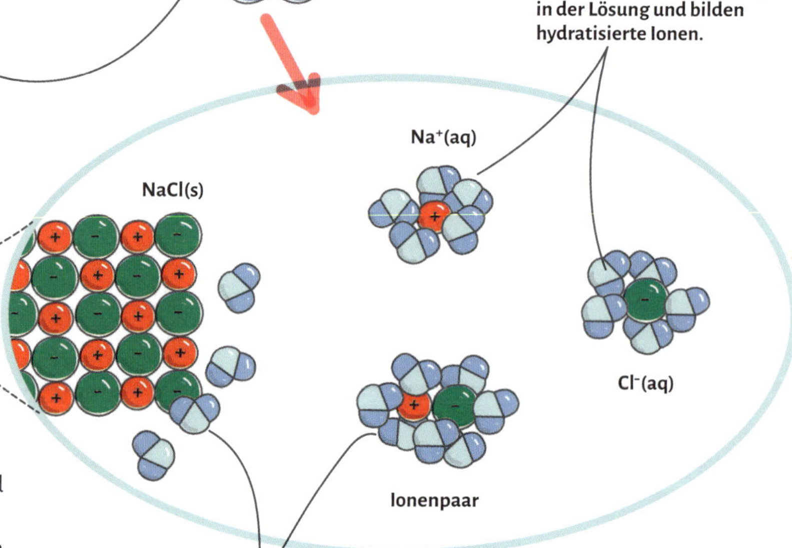

NaCl löst sich aufgrund der starken Ion-Dipol-Kräfte in Wasser auf.

Zwischen Wassermolekülen und einem einzelnen Ion bilden sich mehrere Ion-Dipol-Kräfte. Durch diese kollektive Wirkung von Wassermolekülbindung an Ionen wird NaCl wasserlöslich.

Polare Wassermoleküle umgeben die Anionen und Kationen von NaCl und ziehen sie auseinander.

Wasserstoffbindung in Aktion

Polare Wassermoleküle bewegen sich frei in einer flüssigen Probe. Bei dieser Bewegung bilden sich ständig Wasserstoffbindungen zwischen Molekülen und brechen.

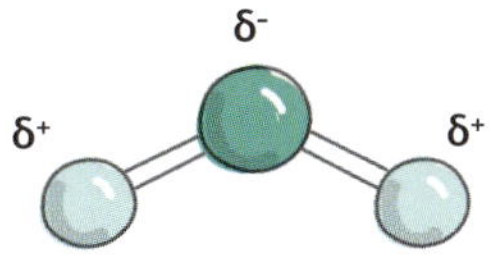

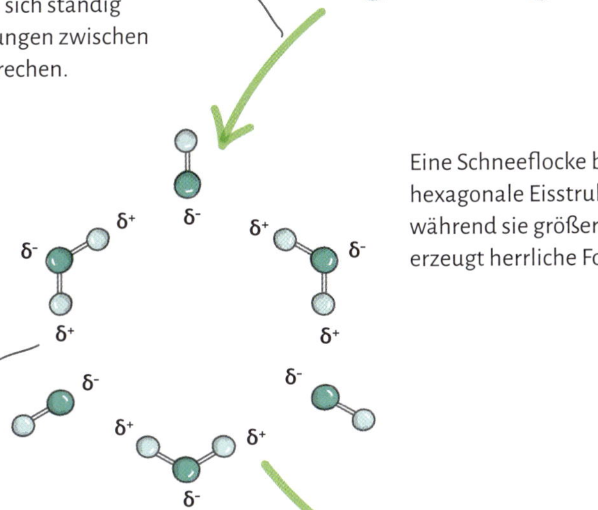

Eine Schneeflocke bewahrt diese hexagonale Eisstruktur bei, während sie größer wird, und erzeugt herrliche Formen.

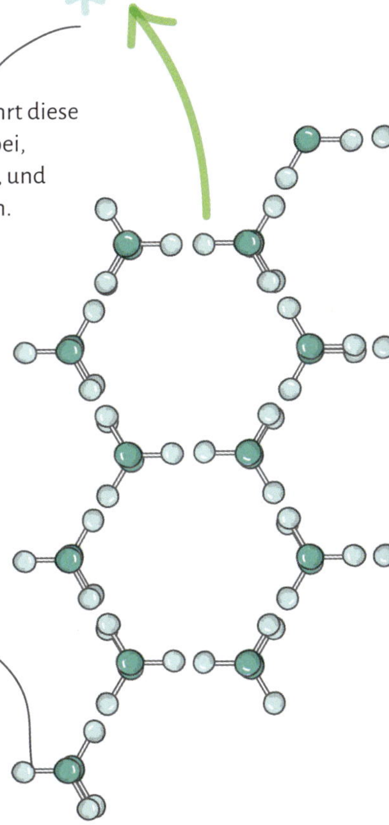

Wird die Wassertemperatur gesenkt, so werden die Wasserstoffbindungen stärker und führen dazu, dass sich die Moleküle langsamer bewegen. Bei Gefriertemperatur werden Moleküle immobilisiert und durch starke Wasserstoffbindungen an ihrem Platz gehalten, wo sie eine hexagonale molekulare Anordnung bilden.

Bei weiterem Gefrieren wächst die hexagonale Anordnung zu einem dreidimensionalen Kristallnetzwerk aus Eis.

Warum Eis schwimmt

Ein Eiswürfel hat sichtbare Luftbläschen, da Luft in dem verfügbaren Raum in den Hexagonen, die die dreidimensionale Kristallstruktur bilden, eingeschlossen wird. Da Wasserstoffbindungen die Wassermoleküle in diesem hexagonalem Muster im Eis orientiert halten, ist Eis nicht so dicht wie flüssiges Wasser – dies erklärt, warum Eis schwimmt.

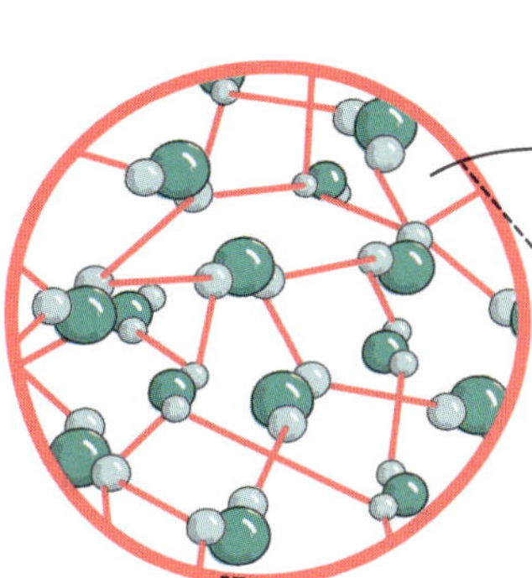

Luft wird im Raum in Hexagonen in festem Eis eingeschlossen.

Eis

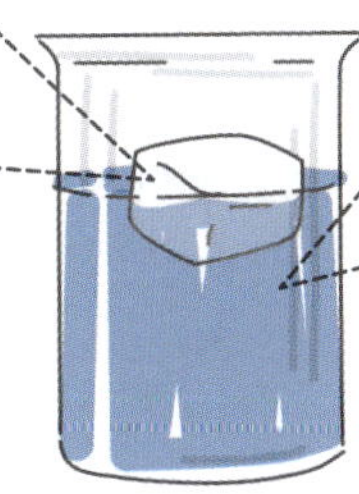

Wasser

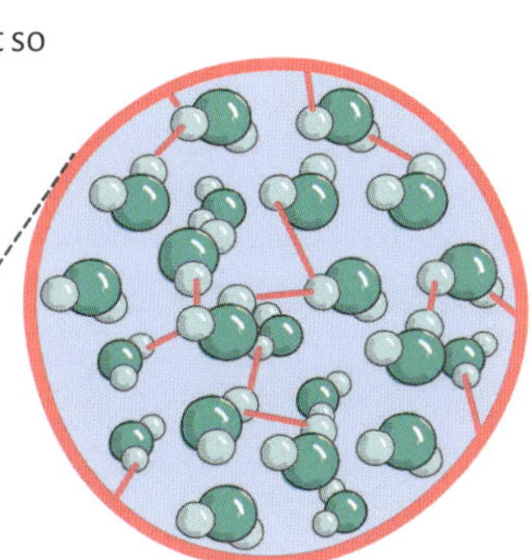

Moleküle in Eis sind aufgrund starker Wasserstoffbindungen weniger dicht gepackt.

Flüssige Wassermoleküle sind dichter gepackt.

BINDUNGSKRÄFTE UND KRISTALLE

Kristalline Festkörper – Kristalle – werden als die Arten von Partikeln in ihnen und die Arten von Kräften bezeichnet, die die Partikel zusammenhalten. Interpartikuläre Kräfte (intermolekulare, interionische und interatomare Kräfte) haben eine unterschiedliche Stärke und Bindungsstruktur. Kristalle weisen physikalische Eigenschaften auf, die mit der Art und Stärke der Kräfte vereinbar sind, die ihre Partikel zusammenhalten.

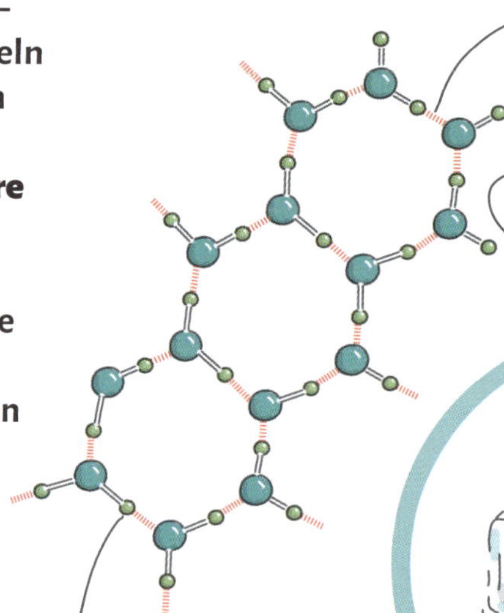

Kristalle werden in drei Hauptkategorien eingeteilt, basierend auf den vorhandenen einzelnen Partikeln: **molekulare Festkörper**, **ionische Festkörper** und **atomare Festkörper**. Atomare Festkörper sind je nach Art der zwischen den Atomen bestehenden Kräften in **nichtbindende Festkörper**, **metallische Festkörper** und **netzwerkkovalente Festkörper** eingeteilt.

Moleküle bilden molekulare Festkörper, die von intermolekularen Kräften zusammengehalten werden. Sie sind meist weich und schmelzen bei niedrigen Temperaturen.

Eis:
molekularer Festkörper

Diamant:
kovalenter Netzwerkfestkörper

Atomare Festkörper, in denen die Atome durch starke kovalente Bindungen verbunden sind, sind für ihre extreme Härte, Haltbarkeit und hohen Schmelztemperaturen bekannt. Sie bilden einige der stärksten natürlichen Stoffe wie Diamanten. Die dreidimensionale Anordnung von Kohlenstoffatomen in einem Diamanten werden von äußerst kräftigen, direktionalen kovalenten Bindungen zusammengehalten.

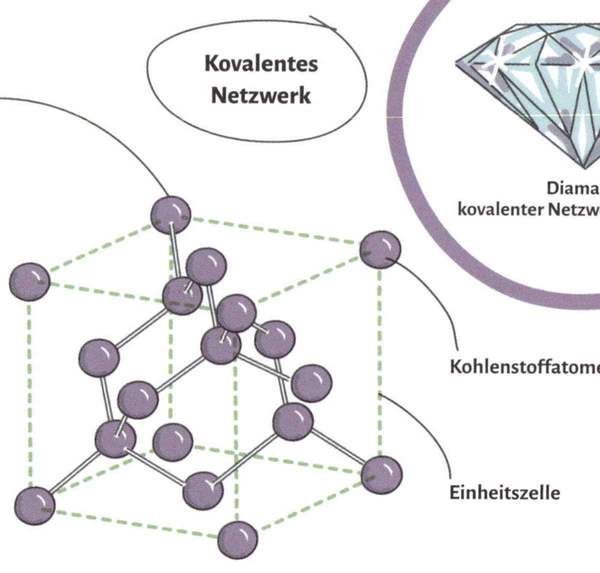

Arten von Kristallen

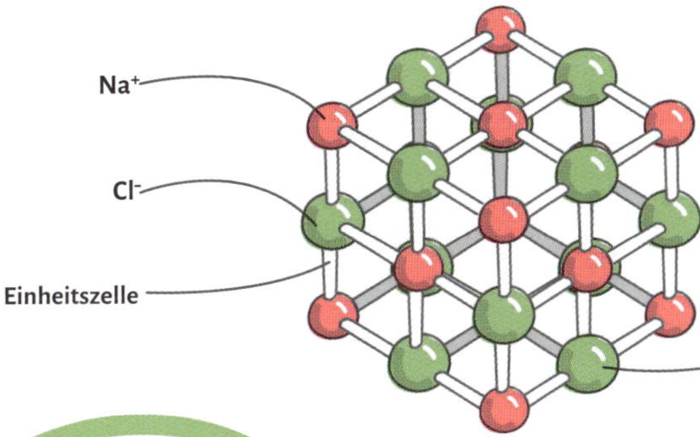

Ionische Festkörper bestehen aus Kationen und Anionen, die von starken ionischen Bindungen zusammengehalten werden. Diese sind hart und spröde und haben hohe Schmelztemperaturen.

Ion-Ion-Kräfte

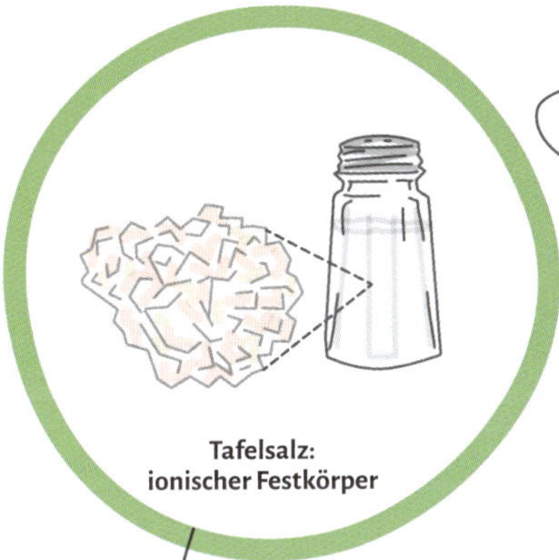

Tafelsalz: ionischer Festkörper

Atomare Festkörper haben dreidimensionale Kristallstrukturen, bei denen die zusammengesetzten Einheiten Atome sind. Wegen der schwachen London-Kräfte zwischen den Atomen werden niedrige Temperaturen benötigt, damit die nichtbindenden Festkörper in fester Form bleiben.

London-Kräfte

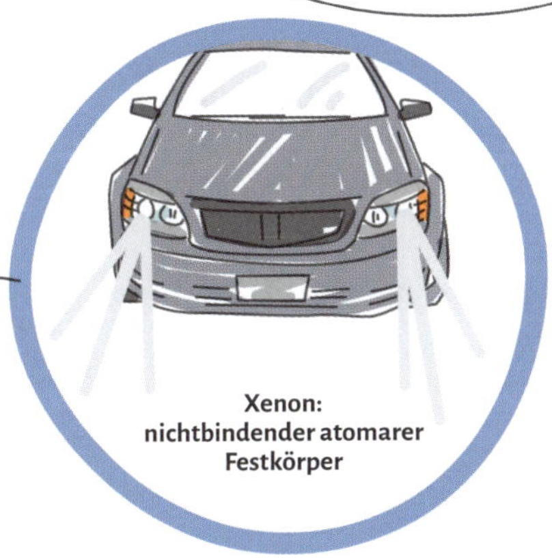

Xenon: nichtbindender atomarer Festkörper

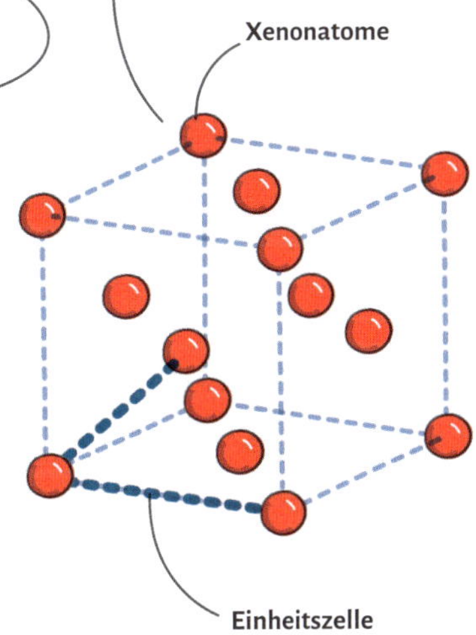

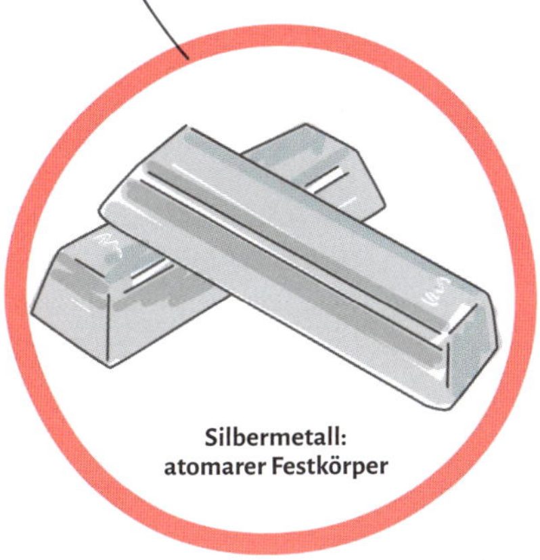

Silbermetall: atomarer Festkörper

Metallische Bindung

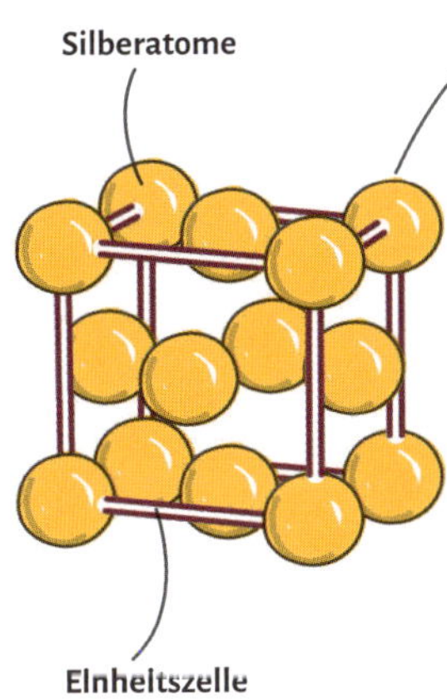

Das Kristallgitter jedes Festkörpers ist eine dreidimensionale Anordnung seiner Partikel. Die kleinste wiederholbare Ansammlung von Partikeln in einem Kristall wird als **Einheitszelle** bezeichnet. Je nach Art des Festkörpers ist sie aus Atomen, Molekülen oder Ionen gebildet. Diese Einheitszellen wachsen in drei Dimensionen zum Bilden des Kristallgitters des Festkörpers.

RESÜMEE

MOLEKULARSTRUKTUR

LEWIS-PUNKT-SYMBOLE MOLEKULARER VERBINDUNGEN

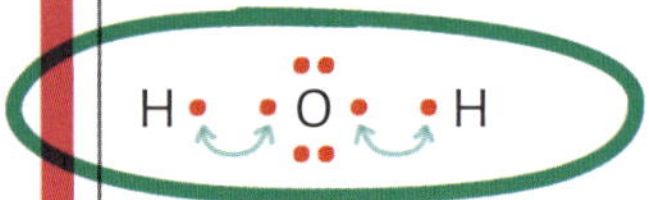

ZENTRALES ATOM

Das am wenigsten elektronegative Atom in einem Molekül

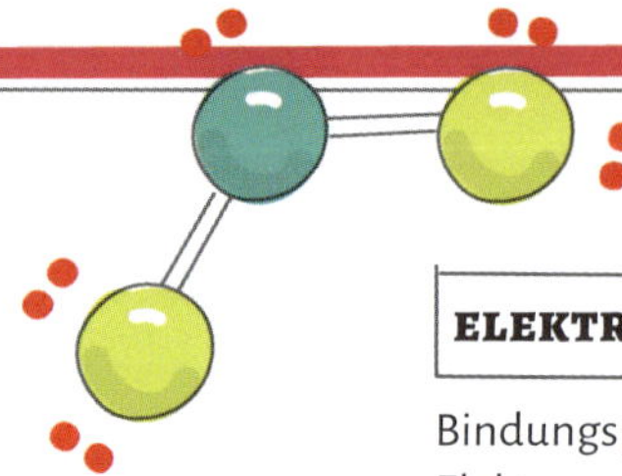

ELEKTRONENGRUPPE

Bindungspaare und nichtbindende Elektronen auf einem Zentralatom

LINEARE FORM

Zwei kovalente Bindungen

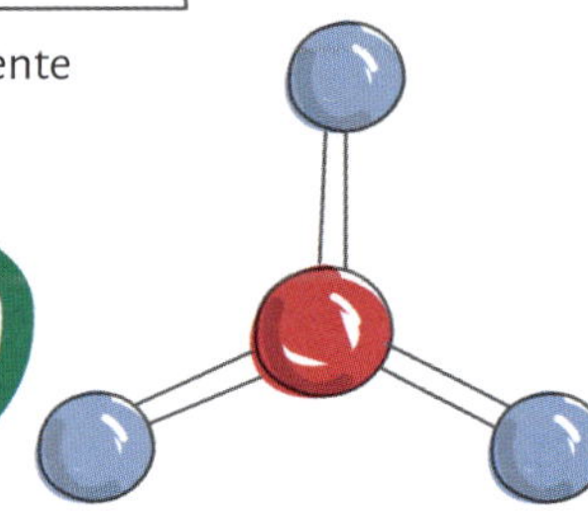

TRIGONAL-PLANARE FORM

Drei kovalente Bindungen

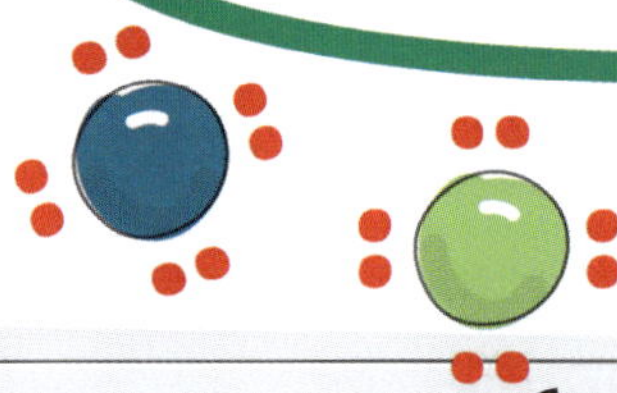

BINDUNGSKRÄFTE UND KRISTALLE

INTERPARTIKULÄRE KRÄFTE

Kräfte, die Atome, Moleküle und Ionen in Festkörpern zusammenhalten

EINHEITSZELLE

Die kleinste wiederholbare Ansammlung von Partikeln in Kristallen

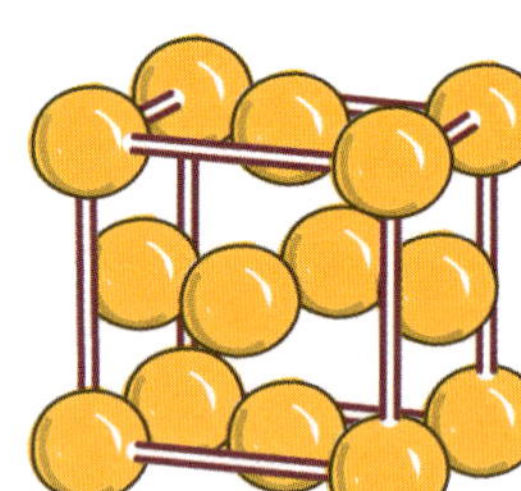

IONISCHE FESTKÖRPER

Aus Kationen und Anionen bestehend

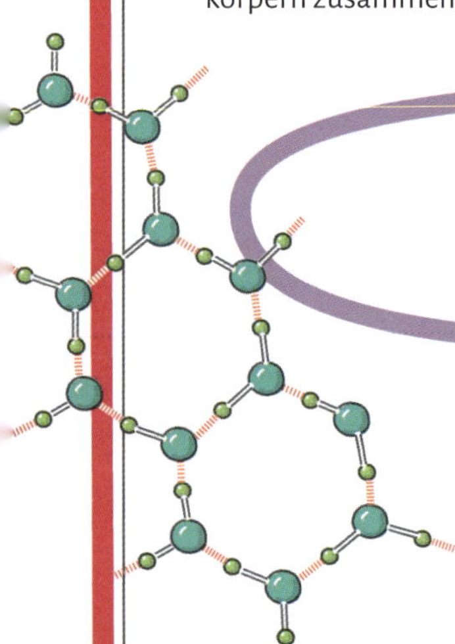

MOLEKULARE FESTKÖRPER

Aus Molekülen bestehend

ATOMARE FESTKÖRPER

Aus Atomen bestehend

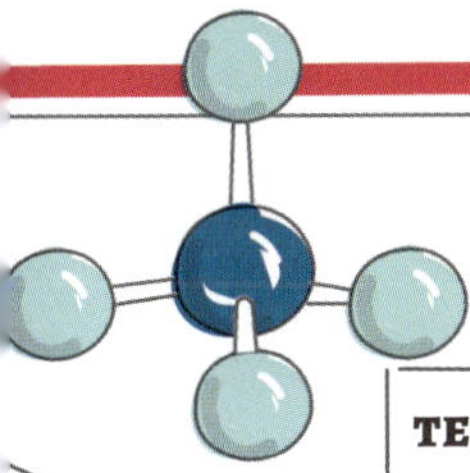

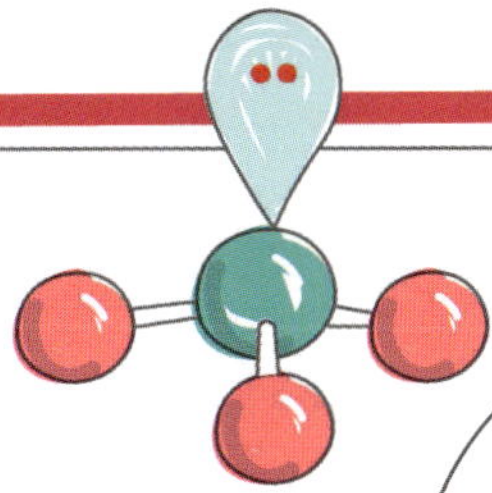

VSEPR-THEORIE: MOLEKULARGEOMETRIE

TETRAHEDRALE FORM

Vier kovalente Bindungen

TRIGONAL-PYRAMIDALE FORM

Drei kovalente Bindungen + ein einsames Elektronenpaar

GEKRÜMMTE FORM

Zwei kovalente Bindungen + zwei einsame Elektronenpaare

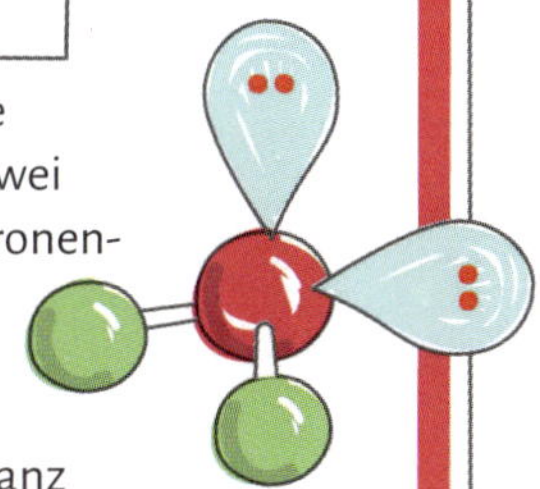

MOLEKULARGESTALT UND POLARITÄT

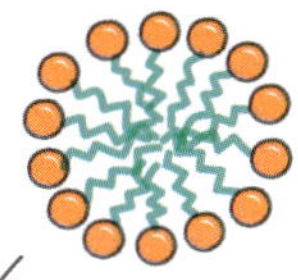

MIZELLEN

Gebündelte Tensidmoleküle in Wasser

DIPOL

Ein polares Molekül

TENSID

Ein Molekül mit polarem Kopf und unpolarem Schwanz

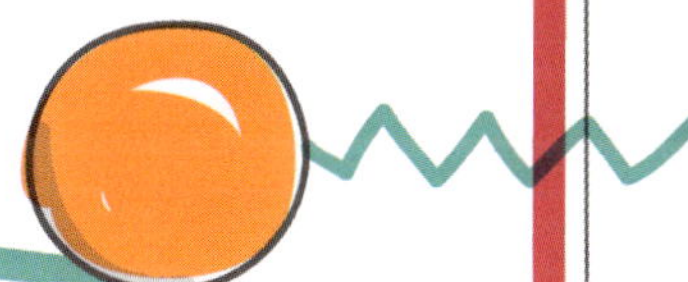

GLEICHES LÖST GLEICHES

Polar mag polar; unpolar mag unpolar.

INTERMOLEKULARE KRÄFTE

INTRAMOLEKULARE KRÄFTE

Chemische Bindungen, die Verbindungen bilden

INTERMOLEKULARE KRÄFTE

Kräfte zwischen Molekülen

VAN-DER-WAALS-KRÄFTE

Schwache molekulare Anziehung

LONDON-KRÄFTE

Unpolares zu unpolarem Molekül

DIPOL-DIPOL-KRÄFTE

Polares zu polarem Molekül

WASSERSTOFFBINDUNG

Polares zu Polarem mit H–F, H–O und H–N Bindungen

ION-DIPOL-KRÄFTE

Ion zu polarem Molekül

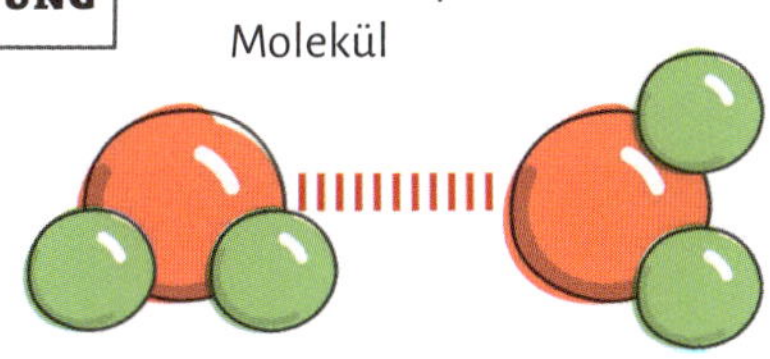

KAPITEL 8

CHEMISCHE REAKTIONEN UND STÖCHIOMETRIE

Eine **chemische Reaktion** ist ein Prozess, bei dem chemische Veränderungen der Materie stattfinden. Sie verändert nicht die Identität der beteiligten Atome, sondern ordnet nur die einzelnen Atome in einer oder mehreren Substanzen (Reaktanten) neu an, um eine oder mehrere verschiedene Substanzen (Produkte) zu bilden. Dafür brechen chemische Bindungen in den Reaktantenmolekülen, und in den Produktmolekülen bilden sich gleichzeitig neue chemische Bindungen. Eine chemische Reaktion ist im Grunde ein Rezept zur Herstellung einer neuen Substanz. Chemiker verwenden das Mol-Konzept (siehe S. 31) und führen Stöchiometrieberechnungen zum Bestimmen der Reaktanten- und Produktmengen für eine korrekt geschriebene, ausgeglichene chemische Reaktion durch.

SCHREIBEN UND AUSGLEICHEN CHEMISCHER GLEICHUNGEN

Chemische Reaktionen geben Anweisungen darüber, welche Reaktanten zur Herstellung der gewünschten Produkte verwendet werden sollen. Wir verwenden eine universelle Sprache mit chemischen Symbolen von Atomen, Molekülen und Ionen zum Darstellen einer chemischen Veränderung in einer chemischen Gleichung. Diese ganzen chemischen Symbole müssen korrekt angegeben werden. Zudem muss eine chemische Gleichung richtig ausbalanciert sein, um das Gesetz der Massenerhaltung zu achten.

Chemische Gleichungen

In chemischen Gleichungen trennt ein Pfeil – er bedeutet **Ertrag** oder **Produkt** – die Reaktanten und Produkte. Mehrere Reaktanten und/oder Produkte werden durch ein Plus-Zeichen (+) getrennt.

Es hilft Wissenschaftlern, den physikalischen Zustand jedes Reaktanten und Produkts zu kennen. Deshalb werden Kleinbuchstaben neben jedem Stoff als Symbole für die feste (*s*), flüssige (*l*), gasförmige (*g*) und wässrige (*aq*) Form verwendet.

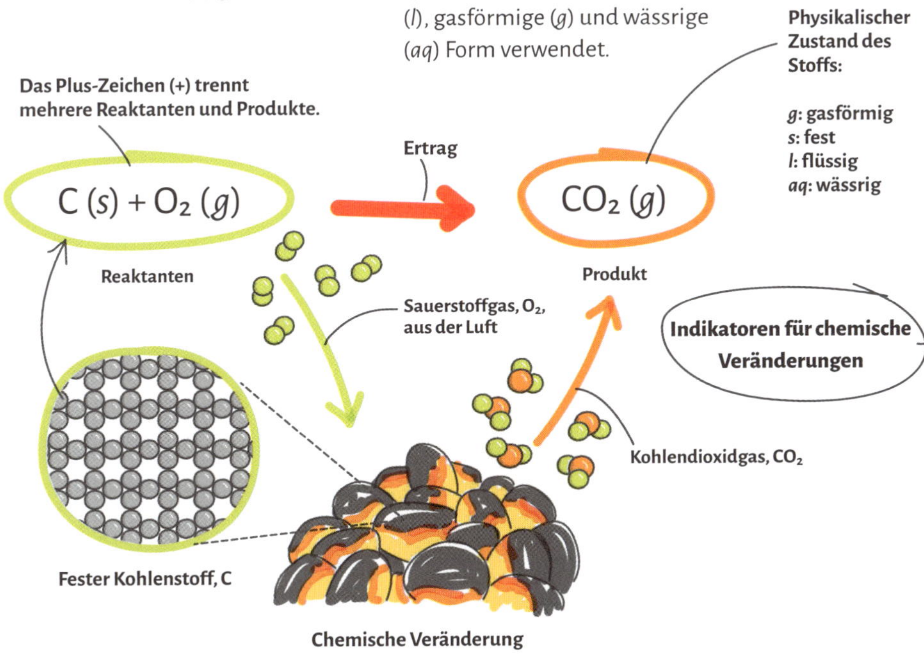

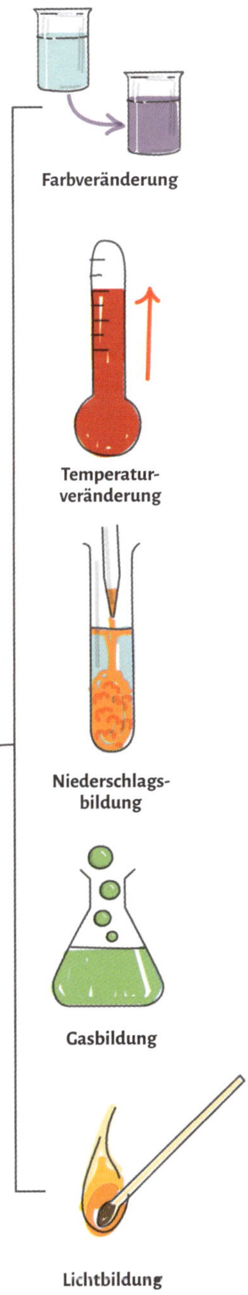

Je nach Art der Reaktion gibt es verschiedene Hinweise darauf, dass eine chemische Veränderung stattgefunden hat. Zu den häufigsten Anzeichen einer chemischen Veränderung gehören Farb- und Temperaturänderungen oder die Bildung von Licht, Schall, Gasblasen oder festem Niederschlag. Mehrere dieser „Hinweise" können in derselben Reaktion vorhanden sein.

Balancieren chemischer Gleichungen

Wenn wir einen leckeren Kuchen backen wollen, müssen alle Zutaten sorgfältig abgemessen und, wie im Rezept angegeben, im richtigen Verhältnis kombiniert werden. Dasselbe Prinzip gilt für chemische Reaktionen. Chemiker nutzen die Stöchiometrie, um sich zu vergewissern, dass alle Reaktionskomponenten im richtigen Verhältnis zubereitet werden.

Ein Rezept gibt die genaue Menge jeder Zutat (Reaktant) an.

Das gewünschte Produkt kann nur dann hergestellt werden, wenn das Rezept richtig befolgt wird.

Wie ein Rezept geben chemische Gleichungen Aufschluss darüber, welche Reaktanten (Zutaten) man zum Herstellen der gewünschten Produkte verwenden muss. Die Maßeinheit in einer chemischen Gleichung ist das Mol, das als ganze Zahl vor jedem Reaktanten und Produkt steht. Man bezeichnet diese Zahlen als **stöchiometrische Koeffizienten**.

Zum Herstellen des gewünschten Produkts sind exakte Proportionen der Reaktanten erforderlich.

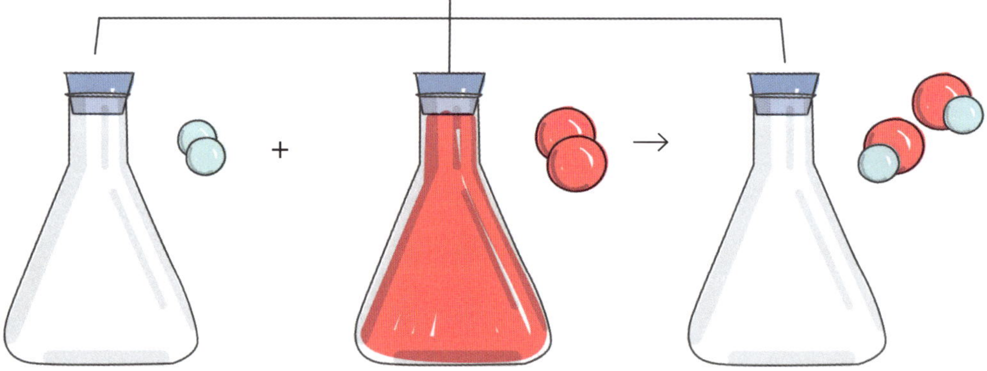

$$H_2\,(g) + I_2\,(g) \rightarrow 2HI\,(g)$$

1 Mol H_2	1 Mol I_2	2 Mol HI
2,016 g H_2	253,8 g I_2	255,816 g HI

Stöchiometrische Koeffizienten liefern Molzahlen zum Ausgleichen.

Eine chemische Gleichung muss das Gesetz der Massenerhaltung achten, damit die Gesamtmasse der Reaktanten gleich der Gesamtmasse der Produkte ist. Korrekt platzierte **stöchiometrische**

Koeffizienten balancieren eine chemische Gleichung aus, sodass jede Atomart auf beiden Seiten der Gleichung in gleicher Anzahl vorkommt.

Stöchiometrische Koeffizienten liefern Mengen in Mol, die sich zur praktischen Messung in andere Einheiten umrechnen lassen.

Regeln zum Ausgleichen chemischer Gleichungen

Eine chemische Reaktion wird in eine chemische Skelettgleichung übersetzt, die die Reaktanten und gewünschten Produkte zeigt. Diese Gleichung zeigt einfach, welche Verbindungen reagieren und welche Produkte entstehen.

Durch geeignete stöchiometrische Koeffizienten in der Skelettgleichung wird das Gesetz der Massenerhaltung geachtet, und wir stellen so eine ausgeglichene Reaktionsgleichung auf, die die richtigen Reaktanten und gewünschten Produkte zeigt.

Tiefgestellte Zahlen können beim Ausgleichen nicht geändert werden, da dies die Identität eines Reaktanten oder Produkts verändern würde.

Zum Balancieren einer chemischen Gleichung können keine neuen Reaktanten oder Produkte hinzugefügt werden.

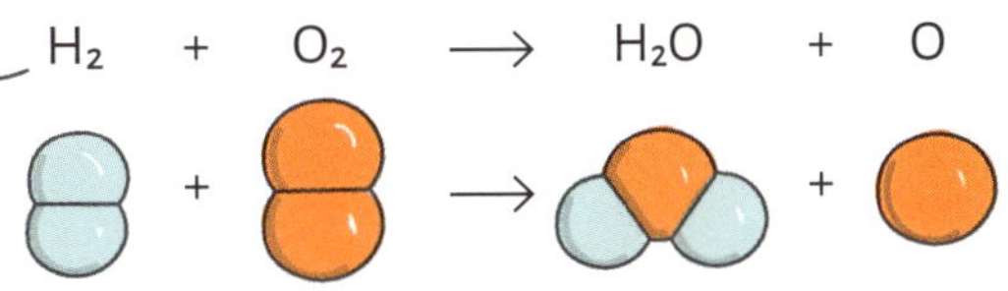

Falsch ausgeglichen durch Hinzufügen eines neuen Produkts

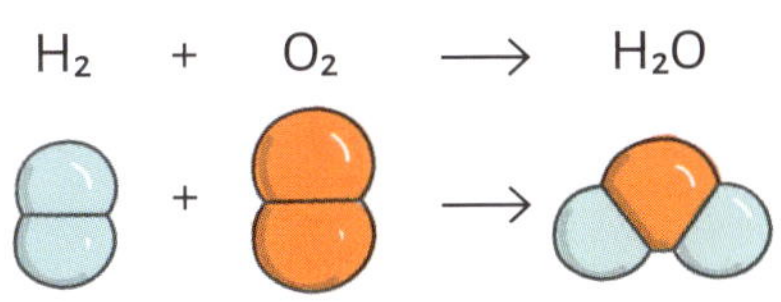

Skelettgleichung: unausgeglichen

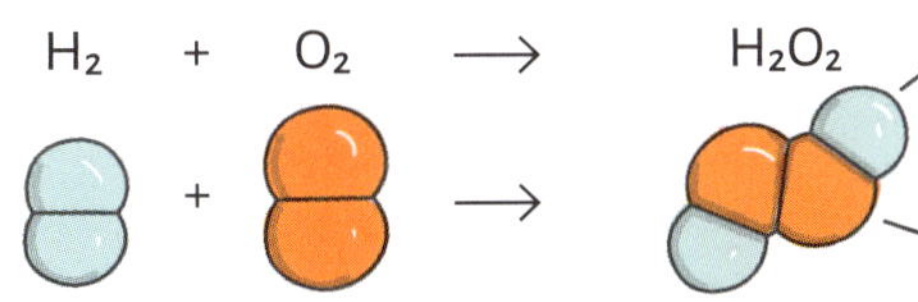

Falsch ausgeglichen durch Verändern eines Produkts

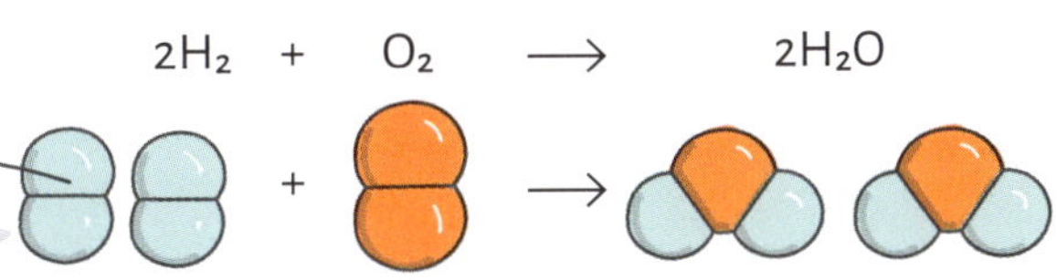

Richtig ausgeglichen mit korrekten Reaktanten und Produkten

Eine ausgeglichene chemische Gleichung gibt Aufschluss über die notwendigen Verhältnisse zwischen Reaktanten und Produkten.

Mithilfe der stöchiometrischen Verhältnisse aus der balancierten chemischen Gleichung können Chemiker jede beliebige Menge des gewünschten Produkts herstellen.

Das falsche stöchiometrische Verhältnis zwischen Wasserstoffgas und Sauerstoffgas könnte Wasserstoffperoxid (H_2O_2) statt Wasser (H_2O) erzeugen. Dies sind zwei unterschiedliche Produkte!

Zum Herstellen der stöchiometrischen Produktmenge wird ein Verhältnis von 2:1 benötigt.

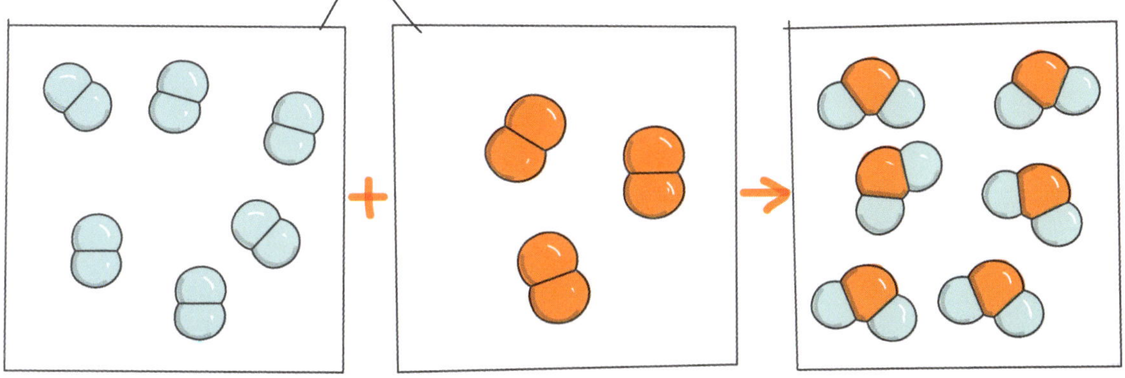

STÖCHIOMETRISCHE BEZIEHUNGEN

Die Koeffizienten einer ausgeglichenen chemischen Reaktion bestimmen die Molverhältnisse zwischen den an der Reaktion beteiligten Substanzen. Diese stöchiometrischen Verhältnisse können verwendet werden, um zu bestimmen, wie viel von den Reaktanten zum Erzeugen der gewünschten Produktmenge benötigt wird. Die Untersuchung der numerischen Beziehungen zwischen den Mengen der verwendeten Reaktanten und den erzeugten Produkten bezeichnet man als Reaktionsstöchiometrie. Chemiker führen derartige Berechnungen zum Planen und Ausführen chemischer Reaktionen routinemäßig durch.

Stöchiometrie

Koeffizienten in einer ausgeglichenen chemischen Gleichung zeigen die stöchiometrischen Verhältnisse in Mol zwischen jeder Substanz auf der Reaktant- und Produktseite. Mit diesen Molverhältnissen wird bestimmt, was für eine Reaktantmenge man zum Erzeugen der gewünschten Produktmenge benötigt.

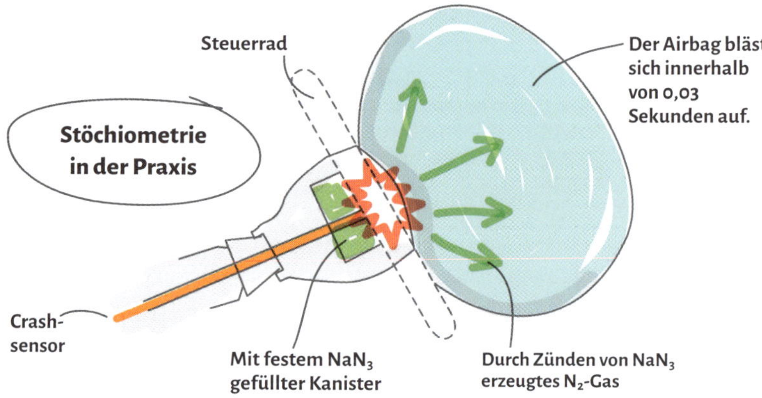

Natriumazid (NaN_3) in Pulverform ist der Reaktant beim chemischen Prozess zur Herstellung von Stickstoffgas, das zum Füllen des Airbags in einem Auto benötigt wird. Ingenieure ermitteln das genaue Stickstoffvolumen, das für einen bestimmten Airbag erforderlich ist. Mit dieser Angabe können Chemiker stöchiometrische Berechnungen durchführen, um die benötigte Masse an Natriumazid zu bestimmen.

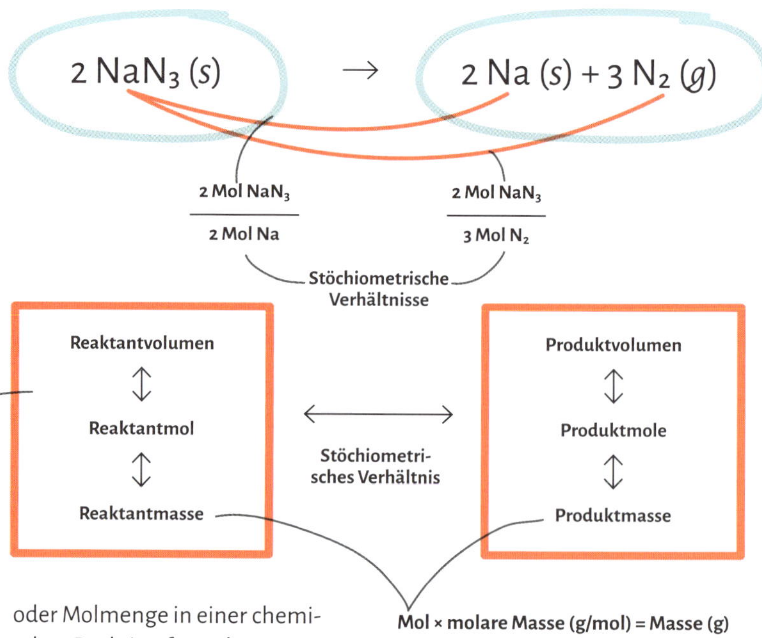

Die balancierte Gleichung für die Reaktion in einem Airbag erfordert 2 Mol Natriumazid; dies ist aber nicht unbedingt die benötigte Menge, da sie unter Umständen nicht das erforderliche Stickstoffgasvolumen erzeugt. Mit stöchiometrischen Verhältnissen sind Chemiker in der Lage, jede Stoff- oder Molmenge in einer chemischen Reaktion festzulegen. Konversionsfaktoren ermöglichen die Umrechnung von Mol in jede andere geeignete Maßeinheit wie etwa Masse und Volumen.

Limitierender Reaktant

Chemikern stehen nicht immer stöchiometrische Reaktantenmengen zur Verfügung, was die Produktmenge begrenzt, die sie aus einer chemischen Reaktion herstellen können. Der bei einer Reaktion zuerst verbrauchte Reaktant ist der **limitierende Reaktant**. Er bestimmt die Produktmenge, die die Reaktion ergibt.

Aus drei Karosserien und acht Reifen kann man nur zwei komplette Pick-ups herstellen, bevor der Vorrat an Reifen (limitierendes Produkt) aufgebraucht ist und die Herstellung weiterer Pick-ups verhindert. Eine Karossiere bleibt übrig – dies ist der **überschüssige Reaktant**.

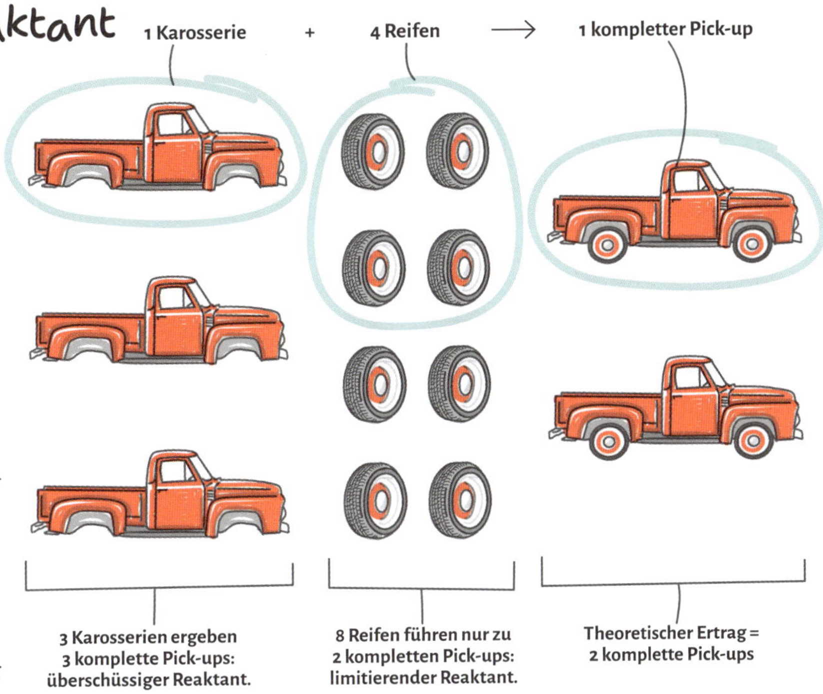

Limitierende Reaktanten sind in der Chemie wichtig. Sie teilen uns die maximale Menge eines Produkts (**theoretischer Ertrag**) mit, die wir aus einer Reaktion erzeugen können, bevor der limitierende Reaktant aufgebraucht ist. Wenn wir den theoretischen Ertrag kennen, können wir die Menge von Reaktanten regulieren und so Chemieabfälle vermeiden.

Wenn 10 Wasserstoffmoleküle mit 10 Sauerstoffmolekülen reagieren, können aufgrund des stöchiometrischen Verhältnisses von 2:1 zwischen den Reaktantenmolekülen nur 10 Wassermoleküle produziert werden, bevor der Wasserstoff aufgebraucht ist. Der theoretische Ertrag für diese bestimmte Reaktion sind daher 10 Wassermoleküle.

Durch experimentelle Fehler können Reaktionsprodukte verloren gehen, wodurch die tatsächliche Produktmenge (Ausbeute) sinkt. Beispiel: Wenn wir eine tatsächliche Ausbeute von 8 Wassermolekülen statt einer theoretischen Ausbeute von 10 Wassermolekülen erhalten, haben wir 2 Wassermoleküle weniger, als der limitierende Reaktant erlaubt. In diesem Fall beträgt die Reaktantenausbeute 80 Prozent.

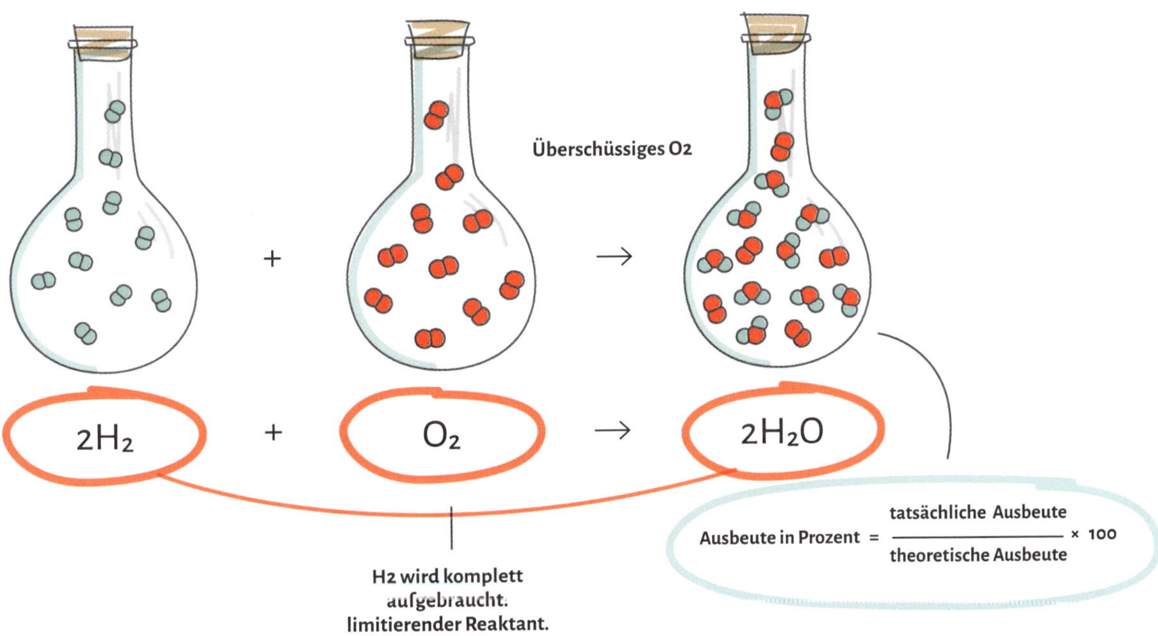

CHEMISCHE REAKTIONSARTEN

Alle chemischen Reaktionsarten beinhalten die Umwandlung von Reaktanten in Produkte, ohne die Identität der beteiligten Atome zu verwandeln. Sind die Reaktionen jedoch eingeleitet, so können sie auf unterschiedliche Weise ablaufen. Eine allgemeine Klassifikation chemischer Reaktionen erfolgt durch die Betrachtung einiger Mechanismen, die bei der Umordnung von Atomen in Reaktanten zur Bildung des Produkts stattfinden.

Bei **Redoxreaktionen** (Redox = Reduktion und Oxidation) findet eine Elektronenübertragung zwischen zwei verschiedenen Atomen in Reaktanten statt. Eine **Oxidation** findet statt, wenn ein Atom Elektronen abgibt; bei einer **Reduktionen** erhält ein Atom Elektronen. Redoxreaktionen werden in Batterien zum Erzeugen von elektrischer Leistung genutzt.

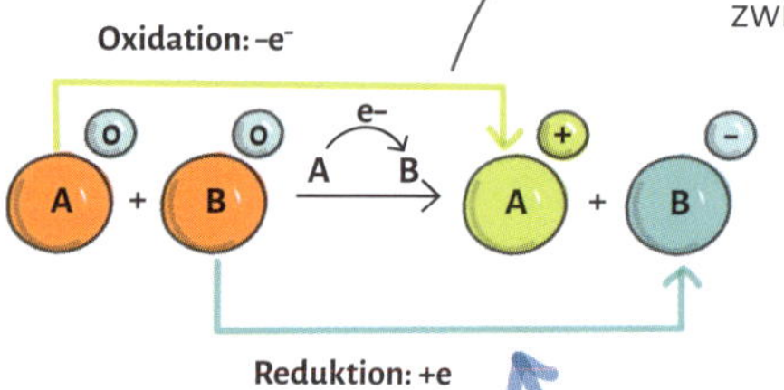

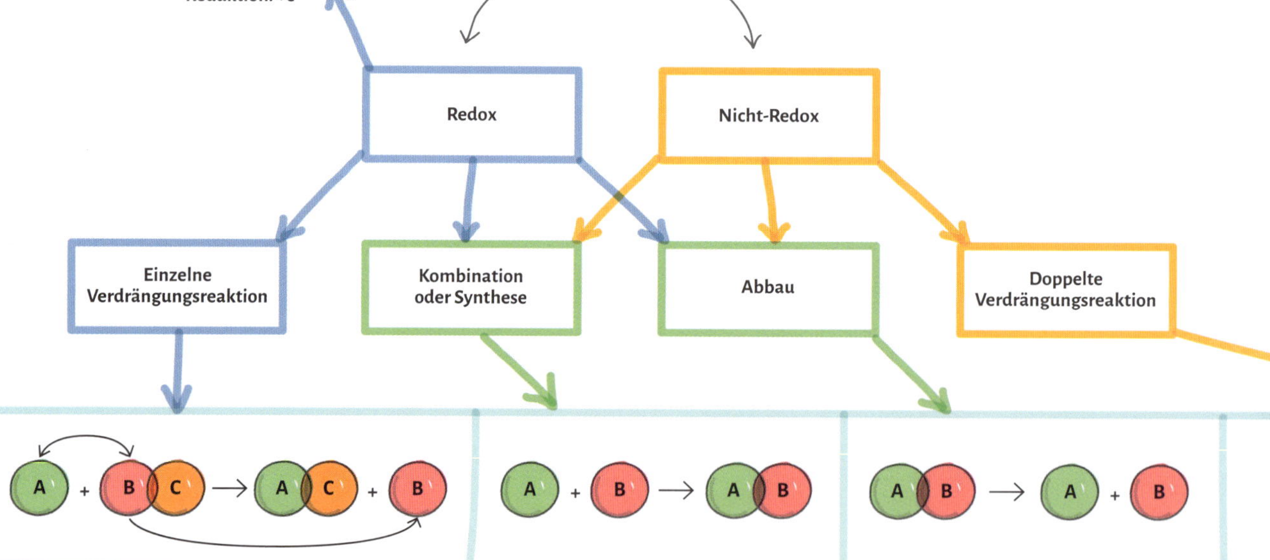

Bei einer **einzelnen Verdrängungsreaktion** ersetzt ein Element ein ähnliches Element in einer Verbindung.

Bei einer **Kombinations- oder Synthesereaktion** vereinen sich zwei oder mehr Verbindungen zu einer neuen Substanz. Beispiel: Wasserstoffgas und Sauerstoffgas machen eine Kombinationsreaktion durch und bilden Wasser.

Bei einer **Abbaureaktion** bricht eine einzelne Verbindung in zwei oder mehr einfachere Substanzen oder baut dazu ab. Beispiel: Die Abbaureaktion von Natriumazid (NaN_3) in elementares Natrium und Stickstoffgas wird in Airbags verwendet.

Im Alltag begegnen wir vielen verschiedenen Arten von chemischen Reaktionen. Einige dieser Reaktionen sind lebensnotwendig; andere dienen Komfort und Vergnügen.

Photosynthese versorgt Pflanzen mit der Nahrung, die sie zum Überleben brauchen, und erzeugt außerdem Sauerstoff für frischere Luft. Sonnenlicht katalysiert die Reaktion zwischen atmosphärischem Kohlendioxid und Wasser zu Glukose ($C_6H_{12}O_6$).

Verbrennungsreaktionen von Brennstoffen liefern Wärme und mechanische Energie. Eine aus Kohlenstoff und Wasserstoff bestehende Kohlenwasserstoffverbindung reagiert mit Sauerstoffgas und erzeugt Wasser, Kohlendioxid und Wärme. Oktan (C_8H_{18}) ist der Hauptbestandteil von Benzin, und seine Verbrennung liefert die notwendige Leistung zum Betreiben eines Fahrzeugs.

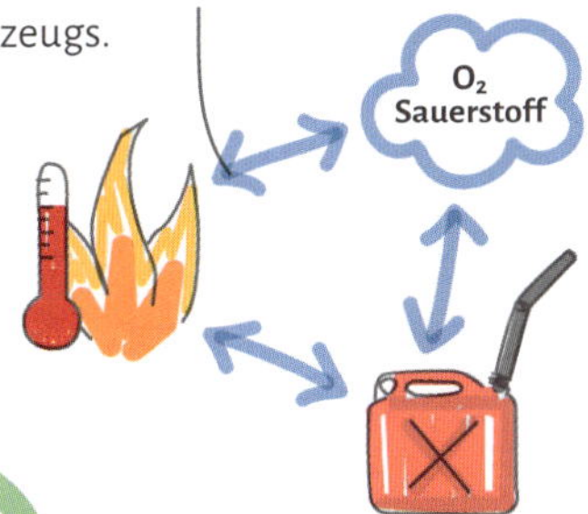

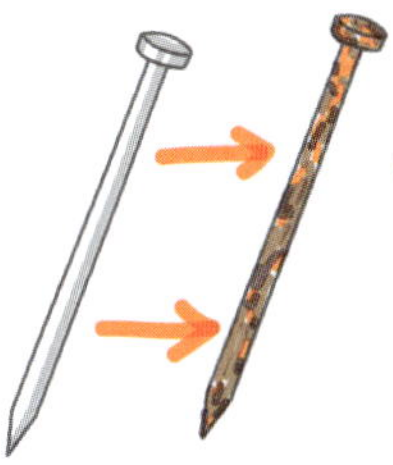

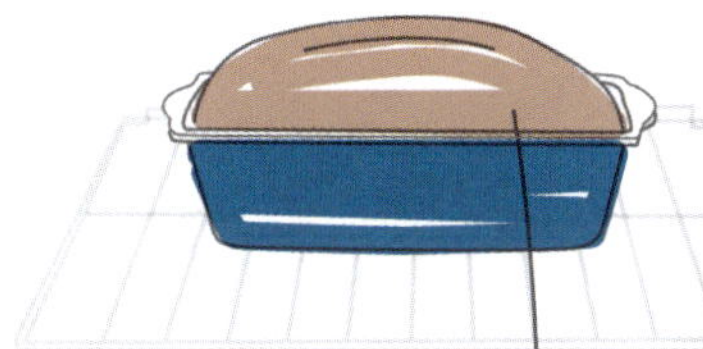

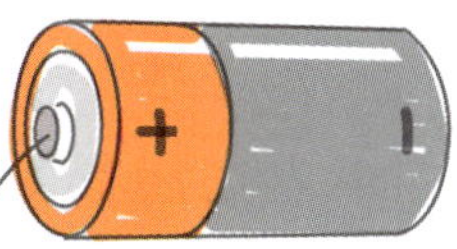

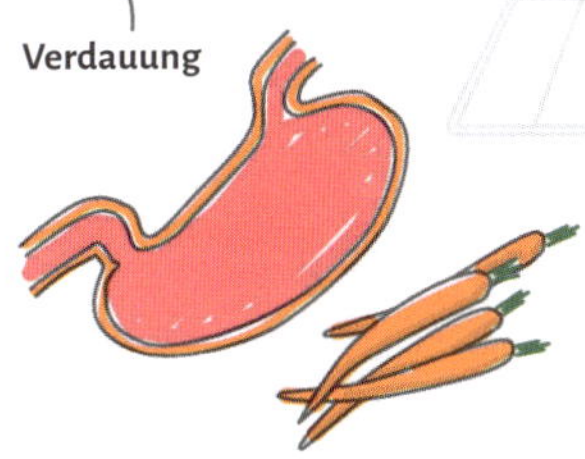

Eine Redoxreaktion findet in einer Alkalibatterie statt und verwandelt chemische Energie in elektrische Energie.

Bei der Gärung wird die Glukose von Obst oder Getreide durch bestimmte Enzyme in Alkohol und Kohlendioxid verwandelt.

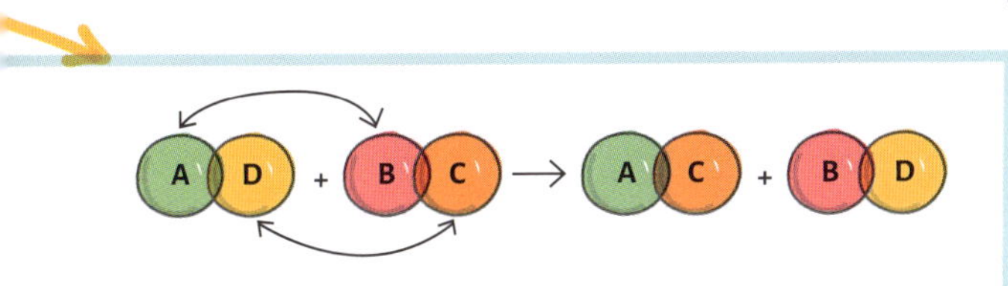

Bei einer **doppelten Verdrängungsreaktion** tauschen die Kationen und Anionen in zwei ionischen Verbindungen die Plätze und bilden zwei neue ionische Verbindungen. Diese Reaktionen treten üblicherweise in wässrigen Lösungen auf.

Backpulver ist eine Mischung aus einer Säure wie Ethansäure ($C_2H_4O_2$) und doppeltkohlensaurem Natrium ($NaHCO_3$). Wenn die nassen und trockenen Zutaten beim Backen vermischt werden, findet eine Reaktion statt, die Kohlendioxid erzeugt, durch das der Teig aufgeht.

RESÜMEE

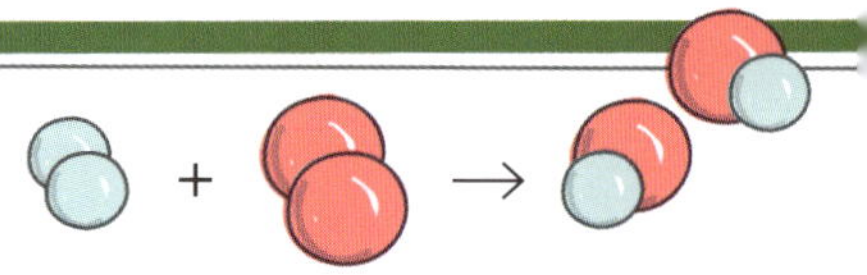

CHEMISCHE GLEICHUNG

Eine mit chemischen Symbolen geschriebene Gleichung

AUSGLEICHEN

Anwenden des Gesetzes der Massenerhaltung bei chemischen Gleichungen

STÖCHIOMETRISCHE KOEFFIZIENTEN

Molzahl-Koeffizienten

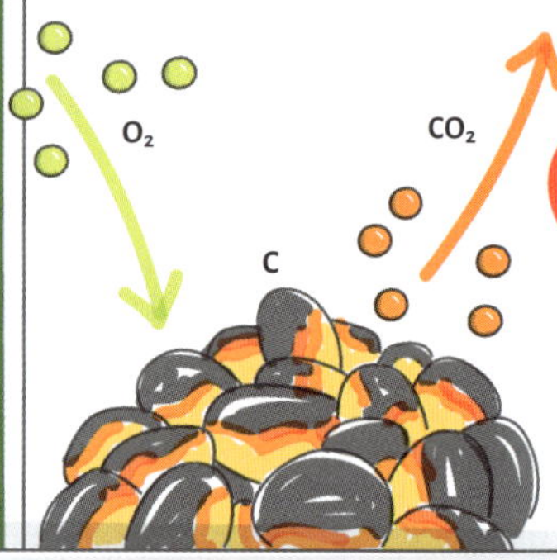

SCHREIBEN UND AUSGLEICHEN CHEMISCHER GLEICHUNGEN

CHEMISCHE REAKTIONEN UND STÖCHIOMETRIE

CHEMISCHE REAKTIONSARTEN

REDOXREAKTION

Reduktion + Oxidation

OXIDATION

Verlust von Elektronen

REDUKTION

Gewinn von Elektronen

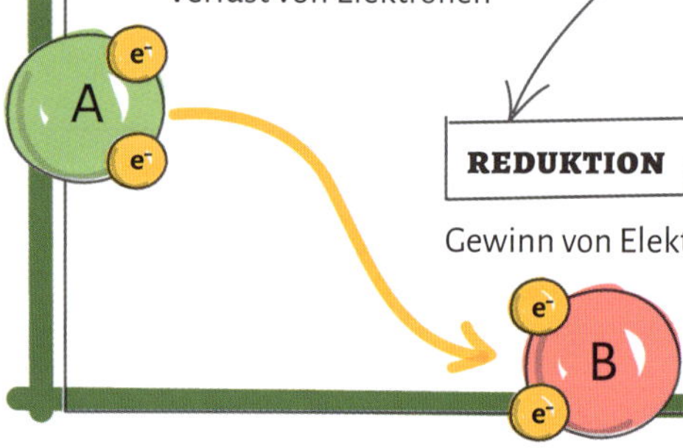

EINZELNE VERDRÄNGUNGSREAKTION

Ein Element ersetzt ein anderes.

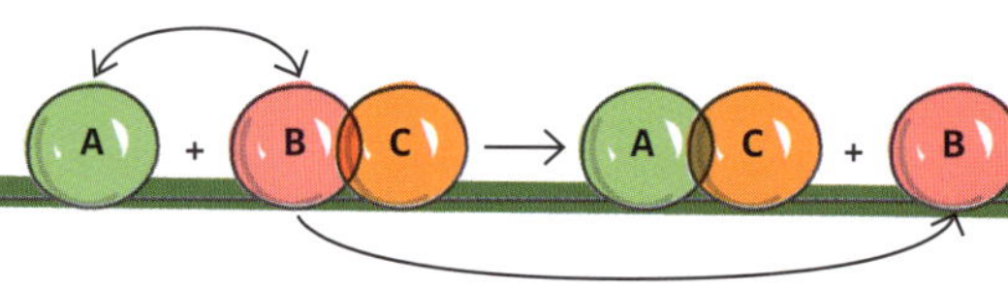

$2H_2 + O_2 \rightarrow 2H_2O$

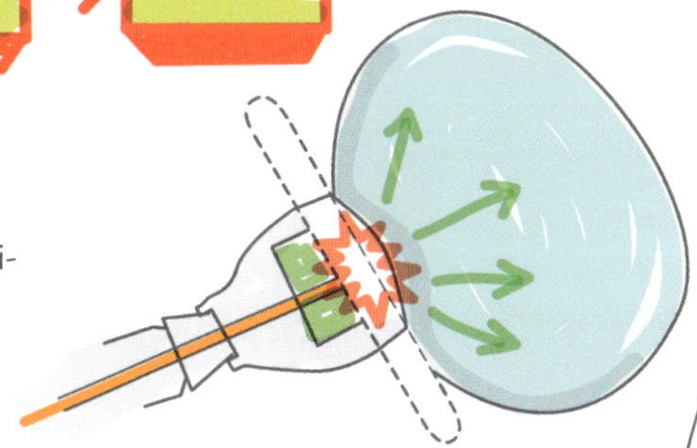

REAKTANT

Wird in einer chemischen Reaktion aufgebraucht

PRODUKT

Entsteht bei einer chemischen Reaktion

STÖCHIOMETRISCHES VERHÄLTNIS

Molverhältnisse zwischen Substanzen in einer chemischen Reaktion

STÖCHIOMETRIE

Mathemathik in der Chemie

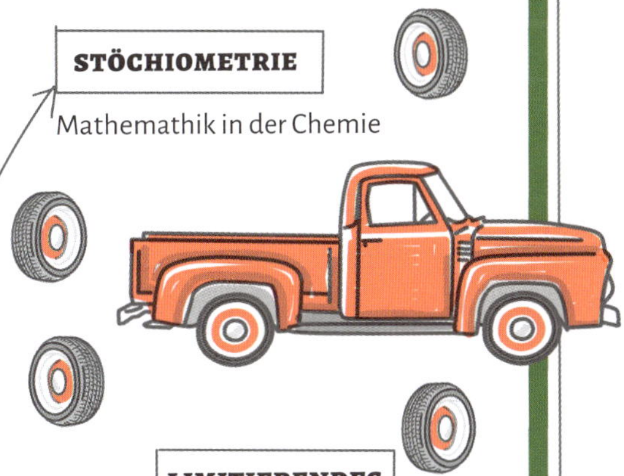

LIMITIERENDES REAGENS

Zuerst aufgebrauchter Reaktant

STÖCHIOMETRISCHE BEZIEHUNGEN

ÜBERSCHÜSSIGES REAGENS

Übrig gebliebener Reaktant

THEORETISCHE AUSBEUTE

Maximale Produktmenge in einer Reaktion

TATSÄCHLICHE AUSBEUTE

Wahre Produktmenge in einer Reaktion

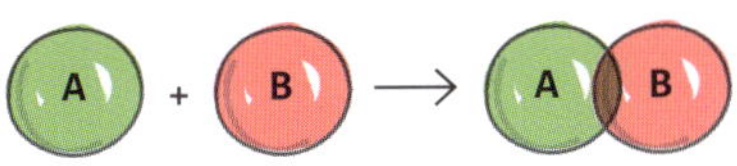

KOMBINATIONS- ODER SYNTHESEREAKTION

Mehrere Reaktanten vereinen sich.

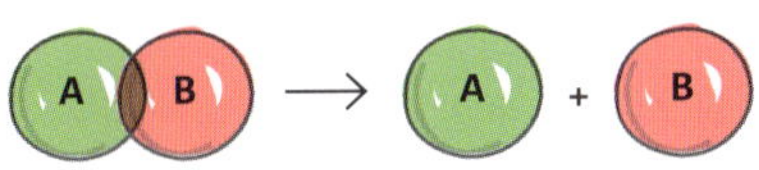

ABBAUREAKTION

Eine Substanz zerbricht.

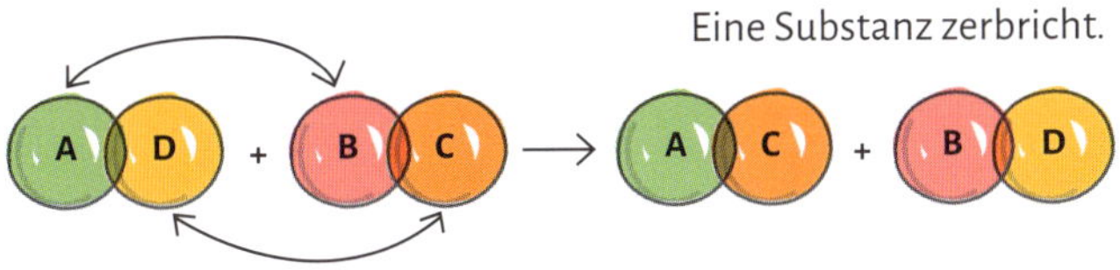

DOPPELTE VERDRÄNGUNGSREAKTION

Zwei ionische Verbindungen tauschen Ionen.

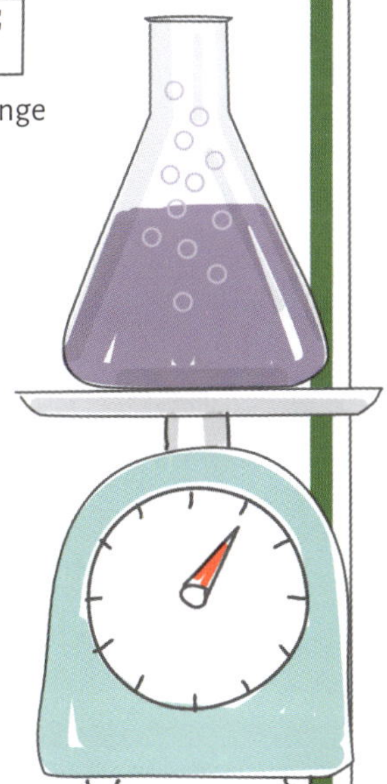

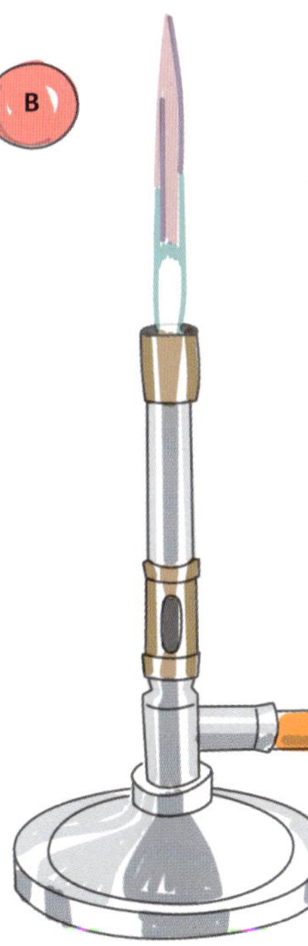

VERBRENNUNGSREAKTION

Brennstoff + Sauerstoff erzeugen Wärme.

KAPITEL 9

LÖSUNGSCHEMIE

Lösungen sind homogene Mischungen aus zwei oder mehr Komponenten. Sie spielen eine entscheidende Rolle in der Biologie, im Labor und in der Industrie: Die Luft, die wir atmen, die Flüssigkeiten, die wir trinken, das Blut in unseren Adern und die Flüssigkeiten in unserem Körper sind Lösungen. Wässrige Lösungen, die Wasser als einen ihrer Bestandteile enthalten, liefern das Medium für viele wichtige chemische und biologische Reaktionen, die Leben ermöglichen. Sauerstoff aus unserer Lunge etwa verbindet sich chemisch mit Hämoglobin in unseren roten Blutkörperchen für den Transport zum Körpergewebe. Dieser lebenserhaltende Prozess wäre ohne die beteiligte Lösungschemie nicht möglich.

LÖSUNGSARTEN

Eine Lösung ist eine Mischung aus zwei oder mehr Komponenten, die eine Einzelphase (flüssig, fest oder gasförmig) mit einer durchgehend gleichmäßigen Molekülverteilung bilden. Die Phase wird durch die Komponente mit der größten Menge (dem Lösungsmittel oder Solvens) bestimmt; alle anderen Komponenten sind gelöste Stoffe, d. h. die Substanzen, die im Solvens aufgelöst werden. Die Natur des Lösungsmittels und der gelösten Partikel bestimmt die Eigenschaften einer Lösung. In der Chemie begegnen wir am meisten wässrigen Lösungen. Die Lösungsvorbereitung ist durch das Prinzip „Gleiches löst sich in Gleichem" möglich.

Gasförmige Lösungen

In **Gaslösungen** sind das Lösungsmittel und die gelösten Moleküle in der Gasphase. Luft, Naturgas und die Gasmischung im Sauerstoffgerät eines Tauchers sind gasförmige Lösungen, denen wir oft im Alltag begegnen.

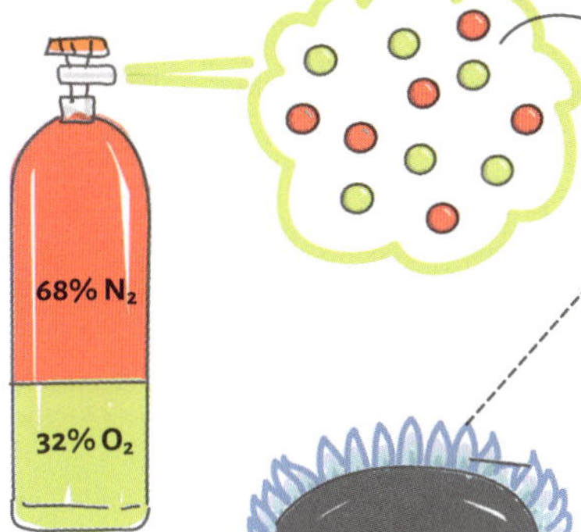

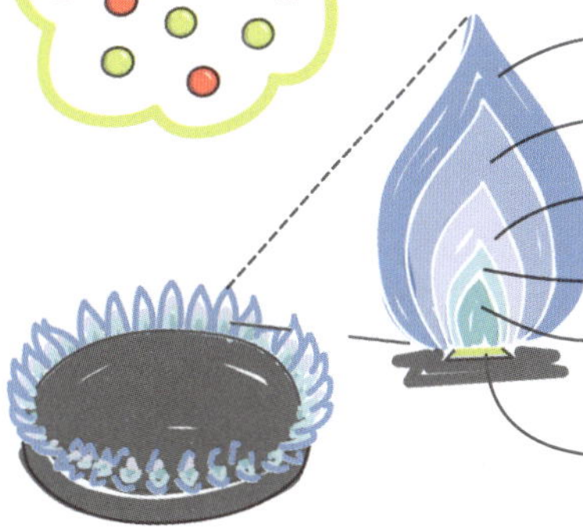

Flüssige Lösungen

In einer **Flüssiglösung** ist das Lösungsmittel in der Flüssigphase, doch der gelöste Stoff kann in der Fest-, Flüssig- oder Gasphase sein. Flüssiglösungen eines festen gelösten Stoffs kommen in der Chemie am häufigsten vor.

In Tafelwasser mit Kohlensäure wird gasförmiges Kohlendioxid in flüssigem Wasser aufgelöst. Dieser Lösungstyp ist nicht allzu stabil, da das gelöste Gas meist aus der Lösung entweicht. Daher werden kohlensäurehaltige Getränke bei kühleren Temperaturen gelagert.

Salzhaltige Lösungen werden oft in der Medizin verwendet. Es sind Salzlösungen, bei denen Wasser das Lösungsmittel und Natriumchlorid der gelöste Stoff sind. Hier muss der gelöste Stoff im Solvens **flüssig** sein. Wundbenzin ist eine Flüssiglösung, bei der gelöster Stoff und Lösungsmittel vor dem Mischen Flüssigform haben. Die Flüssigkomponenten müssen miteinander **mischbar** sein und sich ineinander auflösen können.

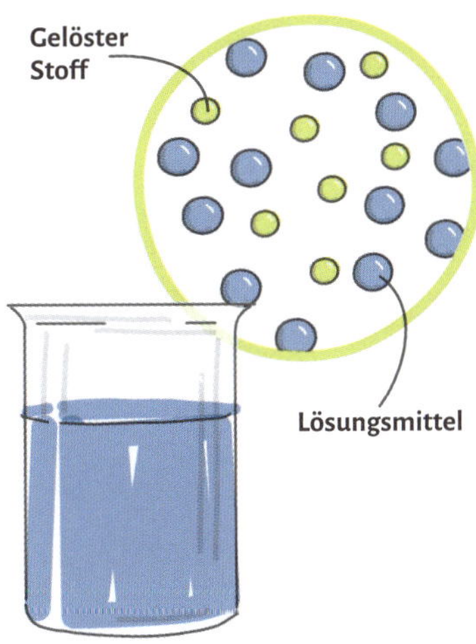

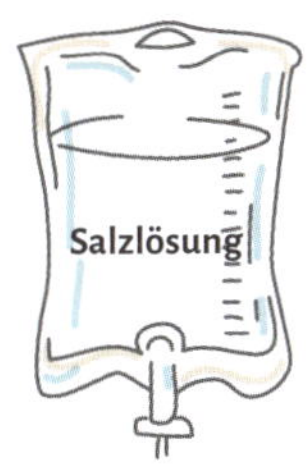

Feste Lösungen

Gelöste Stoffe und Lösungsmittel in solider Phasenform bilden **feste Lösungen**. In Legierungen werden zwei feste Metallkomponenten zum Bilden einer homogenen Mischung zusammengemischt; Stahl z. B. ist eine Mischung aus Eisen (Lösungsmittel) und Kohlenstoff (gelöster Stoff).

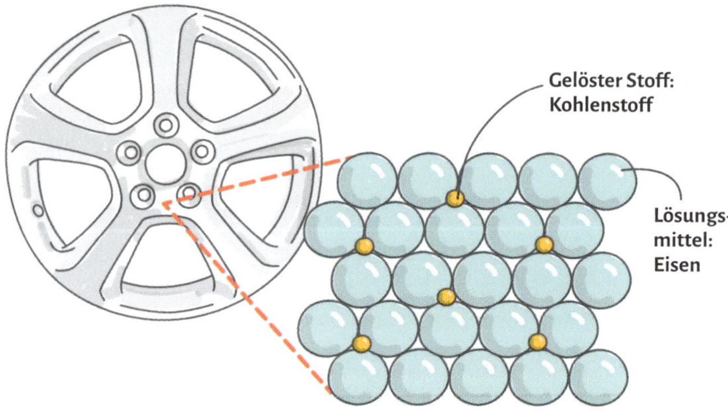

Konzentrierte und verdünnte Lösungen

Lösungen können anhand der Menge des enthaltenen gelösten Stoffs klassifiziert werden. Eine **konzentrierte Lösung** enthält eine große Menge gelösten Stoffs im Verhältnis zum Lösungsmittel; eine **verdünnte Lösung** dagegen enthält eine geringe Menge gelösten Stoffs im Verhältnis zum Lösungsmittel.

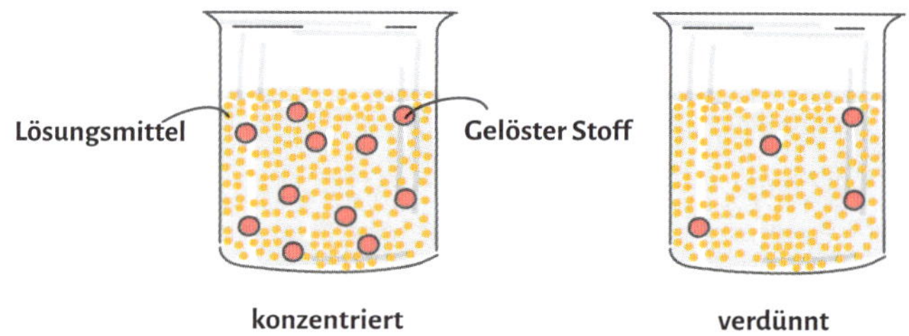

Gesättigte, ungesättigte und übersättigte Lösungen

Ein Lösungsmittel hat eine begrenzte Aufnahmekapazität hinsichtlich der Menge des gelösten Stoffs, die es bei einer gegebenen Temperatur lösen kann. In einer **ungesättigten Lösung** kann mehr gelöster Stoff im Solvens gelöst werden.

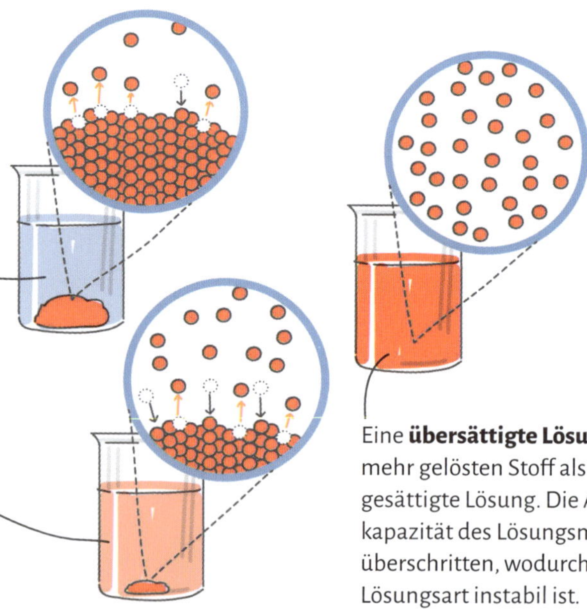

In einer **gesättigten Lösung** hat das Lösungsmittel seine Aufnahmekapazität erreicht. Jeglicher zusätzliche gelöste Stoff setzt sich am Boden ab und wird nicht gelöst. Kohlensäurehaltige Getränke sind wässrige Lösungen, in denen gasförmiges Kohlendioxid unter Druck gelöst wird. Dies ist ein Beispiel für eine übersättigte Lösung. Beim Öffnen einer Flasche mit so einem Getränk sinkt der Druck. Dadurch entweicht überschüssiges Kohlendioxid, da die Lösung mehr Kohlendioxid enthält, als das Lösungsmittel unter den niedrigen Druckbedingungen lösen kann.

Eine **übersättigte Lösung** enthält mehr gelösten Stoff als eine gesättigte Lösung. Die Aufnahmekapazität des Lösungsmittels ist überschritten, wodurch diese Lösungsart instabil ist.

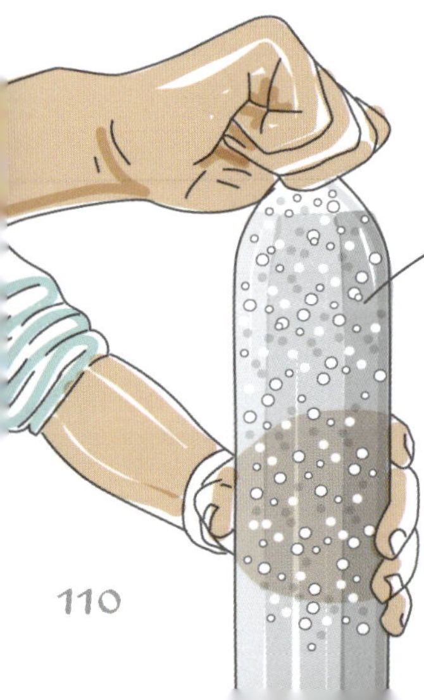

Lösungen, Kolloide und Suspensionen

Die durchschnittliche Teilchengröße des gelösten Stoffs in einer Lösung ist weniger als ein Nanometer (1 nm = $1{,}0 \times 10^{-9}$ m). Wegen der geringen Größe der gelösten Stoffpartikel erscheinen Lösungen homogen und trennen sich nicht in Schichten.

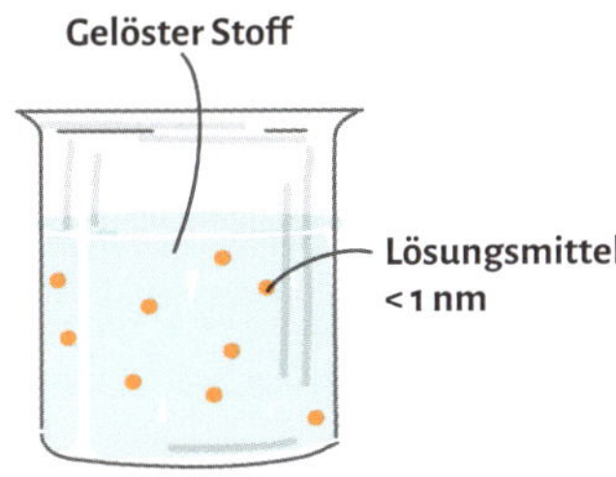

Die Teilchengröße des gelösten Stoffs in **Kolloiden** liegt zwischen 1 und 100 nm – groß genug also, um Kolloiden ein trübes Aussehen zu verleihen. Milch z. B. ist ein Kolloid mit Milchfettkügelchen, die in der Flüssigkeit schweben. Kolloide setzen sich mit der Zeit nicht ab.

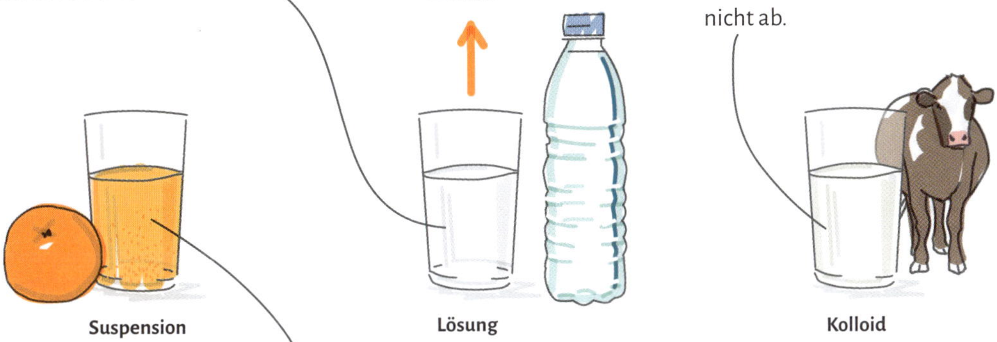

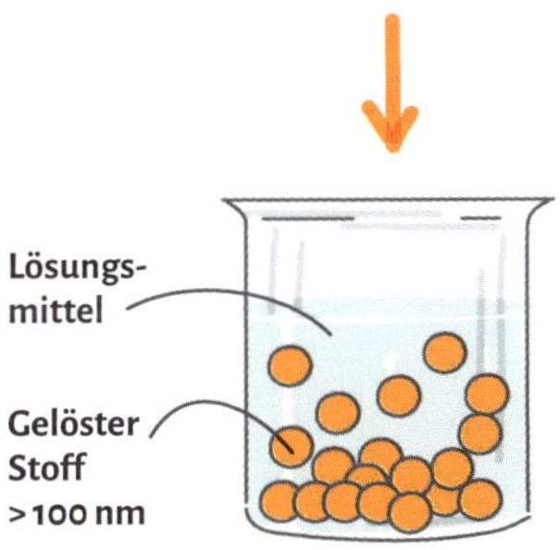

Die Teilchengröße in einer **Suspension** liegt über 100 nm. Suspensionen erscheinen trüb. Mit der Zeit kommt es zu Trennungen, und feste Partikel wie etwa das Fruchtfleisch in Orangensaft setzen sich ab.

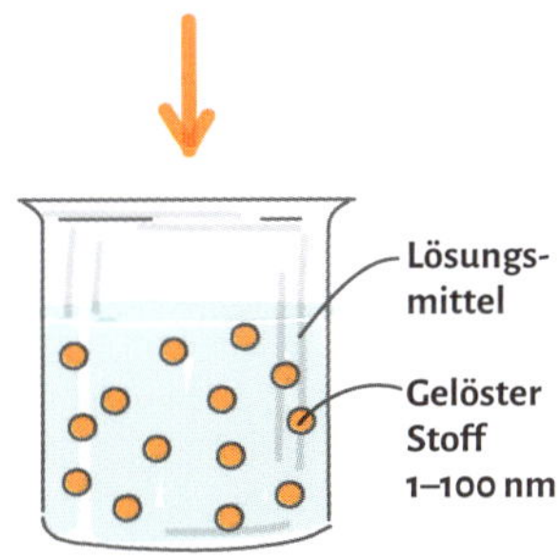

Tyndall-Effekt

Die Streuung eines Lichtstrahls durch Partikel in Kolloiden, Suspensionen oder Luft wird als **Tyndall-Effekt** bezeichnet. Sie wird von der Größe der vorhandenen Teilchen beeinflusst.

In einer Lösung sind die gelösten Teilchen zu klein, um Licht zu streuen; daher tritt kein Tyndall-Effekt auf. Ein Lichtstrahl durchdringt die Lösung ungehindert. In Kolloiden und Suspensionen dagegen, wo das Licht größere gelöste Teilchen enthält, wird es von diesen gestreut, und der Strahl wird sichtbar; der Tyndall-Effekt tritt auf. Dies ist vergleichbar mit der Streuung von Sonnenlicht durch Staubteilchen in einem Raum.

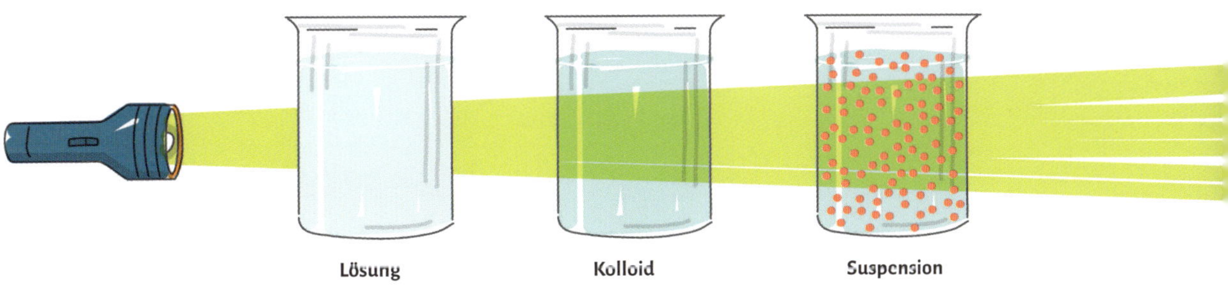

LÖSUNGSKONZENTRATION

Die Konzentration einer Lösung ist ein Maß dafür, wie viel gelöster Stoff in einer bestimmten Menge des Lösungsmittels oder der Lösung gelöst wird, und kann quantitativ unterschiedlich ausgedrückt werden. Die Menge des gelösten Stoffs in einer Lösung ist variabel und hängt vom Zweck der Lösungszubereitung ab. Viele chemische Reaktionen finden in einer Lösung statt, und in diesem Fall ist es für die Stöchiometrie wichtig, die genaue Menge des gelösten Stoffs zu kennen.

Die **Stoffmengenkonzentration** ist eine gängige Methode, die Konzentration einer Lösung im Chemielabor auszudrücken. Sie gibt an, wie viel Mol gelöster Stoff in einem Liter Lösung enthalten sind.

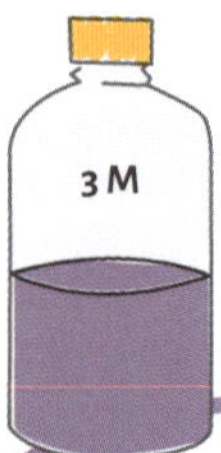

$$\text{Stoffmengenkonzentration} = \frac{\text{Mol des gelösten Stoffs}}{\text{Liter der Lösung}}$$

Die **Molalität** ähnelt der Stoffmengenkonzentration, bezieht sich aber auf die Zahl der Mol pro Kilogramm des Lösungsmittels. Sie wird häufig in industriellen Anwendungen von Lösungen benutzt.

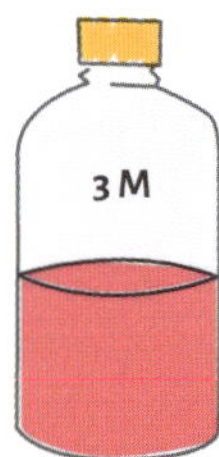

$$\text{Molalität} = \frac{\text{Mol des gelösten Stoffs}}{\text{Kilogramm des Lösungsmittels}}$$

Die Menge des gelösten Stoffs in einer Lösung kann auch als Prozentsatz angegeben werden, entweder als **Massenprozent** oder als **Volumenprozent**. Viele Handelsprodukte wie Wasserstoffperoxid und Wundbenzin geben die Menge des gelösten Stoffs als Prozentsatz der Lösung nach Masse oder Volumen an.

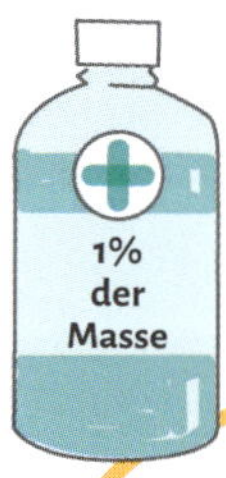

$$\%\ \text{der Masse} = \frac{\text{Masse des gelösten Stoffs}}{\text{Massenlösung}} \times 100$$

$$\%\ \text{des Volumens} = \frac{\text{Volumen des gelösten Stoffs}}{\text{Volumenlösung}} \times 100$$

Teile pro Million (ppm) und **Teile pro Milliarde (ppb)** sind Konzentrationseinheiten, die für sehr verdünnte Lösungen verwendet werden. Die Menge von Kohlendioxid in der Luft oder die Menge von toxischen Schwermetallen in einer Wasserprobe würde man aufgrund der geringen Konzentration des gelösten Stoffs in der Lösung als ppm oder ppb angeben.

$$\text{ppm} = \frac{\text{Masse des gelösten Stoffs}}{\text{Massenlösung}} \times 10^6$$

$$\text{ppb} = \frac{\text{Masse des gelösten Stoffs}}{\text{Massenlösung}} \times 10^9$$

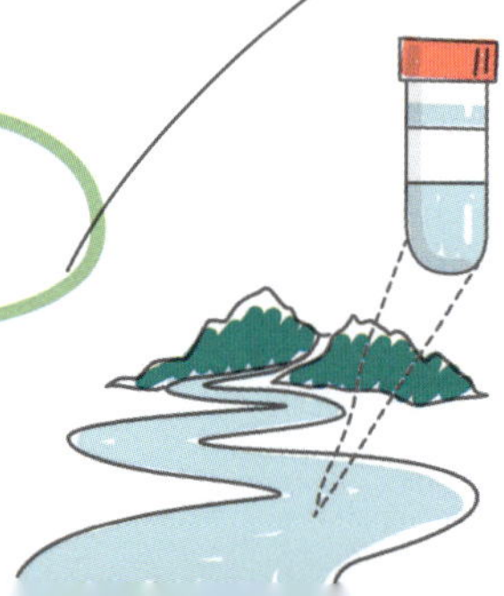

ZUBEREITUNG VON LÖSUNGEN

Bei der Zubereitung einer Lösung wird je nach gewünschter Konzentration zuerst die benötigte Masse oder das Volumen des gelösten Stoffs bestimmt. Anschließend wird die Lösung durch sorgfältiges Mischen des gelösten Stoffs und des Lösungsmittels hergestellt.

Zubereiten einer Stocklösung

Eine **Stocklösung** ist die konzentrierte Form einer Lösung. Die Zubereitung beginnt mit dem Abmessen der notwendigen Menge von gelöstem Stoff. Die Menge kann als Masse oder Volumen angegeben werden, je nachdem, was für eine Lösung zubereitet wird.

Der gelöste Stoff wird dann in einen Messkolben zur Herstellung von Lösungen mit bestimmtem Volumen gefüllt. Eine Markierung am Hals des Messkolbens zeigt das Volumen des Gefäßes an.

Der gelöste Stoff wird in etwa der Hälfte des für die Lösung benötigten Lösungsmittels gelöst. Für eine einheitliche Lösung müssen alle gelösten Stoffpartikel gelöst werden.

Mehr Lösungsmittel wird hinzugefügt, damit die Lösung ihr Endvolumen mit der gewünschten Konzentration erhält.

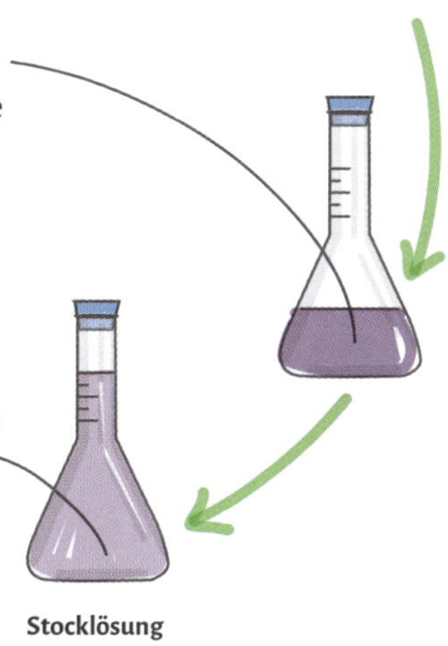

Verdünnung

Lösungen können auch verdünnt werden Bei **Verdünnungsreihen** gibt man unterschiedliche Mengen eines Lösungsmittels in eine Stocklösung mit einer bekannten Konzentration, um verschiedene Verdünnungsverhältnisse zu erhalten.

Das Verdünnen einer Lösung erhöht ihr Volumen, da man mehr Lösungsmittel dazugibt, und verringert ihre Konzentration. Chemiker nutzen die direkte Beziehung zwischen Volumen und Stoffmengenkonzentration zum Verdünnen einer Stocklösung.

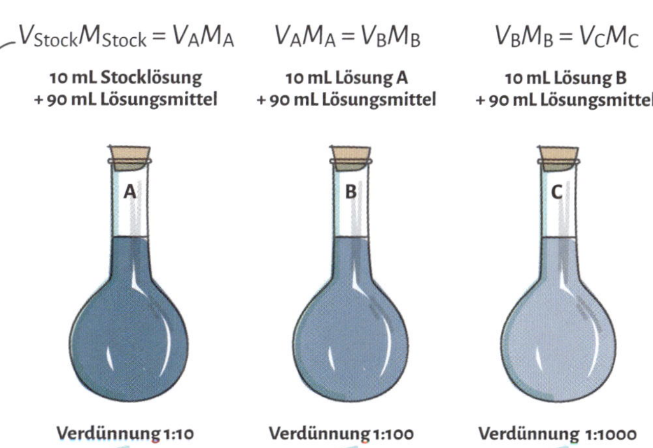

Löslichkeit

Die Fähigkeit eines Stoffes, sich in einem Lösungsmittel zu lösen, nennt man Löslichkeit. Ein gelöster Stoff löst sich in einem Lösungsmittel bis zu seinem Sättigungspunkt, der die maximale Menge von gelöstem Stoff angibt, die ein Lösungsmittel in einer Lösung aufnehmen kann. Die Menge hängt von den physikalischen und chemischen Eigenschaften der Lösungsmittel- und Stoffmoleküle („Gleiches löst sich in Gleichem") sowie von Umgebungsbedingungen wie Temperatur, Druck und anderen Substanzen ab.

Solvatation

Wenn die Anziehungskräfte zwischen den gelösten Stoff- und Lösungsmittelmolekülen stärker sind als die Kräfte, die die gelösten Stoffpartikel zusammenhalten, löst sich der gelöste Stoff im Lösungsmittel. Bei dem Prozess der **Solvatation** umgeben Lösungsmittelmoleküle die gelösten Stoffpartikel und ziehen sie in die Lösung hinein.

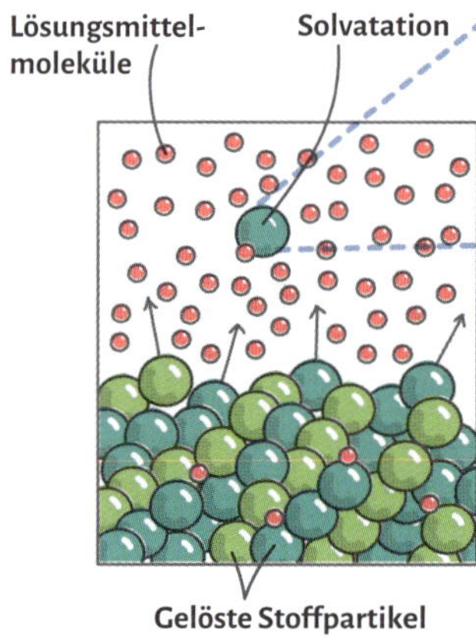

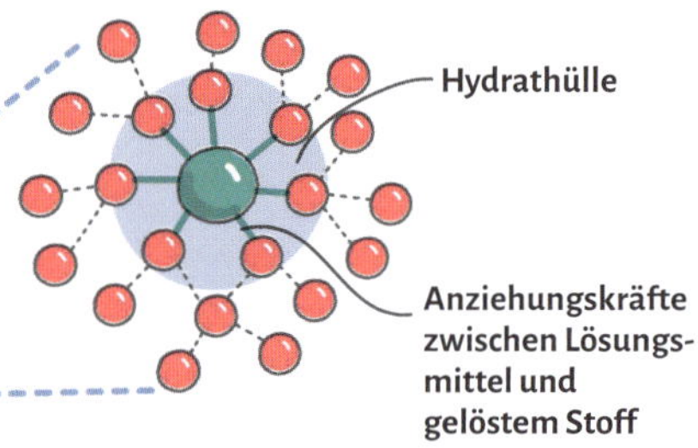

Ist das Lösungsmittel Wasser, so bezeichnet man die Solvatation als **Hydration**. Um die gelösten Stoffpartikel bildet sich eine Hydrathülle, in der mehrere Wassermoleküle jedes gelöste Stoffteilchen umgeben und in der Lösung halten.

Lösungsgleichgewicht

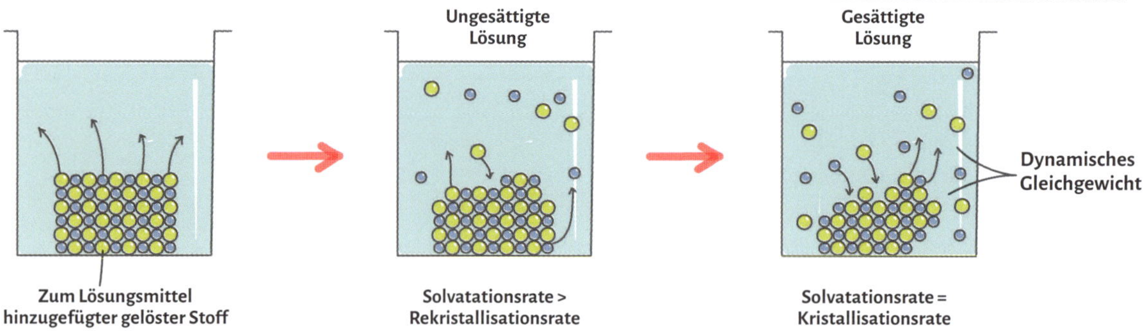

Da mehrere Lösungsmittelmoleküle verwendet werden, um die gelösten Stoffpartikel in der Lösung zu halten, gibt es eine maximale Anzahl von gelösten Stoffteilchen, die man in einem vorgegebenen Lösungsmittelvolumen lösen kann. Jenseits dieser Grenze rekristallisiert der gelöste Stoff oder fällt aus der Lösung aus.

Die Solvatation beginnt in dem Moment, in dem man den gelösten Stoff zum Lösungsmittel gibt.

Der Prozess geht weiter, solange die Lösung ungesättigt bleibt, d. h., wenn die Solvatationsrate größer ist als die Rekristallisations- oder die Ausfällungsrate.

Wenn die Lösungsmittelkapazität erreicht ist, entspricht die Solvatationsrate der Rekristallisationsrate. Die Anzahl der gelösten Stoffteilchen pro Zeiteinheit ist gleich der Anzahl der durch Rekristallisation ausfallenden gelösten Stoffteilchen. Die Lösung hat damit ein **dynamisches Gleichgewicht** erreicht.

Die Wirkung von Temperatur

Die Löslichkeit von Feststoffen und Flüssigkeiten nimmt gewöhnlich mit Temperatur zu. Moleküle haben bei erhöhten Temperaturen eine größere kinetische Energie, was die Wechselwirkungen zwischen gelöstem Stoff und Lösungsmittel verbessert.

Die Löslichkeit erhöht sich aufgrund der höheren molekularen Geschwindigkeiten und der schwächeren zwischenmolekularen Kräfte, die die gelösten Stoffteilchen zusammenhalten. Daher lässt sich in heißem Kaffee eine größere Menge Zucker lösen als in kaltem Kaffee.

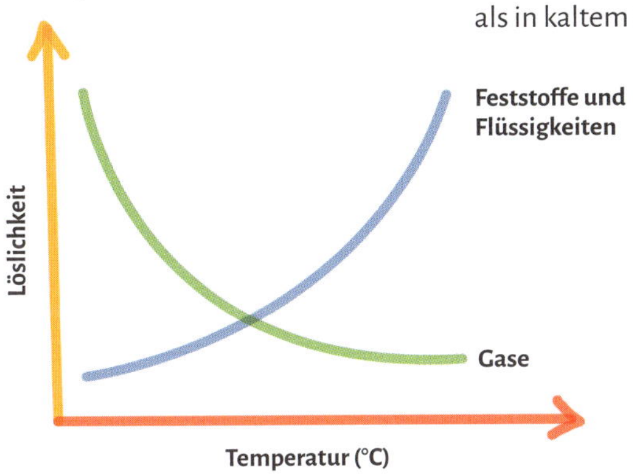

Mit steigender Temperatur nimmt die Löslichkeit von Gasen in Flüssigkeiten ab. Die höhere molekulare Geschwindigkeit bei erhöhten Temperaturen lässt die Gasmoleküle leichter aus der Flüssigkeit entweichen; dadurch verringert sich ihre Löslichkeit. Deshalb schmecken kohlensäurehaltige Getränke am besten gekühlt.

Die Wirkung von Druck

Die Löslichkeit von Feststoffen und Flüssigkeiten wird durch Druck nicht beeinflusst; Gase aber haben eine höhere Löslichkeit in Flüssigkeiten unter erhöhtem Druck. Wenn der Druck über ihnen erhöht wird, werden Gasmoleküle in die flüssige Phase gezwungen, wodurch mehr Gasmoleküle in der Lösung bleiben.

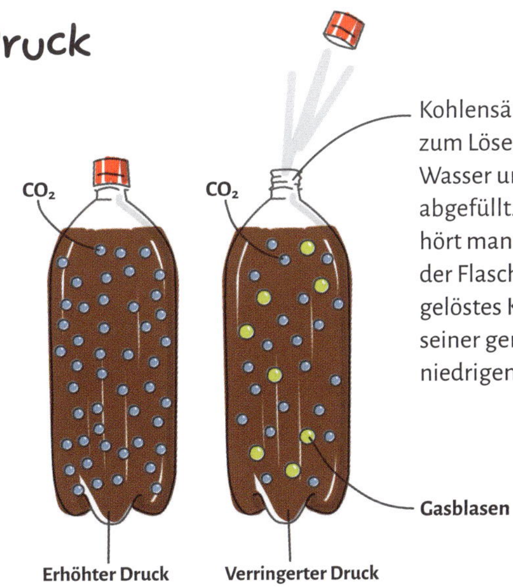

Kohlensäurehaltige Getränke werden zum Lösen von Kohlendioxid in Wasser unter erhöhtem Druck abgefüllt. Beim Öffnen der Flasche hört man ein Zischen, da der Druck in der Flasche sinkt. Dabei entweicht gelöstes Kohlendioxid aufgrund seiner geringen Löslichkeit unter niedrigem Druck.

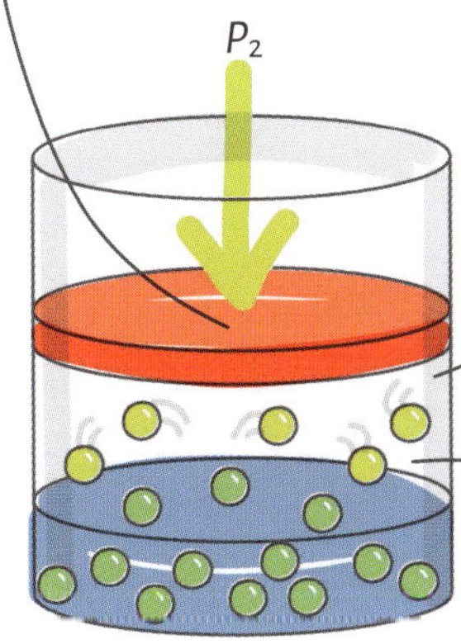

Unter Druck löst sich mehr Gas.

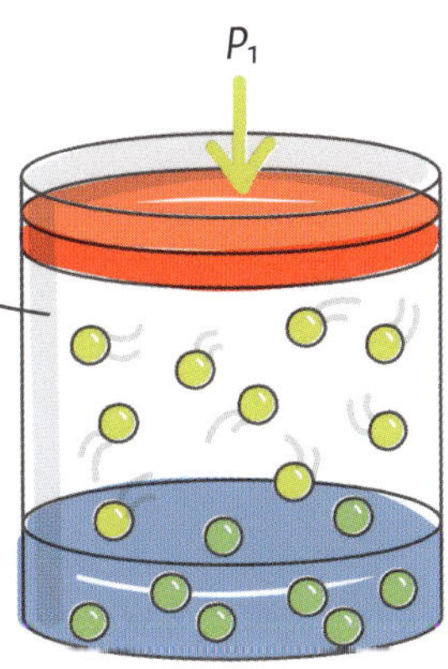

LÖSLICHKEITSREGELN

Die starken Ion-Dipol-Kräfte in Elektrolytlösungen sind für die hohe Löslichkeit ionischer Verbindungen verantwortlich. Nicht alle ionischen Verbindungen aber sind in Wasser löslich. Die Kräfte, die manche ionischen Verbindungen zusammenhalten, sind beim Mischen mit Wasser zu stark, um überwunden zu werden, und die Verbindungen werden dadurch unlöslich. Löslichkeitsregeln sind von Chemikern entwickelte Richtlinien zum schnellen Identifizieren von Verbindungen anhand ihrer Löslichkeitstendenzen.

Ionische Verbindungen, die bestimmte Kationen und Anionen enthalten wie die Gruppe IA-Kationen im Periodensystem sind stets löslich, ohne nichtlösliche Ausnahmen.

Einige Ionenbindungen bilden meist lösliche Verbindungen, aber es gibt ein paar Ausnahmen, die nichtlöslich sind. Beispiel: Die meisten Chloridverbindungen (Chlorid = Cl^-) sind löslich, es sei denn, sie sind mit Ag^+, Pb^{2+} oder Hg_2^{2+} gebunden; in diesem Fall sind sie nichtlöslich.

Viele Hydroxidverbindungen (Hydroxid = OH^-) sind unlöslich, doch Magnesiumhydroxid weist eine geringe Wasserlöslichkeit auf. Es wird als Wirkstoff in Magnesiamilch zum Behandeln von Sodbrennen verwendet.

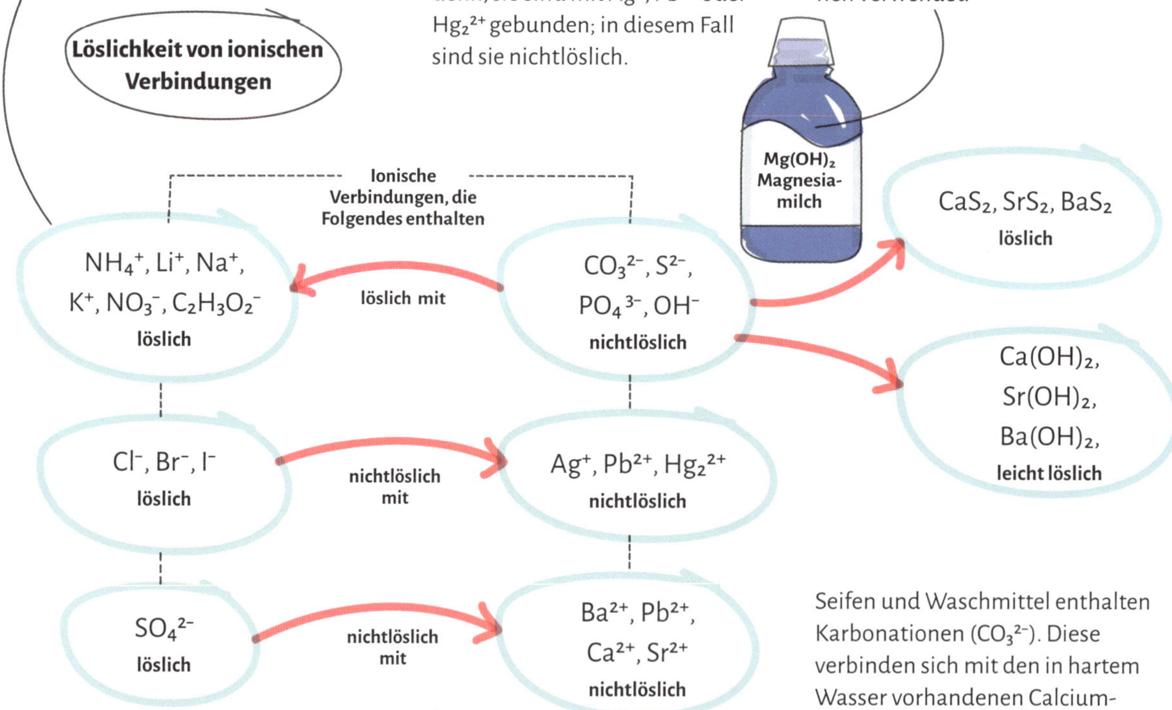

Löslichkeitsregeln spielen eine wichtige Rolle bei der Anwendung ionischer Verbindungen im Alltag. Bittersalz besteht aus Magnesiumsulfat, einer wasserlöslichen Verbindung, die man z. B. für Bäder verwendet.

Seifen und Waschmittel enthalten Karbonationen (CO_3^{2-}). Diese verbinden sich mit den in hartem Wasser vorhandenen Calciumionen (Ca^{2+}) und Magnesiumionen (Mg^{2+}) zu den nichtlöslichen Verbindungen Calciumcarbonat ($CaCO_3$) und Magnesiumcarbonat ($MgCO_3$), die für die weißen Ablagerungen in einer Badewanne verantwortlich sind.

Fällungsreaktionen

Eine **Fällungsreaktion** wird als Bildung einer nichtlöslichen Verbindung definiert, wenn zwei wasserlösliche Verbindungen gemischt werden. Beispiel: Kaliumiodid (KI) und Blei(II)-nitrat ($Pb(NO_3)_2$) sind zwei lösliche Verbindungen; vereint man aber ihre wässrigen Lösungen, so bildet sich die wasserunlösliche Verbindung Blei(II)-iodid (PbI_2) und fällt als gelber Niederschlag aus.

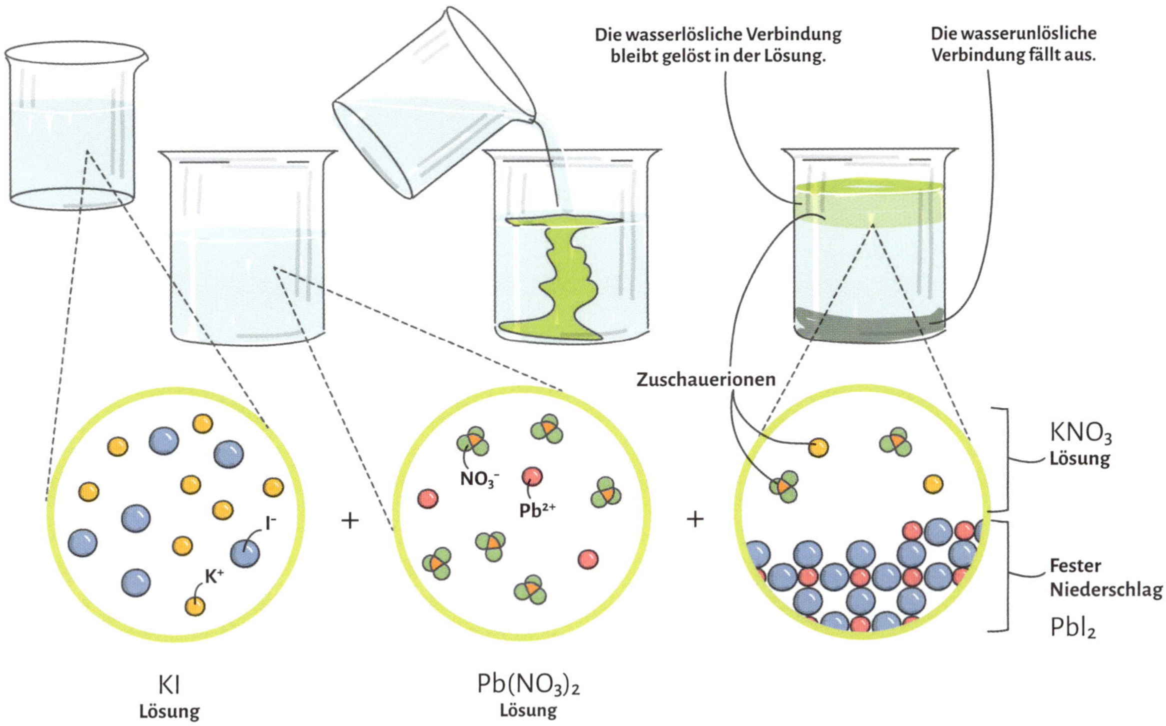

Die **molekulare Gleichung** zeigt die doppelte Verdrängungsreaktion, die beim Mischen der zwei wässrigen Lösungen stattfindet.

$$2KI\,(aq) + Pb(NO_3)_2\,(aq) \rightarrow PbI_2\,(s) + 2KNO_3\,(aq)$$

$$2K^+\,(aq) + 2I^-\,(aq) + Pb^{2+}\,(aq) + 2NO_3^-\,(aq) \rightarrow PbI_2\,(s) + 2K^+\,(aq) + 2NO^-_3\,(aq)$$

Die **vollständige Ionengleichung** für die Reaktion stellt die tatsächlich in den Lösungen vorhandenen Teilchen besser dar. Alle löslichen Verbindungen werden als solvatisierte Ionen dargestellt; der Niederschlag wird in der Verbindungsform geschrieben, da er sich nicht in solvatisierte Ionen auflöst.

$$Pb^{2+}\,(aq) + 2I^-\,(aq) \rightarrow PbI_2\,(s)$$

Die **Netto-Ionengleichung** zeigt nur die Ionen, die an der Bildung des Niederschlags beteiligt sind. Alle anderen Ionen, die nicht an der Bildung des festen Produkts teilhaben, sind **Zuschauerionen** und werden daher nicht gezeigt. Bei der hier gezeigten Reaktion sind K^+ und NO^-_3 Zuschauerionen.

KOLLIGATIVE EIGENSCHAFTEN VON LÖSUNGEN

Kolligative Eigenschaften haben ihren Namen vom lateinischen *colligatus*, „zusammengebunden“. Sie basieren auf der Anzahl der gelösten Teilchen in einer Lösung und nicht auf deren Identität. Diese Eigenschaften demonstrieren die Unterschiede in der molekularen Umgebung zwischen dem reinen Lösungsmittel und der Lösung.

Dampfdrucksenkung

Flüssige Moleküle an der Oberfläche einer Flüssigkeit entweichen in die Gasphase, was Druck über der Flüssigkeit verursacht, wenn sie sich in einem geschlossenen Behälter befindet. Der **Dampfdruck** einer reinen Flüssigkeit wird als der Druck definiert, den ein Dampf im Gleichgewicht mit seinem flüssigen Zustand ausübt. Wie viel Druck der Dampf bei Raumtemperatur ausüben kann, hängt mit der Stärke seiner intermolekularen Kräfte in der flüssigen Phase zusammen – Flüssigkeiten mit einer schwächeren intermolekularen Kraft haben einen höheren Dampfdruck.

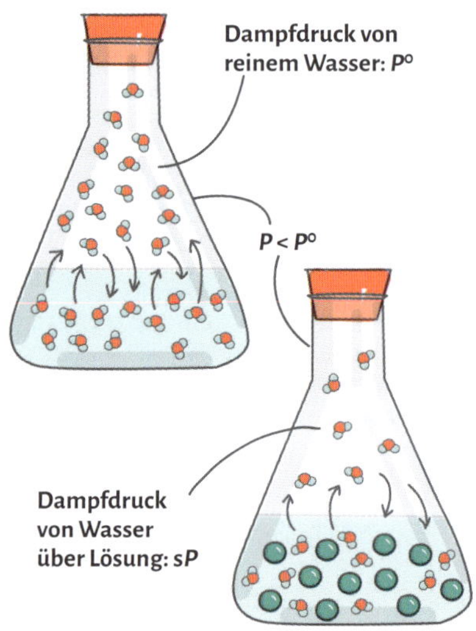

Der Dampfdruck eines reinen Lösungsmittels verringert sich, wenn ein nichtflüchtiger Stoff darin gelöst wird, da die Anwesenheit der gelösten Stoffmoleküle die molekulare Struktur der Flüssigkeit stört. Die Anziehungskräfte zwischen gelöstem Stoff und Lösungsmittel sind stärker als die Anziehungskräfte zwischen den Lösungsmittelmolekülen selbst; insofern entweichen weniger Moleküle in die Gasphase, und der Dampfdruck der Lösung sinkt unter den des reinen Lösungsmittels.

Gefrierpunktserniedrigung

Gefrierpunktserniedrigung bezieht sich auf die Beobachtung, dass der Gefrierpunkt einer Lösung niedriger ist als der des reinen Lösungsmittels.

Die Ionen in einer Salzwasserlösung unterbrechen die hexagonale Struktur der in reinem Wasser vorkommenden Eisbildung und führen dazu, dass das Salzwasser bei einer Temperatur unter 0 °C gefriert. Je mehr Ionen im Wasser enthalten sind, desto niedriger wird der Gefrierpunkt. Daher senken Elektrolyte mit einer hohen Ionenanzahl den Gefrierpunkt wässriger Lösungen stärker als Nichtelektrolyte. Aus diesem Grund wird in den Wintermonaten Salz auf vereiste Straßen gestreut.

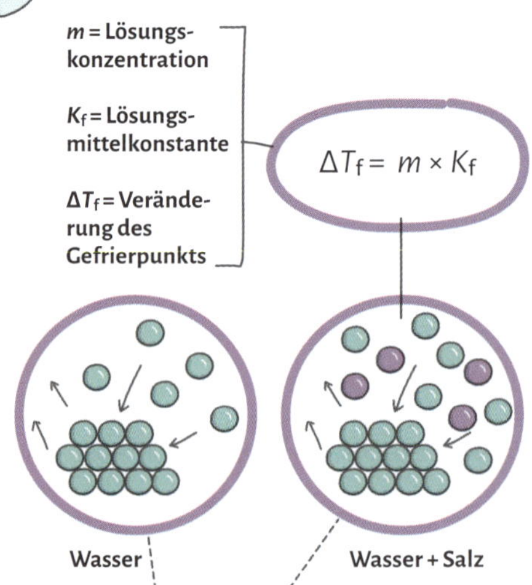

Siedepunktserhöhung

Da die Anziehungskräfte zwischen gelöstem Stoff und Lösungsmittel stärker sind als die Anziehungskräfte zwischen den Lösungsmittelmolekülen selbst, wird zum Sieden einer Lösung mehr Energie benötigt als zum Sieden des reinen Lösungsmittels. Sieden beginnt, wenn der Dampfdruck über der Flüssigkeit dem atmosphärischen Druck entspricht. Da Lösungen jedoch einen niedrigeren Dampfdruck als reine Lösungsmittel haben, werden zum Erreichen des atmosphärischen Drucks mehr Moleküle in der Gasphase benötigt, damit das Sieden beginnt. Dieser Prozess erfordert höhere Temperaturen. Die **Siedepunktserhöhung** ist die Beobachtung, dass eine Lösung eine höhere Siedetemperatur als das reine Lösungsmittel besitzt.

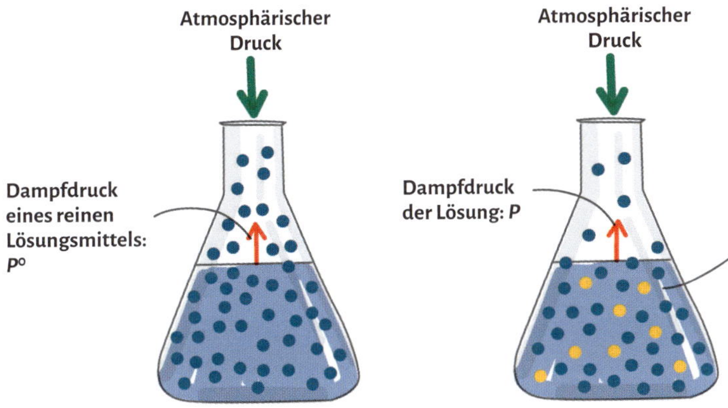

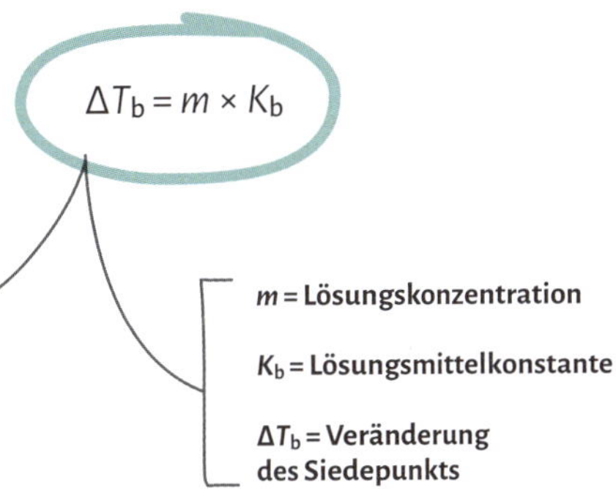

Osmotischer Druck

Osmose ist der Prozess der Lösungsmittelbewegung von einer verdünnten zu einer konzentrierten Lösung. Konzentrierte Kochsalzlösungen werden häufig zur Behandlung von Verstopfung eingesetzt, da sie dem umliegenden Gewebe auf ihrem Weg durch den Darm Wasser entziehen und so die Beschwerden lindern.

Die Darmwand wirkt wie eine Osmosezelle, in der eine semipermeable Membran zwei Lösungen, eine verdünnte und eine konzentrierte Lösung, trennt. Die Membran lässt die Lösungsmittelmoleküle passieren, nicht aber die gelösten Teilchen. Mit der Zeit sinkt der Flüssigkeitsspiegel auf der verdünnten Seite, da das Lösungsmittel in die konzentrierte Zelle übergeht. Den Unterschied der Flüssigkeitsstände bezeichnet man als **osmotischen Druck**.

Äußerer Druck auf die konzentrierte Zelle bewirkt das Umkehren der Fließrichtung des Lösungsmittels, sodass es von der konzentrierten Zelle zur verdünnten Zelle fließt. Dieser Prozess wird **Umkehrosmose** genannt und bildet die Grundlage der Trinkwassergewinnung aus Meerwasser.

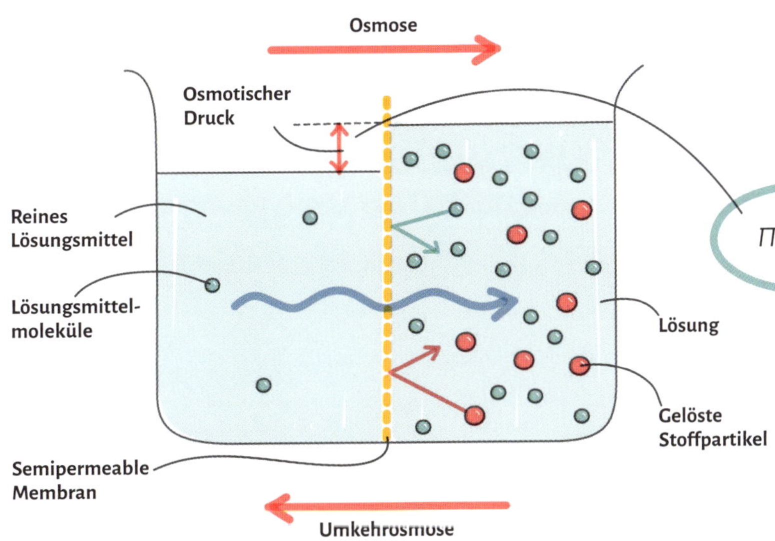

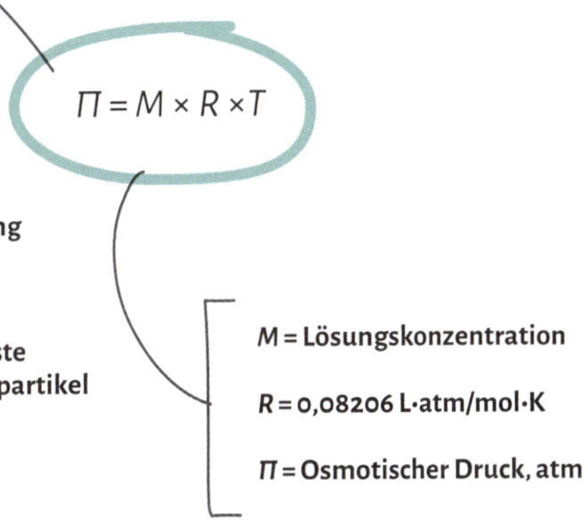

RESÜMEE

LÖSUNGSCHEMIE

LÖSUNGSARTEN

GESÄTTIGTE LÖSUNG
Aufnahmekapazität des gelösten Stoffs erreicht

UNGESÄTTIGTE LÖSUNG
Mehr gelöster Stoff kann gelöst werden.

FESTE LÖSUNGEN

FLÜSSIGE LÖSUNGEN

GASFÖRMIGE LÖSUNGEN

KONZENTRIERTE LÖSUNG
Höhere gelöste Stoffmenge

VERDÜNNTE LÖSUNG
Niedrigere gelöste Stoffmenge

ÜBERSÄTTIGTE LÖSUNG
Aufnahmekapazität des gelösten Stoffs überschritten

TYNDALL-EFFEKT
Lichtstreuung durch Partikel

KOLLIGATIVE EIGENSCHAFTEN VON LÖSUNGEN

DAMPFDRUCK
Der Druck über einer Flüssigkeit

UMKEHROSMOSE
Das Gegenteil von Osmose; Lösungsmittel fließt von konzentrierter zu verdünnter Lösung.

GEFRIERPUNKTS-ERNIEDRIGUNG
Niedrigere Gefriertemperatur für eine Lösung

SIEDEPUNKTS-ERHÖHUNG
Höhere Siedetemperatur für eine Lösung

OSMOSE
Lösungsmittel fließt von verdünnter zu konzentrierter Lösung.

OSMOTISCHER DRUCK
Der Unterschied im Flüssigkeitsstand einer Osmosezelle

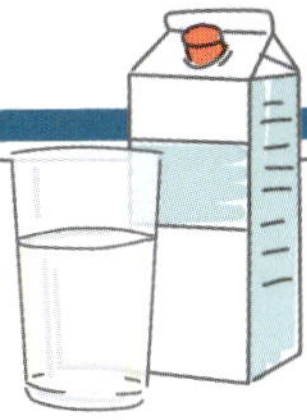

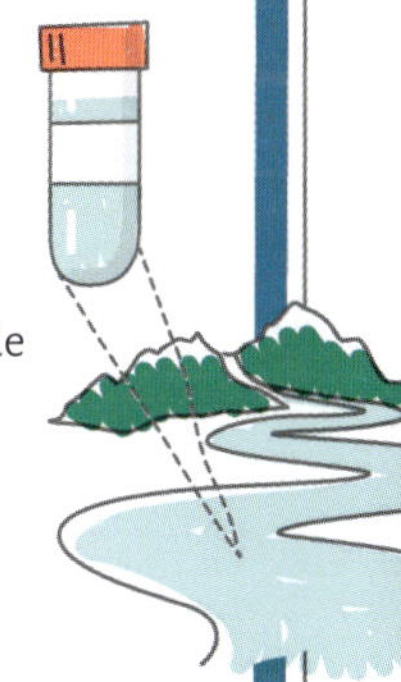

LÖSUNGSKONZENTRATION

KOLLOID
1–100 nm Partikelgröße

MOLALITÄT
Mol des gelösten Stoffs/kg des Lösungsmittels

PPM
Teile pro Million

PPB
Teile pro Milliarde

MOLARITÄT
Mol des gelösten Stoffs/L der Lösung

SUSPENSION
Größer als 100 nm Partikelgröße

MASSENPROZENT
Massenprozent des gelösten Stoffs in einer Lösung

VOLUMENPROZENT
Volumenprozent des gelösten Stoffs in einer Lösung

ZUBEREITUNG VON LÖSUNGEN

STOCKLÖSUNG
Hohe Konzentration

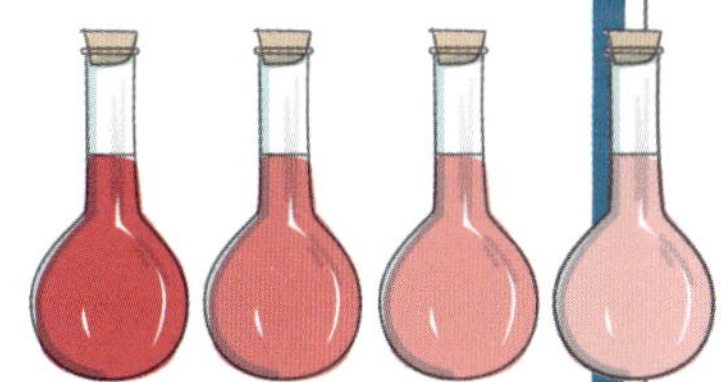

VERDÜNNUNGSREIHE
Unterschiedliche Verdünnungsverhältnisse einer Stocklösung

LÖSLICHKEIT

SOLVATATION
Lösungsmittelmoleküle umgeben gelöste Teilchen.

HYDRATION
Wassermoleküle umgeben gelöste Teilchen.

DYNAMISCHES GLEICHGEWICHT
Solvatationsrate entspricht der Rekristallisationsrate

LÖSLICHKEITSREGELN

FÄLLUNGSREAKTION
Nichtlösliche Verbindungsformen

MOLEKULARE GLEICHUNG
= zeigt alle Verbindungen

VOLLSTÄNDIGE IONENGLEICHUNG
Zeigt alle löslichen Verbindungen als Ionen

NETTO-IONEN-GLEICHUNG
Zeigt die Bildung einer Ausfällung

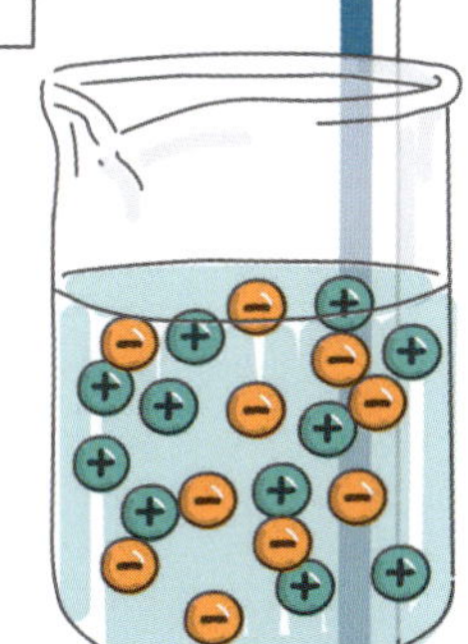

KAPITEL 10

GASE

Gas ist einer der drei grundlegenden Aggregatzustände. Im Vergleich zur flüssigen und festen Phase zeichnet es sich durch einen großen Abstand zwischen seinen Partikeln aus und hat keine festgesetzte Form und kein festgesetztes Volumen. Die meisten Gase sind für das menschliche Auge unsichtbar, aber das molekulare Verständnis ihres Verhaltens unter unterschiedlichen Bedingungen spielt eine wichtige Rolle bei der Arbeit vieler Chemiker und anderer Wissenschaftler. Ein reines Gas kann einzelne Atome (He, Ne), Moleküle derselben Atomart (H_2, N_2, O_2) oder Moleküle anderer Atome (CO_2, SO_2) enthalten, doch Gase bestehen oft als Gemisch von zwei oder mehr reinen Gasen. Beispiel: Das Gasgemisch, dem wir am meisten begegnen, ist die Erdatmosphäre.

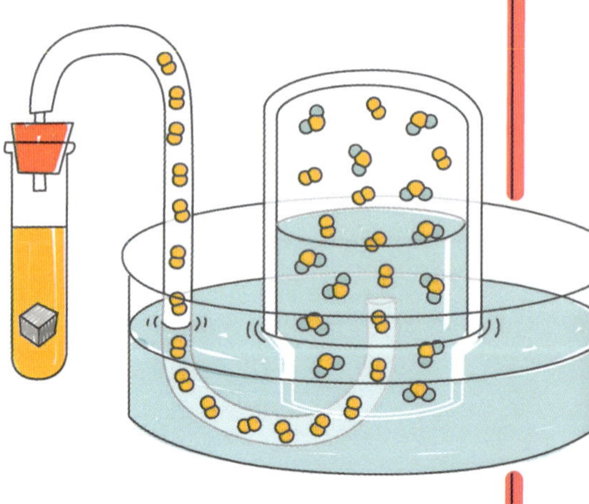

KINETISCHE MOLEKULARTHEORIE

Die Partikelnatur der Materie wird zum Erklären der beobachteten Eigenschaften von Gasen in der kinetischen Molekulartheorie verwendet. Die Theorie basiert auf der Vorstellung, dass Gasteilchen in ständiger, zufälliger Bewegung in ihrem Behälter sind, was zu unterschiedlichen physikalischen Eigenschaften wie Temperatur, Druck und Volumen führt. Dies ist zwar ein unrealistisches Bild des Verhaltens realer Gase, doch die daraus entwickelten grundlegenden Ideen gelten für alle Gase.

Grundsätze

- ★ Es gibt keine anziehenden oder abstoßenden Kräfte zwischen Gaspartikeln. Sie ignorieren einander.
- ★ Gasteilchen, Atome und Moleküle sind winzig verglichen mit der sie trennenden Entfernung. Gaspartikel haben ein geringfügiges Volumen.
- ★ Gasteilchen sind in ihrem Behälter in ständiger, zufälliger Bewegung. Dies wird als **Brown'sche Bewegung** bezeichnet, die zu Kollisionen mit anderen Partikeln und den Wänden des Behälters führt.
- ★ Bei der Kollision von Teilchen geht keine Energie verloren. Diese Art von Partikelkollision ist als **elastische Kollision** bekannt, bei der Partikel Energie miteinander austauschen können, bei der die Gesamtenergie erhalten bleibt.
- ★ Unabhängig von ihrer Identität haben alle Gase bei gleicher Temperatur die gleiche durchschnittliche kinetische Energie, die proportional zu ihrer Temperatur in Kelvin ist.

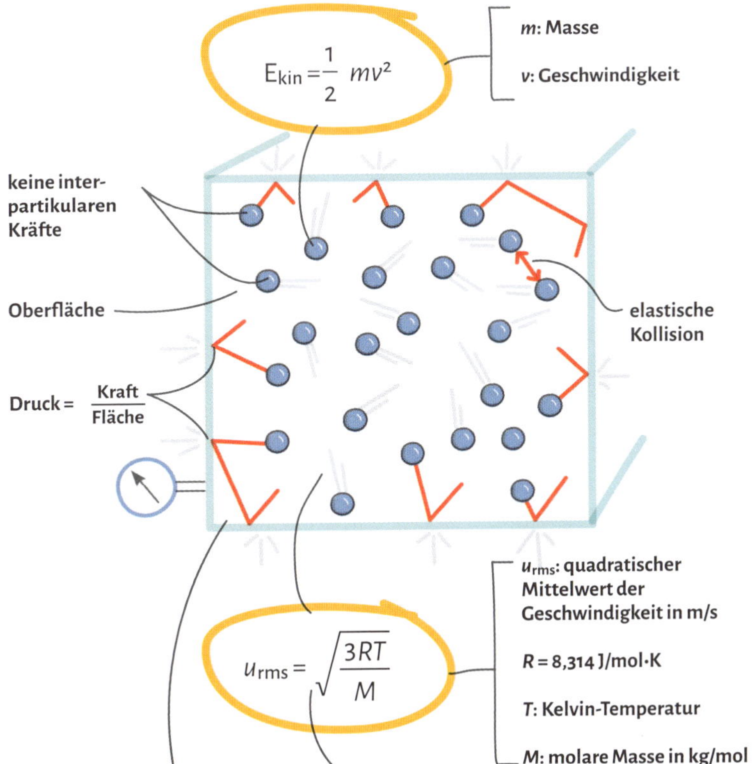

Die Kollision von Gaspartikeln mit den Wänden des Behälters verursacht **Druck**. Dies ist die Gesamtkraft, die von den Gasteilchen pro Flächeneinheit der Behälterwände ausgeübt wird. Der Druck lässt sich einfach messen, indem man ein Manometer an eine der Behälterwände anschließt.

Die Durchschnittsgeschwindigkeit von Gasmolekülen in einem Behälter wird als **quadratischer Mittelwert der Geschwindigkeit** angegeben. Dabei werden Temperaturwert und Molekulargewicht berücksichtigt, zwei Hauptfaktoren, die bestimmen, wie schnell sich ein Gasmolekül bewegen kann. Es zeigt, dass die Geschwindigkeit direkt proportional zur Kelvin-Temperatur und umgekehrt proportional zum Molekulargewicht ist.

GASGESETZE

Es gibt verschiedene Gasgesetze, die das Verhalten eines Gases unter variierenden Bedingungen von Temperatur (*T*), Druck (*P*), Volumen (*V*) und Gas-Mol (*n*) beschreiben. Da diese vier Grundeigenschaften miteinander verbunden sind, wirken sich Veränderungen auf jede Eigenschaft aus. Die einfachen Gasgesetze erklären die Beziehung zwischen jeweils einem Paar dieser Eigenschaften; kombiniert ergeben die einfachen Gasgesetze das ideale Gasgesetz.

Boyle-Mariotte-Gesetz

Das **Boyle-Mariotte-Gesetz** beschreibt den Zusammenhang zwischen Volumen und Druck. Temperatur und Gasmenge bleiben konstant.

Die kinetische Molekulartheorie besagt, dass die Größe von Gaspartikeln geringfügig ist verglichen mit dem Abstand zwischen ihnen. Wird daher eine bestimmte Gasmenge bei gleicher Temperatur in einem kleineren Volumen eingeschlossen, so rücken die Teilchen näher. Dadurch kommt es häufiger zu Kollisionen zwischen den Partikeln selbst und den Partikeln und Wänden und führt zu einem Druckanstieg.

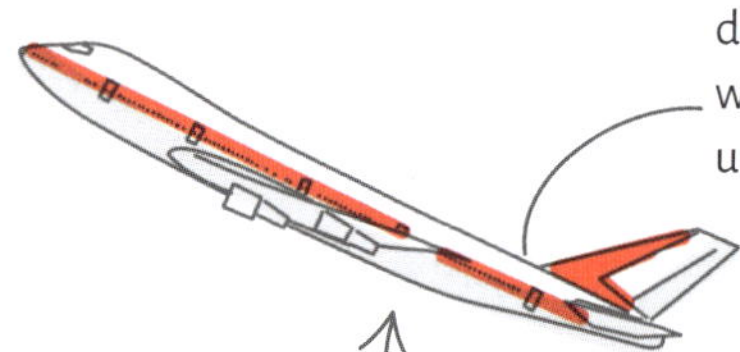

Das Knacken in unseren Ohren während eines Flugs ist ebenfalls eine Folge des Boyle-Mariotte-Gesetzes. In großen Höhen ist der Luftdruck deutlich niedriger als auf Meereshöhe. Aufgrund des niedrigen Drucks während eines Flugs „springt" das Trommelfell „heraus" und vergrößert so das Luftvolumen im Ohr. Zum Mindern des Unbehagens der Passagiere wird die Kabine eines Flugzeugs unter Druck gesetzt.

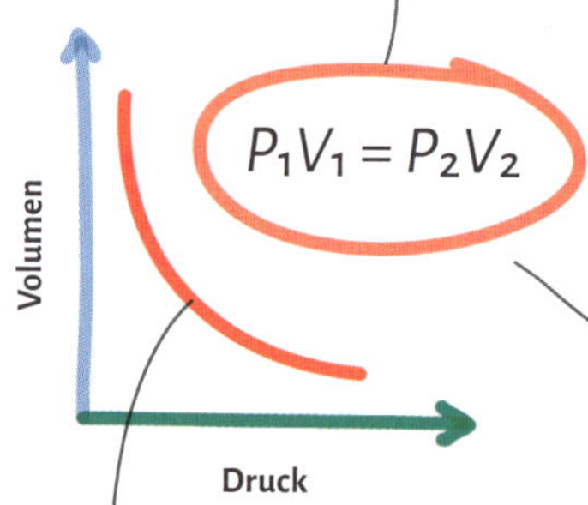

Das Boyle-Mariotte-Gesetz zeigt, dass Druck und Volumen umgekehrt proportional zueinander sind: Sinkt der Druck, so steigt das Volumen und umgekehrt.

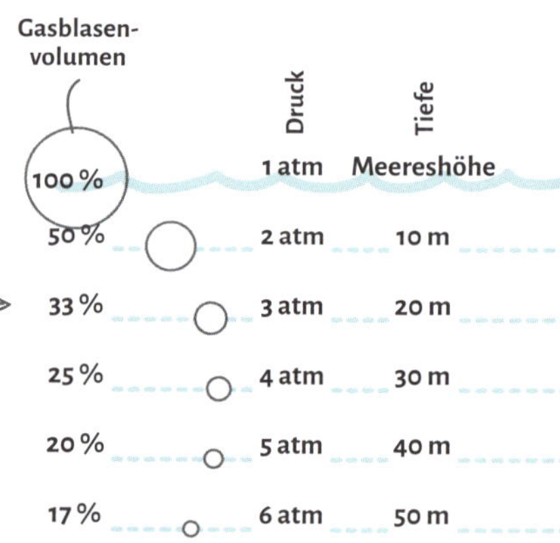

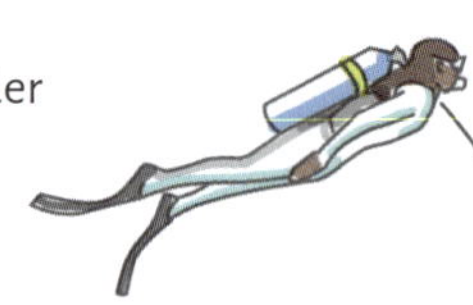

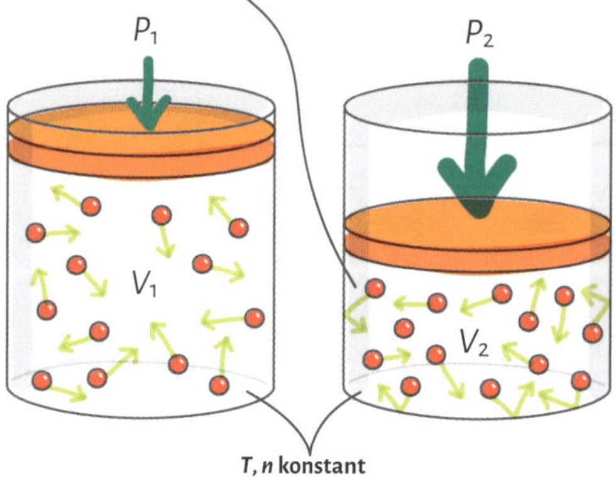

Das Boyle-Mariotte-Gesetz wird in der Welt vielfach angewendet. Beispiel: Taucher müssen beim Auf- und Abtauchen im Wasser vorsichtig sein. Sie spüren beim Abtauchen aufgrund der größeren Wassermenge über ihnen einen erhöhten Druck, der das Luftvolumen in ihrer Lunge reduziert. Das Gegenteil passiert, wenn ein Taucher an die Oberfläche steigt. Die Veränderung des Luftvolumens im Körper eines Tauchers kann tödlich sein, weshalb Tauchen streng reguliert ist und eine Spezialausrüstung erfordert.

Charles-Gesetz

Das **Charles-Gesetz** erklärt die Beziehung zwischen Temperatur und Volumen für ein Gas; der Druck und die Menge (in Mol) bleiben konstant. Die durchschnittliche kinetische Energie von Gaspartikeln steigt mit zunehmender Temperatur. Damit der Druck konstant bleibt, erhöht sich auch das Volumen des Gases aufgrund höherer Molekülgeschwindigkeiten.

Nach dem Charles-Gesetz sind Temperatur und Volumen unter konstanten Druckbedingungen direkt proportional für eine bestimmte Gasmenge.

Wenn die Temperatur sinkt, nimmt das Volumen ab und erreicht schließlich null. Dieser theoretische Punkt entspricht der **absoluten Nulltemperatur** mit einem Wert von 0 Kelvin.

Ein Heißluftballon kann treiben, da die Luft in ihm erhitzt wird, um sein Volumen zu erhöhen und seine Dichte zu verringern.

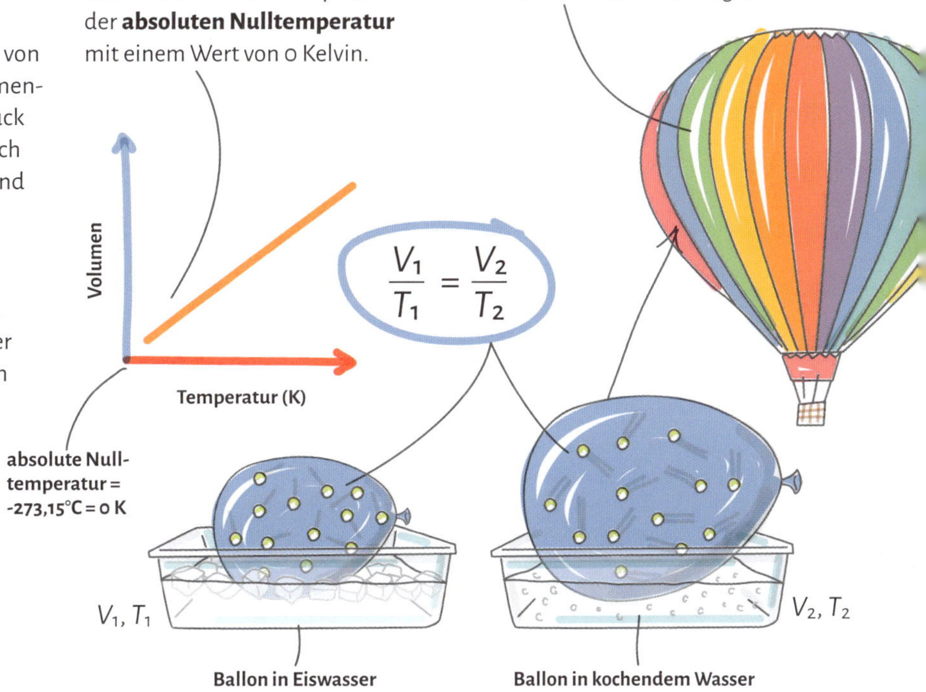

Avogadro-Gesetz

Nach dem Avogadro-Gesetz ist das Volumen eines Gases direkt proportional zur molaren Masse des verfügbaren Gases bei konstanter Temperatur und konstantem Druck. Dies erleben wir beim Aufblasen eines Ballons: Je mehr Gas sich im Ballon befindet, desto größer wird er.

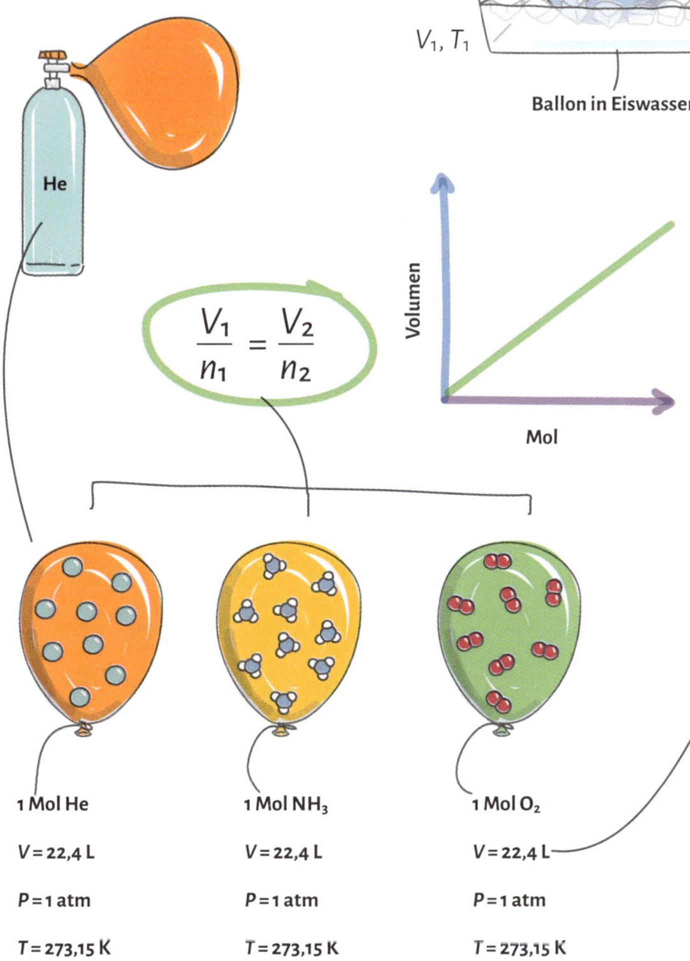

Eine wichtige Auswirkung des Avogadro-Gesetzes besteht darin, dass ein Mol eines beliebigen Gases, unabhängig von seiner Identität, unter Standardtemperatur- und Druckbedingungen (0 °C / 1 atm) ein Volumen von 22,4 Litern einnimmt.

Gay-Lussac-Gesetz

Das **Gay-Lussac-Gesetz** besagt, dass der Druck einer gewissen Gasmenge unter konstanten Volumenbedingungen und einer festgesetzten molaren Masse von Gas direkt mit seiner Kelvin-Temperatur variiert.

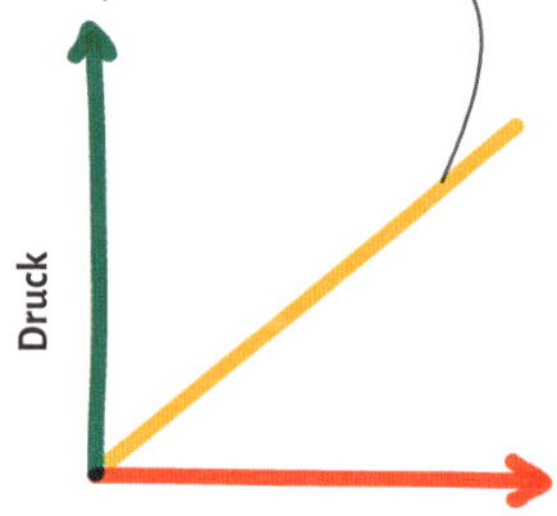

Lebensmittel garen in einem Dampfkochtopf schneller, da der Dampf im festen Volumen des Topfes viel heißer ist als normaler, dem atmosphärischen Druck ausgesetzter Dampf. Beim Gebrauch eines Dampfkochtopfs ist jedoch Vorsicht geboten, da der Druck durch die erhöhte Temperatur deutlich ansteigt. Ein Überdruckventil lässt einen Teil des Dampfs entweichen, damit der Druck nicht überhand nimmt.

$$\frac{P_1}{T_1} = \frac{P_2}{T_2}$$

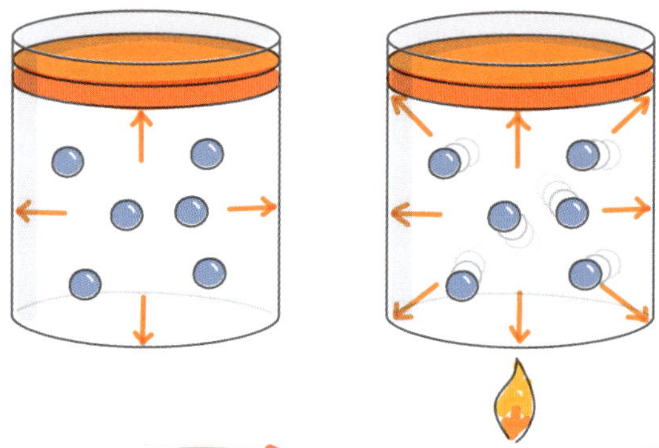

Ideales Gasgesetz

Die vier einfachen Gasgesetze vereinen sich zu einem einzigen Gesetz, dem **idealen Gasgesetz**. Das ideale Gasgesetz umfasst alle Beziehungen zwischen den Eigenschaften eines Gases.

$$P_1V_1 = P_2V_2$$

$$\frac{V_1}{n_1} = \frac{V_2}{n_2}$$

$$PV = nRT$$

$$\frac{V_1}{T_1} = \frac{V_2}{T_2}$$

$$\frac{P_1}{T_1} = \frac{P_2}{T_2}$$

R ist die universelle Gaskonstante mit einem festen Zahlenwert.

$$R = 0{,}08206 \ \frac{\text{L·atm}}{\text{Mol·K}}$$

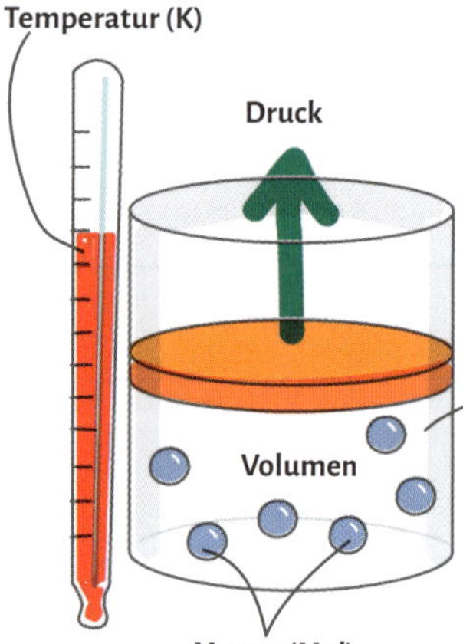

Die ideale Gasgesetzgleichung zeigt, dass sich die anderen Eigenschaften eines Gases ebenfalls ändern, wenn sich eine der Eigenschaften verändert. Die Kenntnis von Druck, Temperatur, Volumen und molarer Masse eines Gases definiert den vollständigen Zustand des Gases. Das ideale Gasgesetz ist daher als **Zustandsgleichung** bekannt.

Kombiniertes Gasgesetz

Das **kombinierte Gasgesetz** beschreibt die Beziehung zwischen Druck, Temperatur und Volumen einer bestimmten festen Gasmenge in einem geschlossenen Behälter. Es liefert daher Informationen darüber, was mit den Eigenschaften eines Gases passiert, wenn sich die Umgebungsbedingungen verändern.

Ein Wetterballon wird zum Erfassen atmosphärischer Daten einschließlich Luftdruck, Temperatur und Windgeschwindigkeit verwendet. Der Ballon ist mit Helium gefüllt, das weniger dicht ist als Luft, und hat Messinstrumente an Bord, die verschiedene Höhen messen. Die Veränderungen der Lufttemperatur und des Luftdrucks in unterschiedlichen Höhen führen dazu, dass sich die Größe des Ballons ändert.

$$\frac{P_1 V_1}{T_1} = \frac{P_2 V_2}{T_2}$$

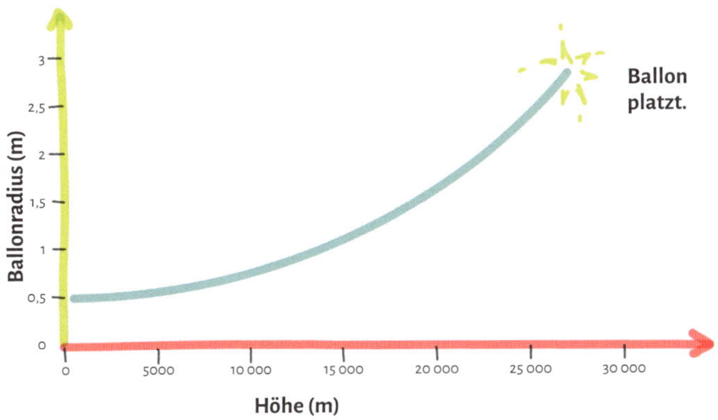

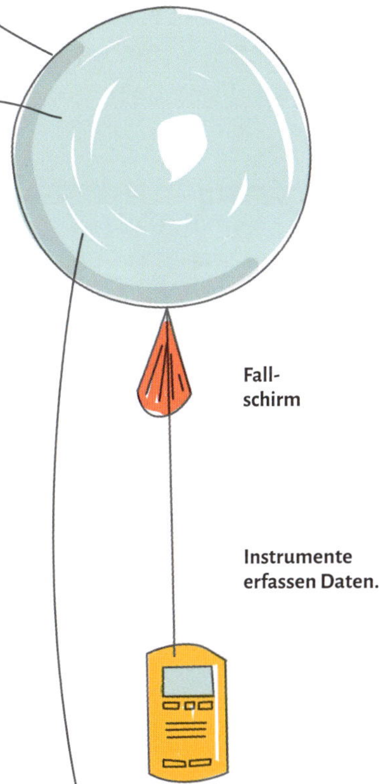

Der Luftdruck nimmt deutlich mit der Höhe ab. Dadurch dehnt sich das Heliumgas in einem aufsteigenden Wetterballon aus, da es den Druckabfall ausgleicht. Der Ballon wird beim Aufsteigen weiterhin größer, bis er bei ungefähr 27 000 Metern platzt. Das Messgerät kehrt per Fallschirm auf den Erdboden zurück.

$$\text{Dichte} = \frac{PM}{RT}$$

Gasdichte

Die Dichte eines Gases kann mit dem idealen Gasgesetz bestimmt werden und ist direkt proportional zu seiner molaren Masse (M): je schwerer das Gas, desto höher seine Dichte. Luft mit einer molaren Masse von 29 g/mol hat eine Dichte von 1,18 g/L bei atmosphärischen Außenbedingungen; Helium mit einer molaren Masse von 4 g/mol weist eine Dichte von 0,164 g/L auf. Dieser Unterschied in der Dichte ist der Grund, warum ein mit Helium gefüllter Wetterballon Messgeräte in die Atmosphäre heben kann. Die Größe des Ballons wird nach seiner vorgesehenen Nutzlast bestimmt.

GASMISCHUNGEN

Viele der Gase, denen wir im Alltag begegnen, sind nicht rein. Luft beispielsweise ist eine Mischung aus Sauerstoff, Stickstoff, Kohlendioxid, Argon und Spurenmengen einiger anderer Gase. Jeder Bestandteil eines Gasgemischs wird unabhängig behandelt, da es eine geringfügige Partikelgröße hat und da es nach der kinetischen Gastheorie keine Wechselwirkungen zwischen den Bestandteilen gibt. Folglich sind Volumen und Temperatur für alle Gaskomponenten identisch, doch ihre jeweilige Stoffmenge kann unterschiedlich sein.

Dalton-Gesetz

Den Druck eines Bestandteils in einer Gasmischung nennt man **Partialdruck**. Das **Dalton-Gesetz** besagt, dass der Gesamtdruck einer Gasmischung die Summe der Partialdrucke aller seiner Komponenten sind.

Der Partialdruck einer Komponente in einem Gasgemisch ist der **Molenbruch** (X) multipliziert mit dem Gesamtdruck. Der Molenbruch ist das Verhältnis der Molanzahl einer Komponente zur Molanzahl in der Mischung.

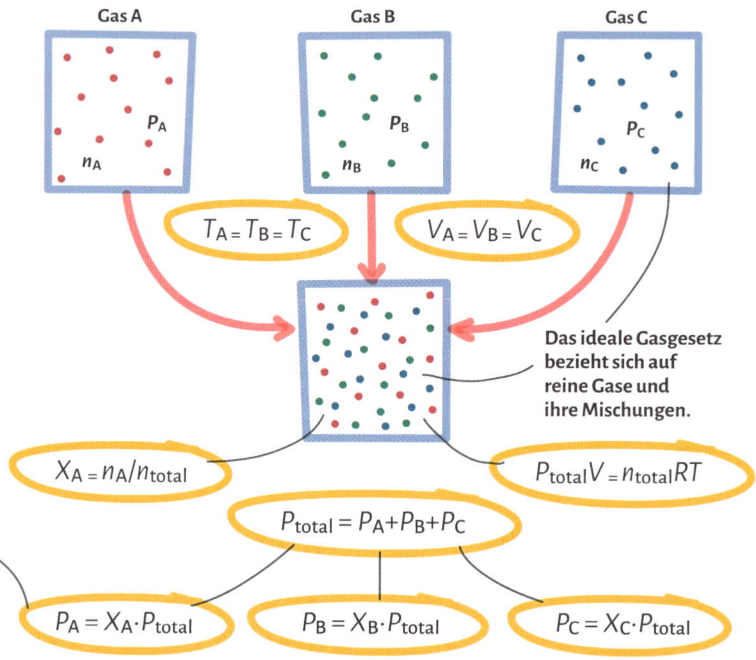

Im Alltag gibt es viele Anwendungen des Dalton-Gesetzes. Die Luft um uns herum etwa ist eine Gasmischung, die volumenmäßig stets rund 21 Prozent Sauerstoff enthält. Auf Meereshöhe betragen der atmosphärische Druck 1 atm und der Partialdruck von Sauerstoff 0,20 atm. Auf einem Berggipfel fällt der atmosphärische Druck. Der Partialdruck von Sauerstoff kann auf 0,066 atm sinken, was für unbeschwerliches Atmen nicht ausreicht; es erklärt, warum Bergsteiger unter **Hypoxie** (niedrige Sauerstoffwerte) leiden, die Kopfschmerzen, Schwindel und Kurzatmigkeit verursacht. In extremen Höhen wie z. B. auf dem Gipfel des Mount Everest ist der Sauerstoffgehalt in der Luft so niedrig, dass dies zu Bewusstlosigkeit oder gar Tod führen kann. Die meisten Bergsteiger benutzen daher zusätzlichen Sauerstoff für den Gipfelaufstieg.

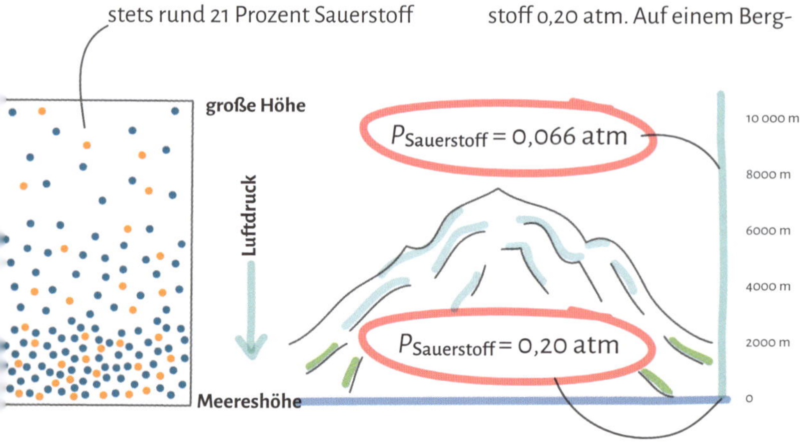

CHEMISCHE REAKTIONEN

Viele chemische Reaktionen finden in der Gasphase statt oder schließen mindestens einen Gasreaktanten oder ein Gasprodukt ein. Die stöchiometrische Menge der an einer chemischen Reaktion beteiligten Gase lässt sich leichter in Volumen als in Masse messen; die Gleichung des idealen Gasgesetzes liefert den für die Umrechnung zwischen Mol und Volumen notwendigen mathematischen Ausdruck.

Kombiniertes Gasgesetz für das Volumen

Wenn alle Gase bei einer chemischen Reaktion die gleiche Temperatur und den gleichen Druck haben, stellen die stöchiometrischen Koeffizienten die Gasvolumen und die Molzahlen dar. Dies ist als **kombiniertes Gasgesetz für das Volumen** bekannt.

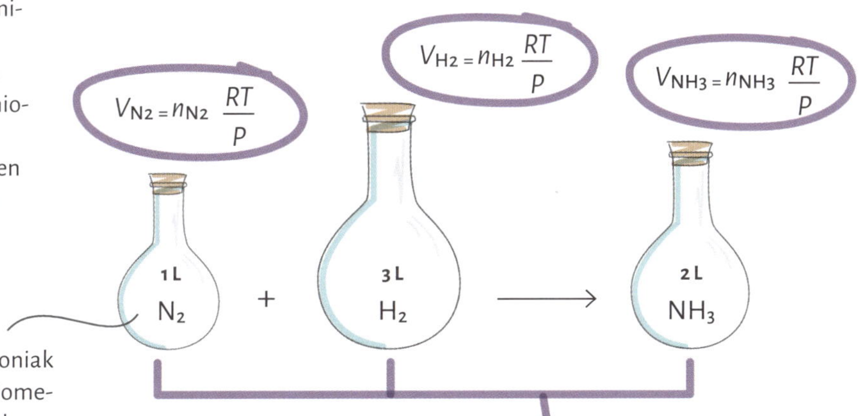

Bei der Herstellung von Ammoniak (NH_3) repräsentiert das stöchiometrische 1:3:2 Molverhältnis auch das Volumenverhältnis. Wenn man daher 1 L Stickstoffgas mit 3 L Wasserstoffgas kombiniert, werden 2 L Ammoniakgas erzeugt.

Da Temperatur und Druck aller bei der Reaktion beteiligten Gase gleich sind, entspricht das Volumen der Gase den Molzahlen aus dem idealen Gasgewicht.

1:3:2 Molverhältnis
1:3:2 Volumenverhältnis

$$N_2\,(g) + 3H_2\,(g) \rightarrow 2NH_3\,(g)$$

Gassammlung über Wasser

Chemiker führen häufig chemische Reaktionen durch, um ein gasförmiges Produkt von Interesse zu erzeugen. Beispiel: Zink (Zn) reagiert mit Salz (HCl) und bildet Wasserstoffgas (H_2). Eine der praktischsten Methoden in einem Chemielabor zum Sammeln des entstehenden Gases ist die Wasserverdrängung, die eine Gasmischung aus Wasserdampf und Wasserstoffgas bildet. Zur Bestimmung der Molzahl des Wasserstoffgases wendet man bei stöchiometrischen Berechnungen das Dalton-Gesetz an.

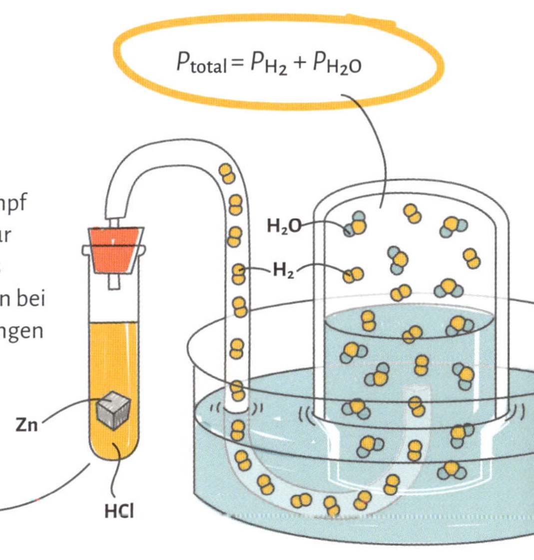

$$Zn\,(s) + 2HCl\,(aq) \rightarrow H_2\,(g) + ZnCl_2\,(aq)$$

Resümee

Gase

Kinetische Molekulartheorie

ELASTISCHE KOLLISION

Energie gespart

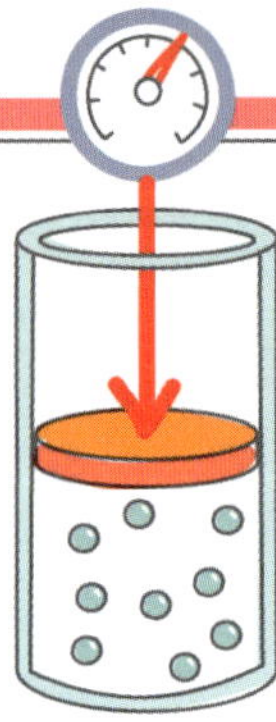

DRUCK

Druck pro Flächeneinheit

$$\sqrt{\frac{3RT}{M}}$$

QUADRATISCHER MITTELWERT DER GESCHWINDIGKEIT

Durchschnittsgeschwindigkeit von Gasmolekülen

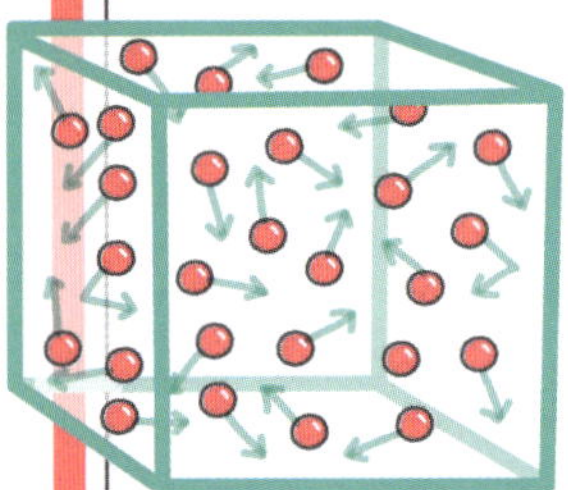

BROWN'SCHE BEWEGUNG

Ständige, zufällige Bewegung

Chemische Reaktionen

GASFÖRMIGE REAKTANTEN

Bei chemischen Reaktionen verbrauchte gasförmige Verbindungen

GASFÖRMIGE FOLGEPRODUKTE

Bei chemischen Reaktionen erzeugte gasförmige Verbindungen

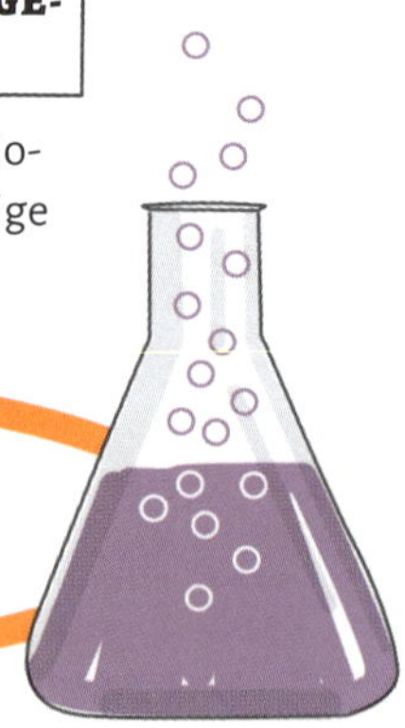

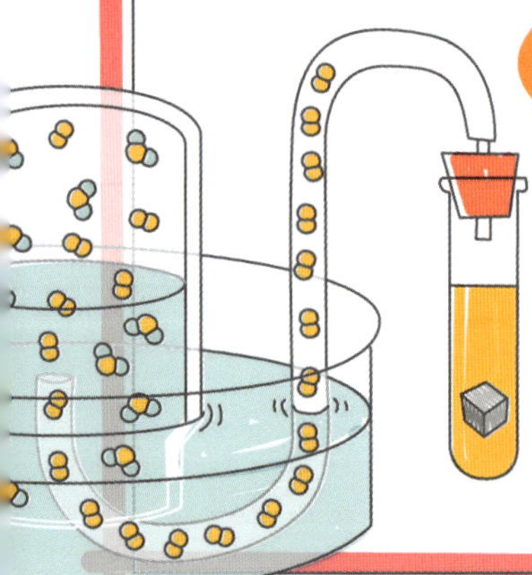

SAMMELN EINES GASES ÜBER WASSER

Experimentelle Technik zum Sammeln gasförmiger Reaktionsprodukte

VOLUMENGESETZ FÜR GASREAKTIONEN

Gasvolumen entsprechen Molmengen.

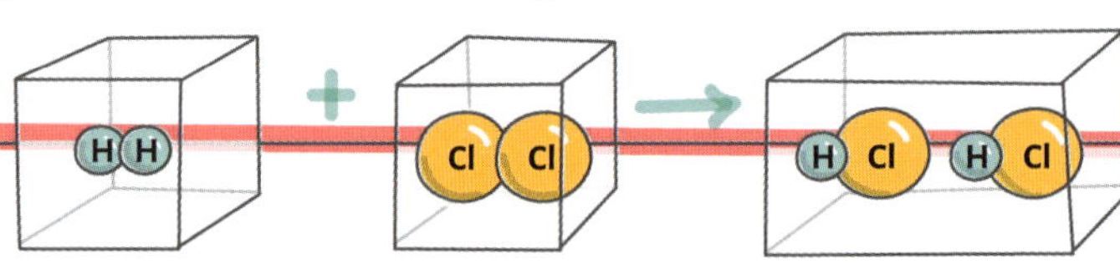

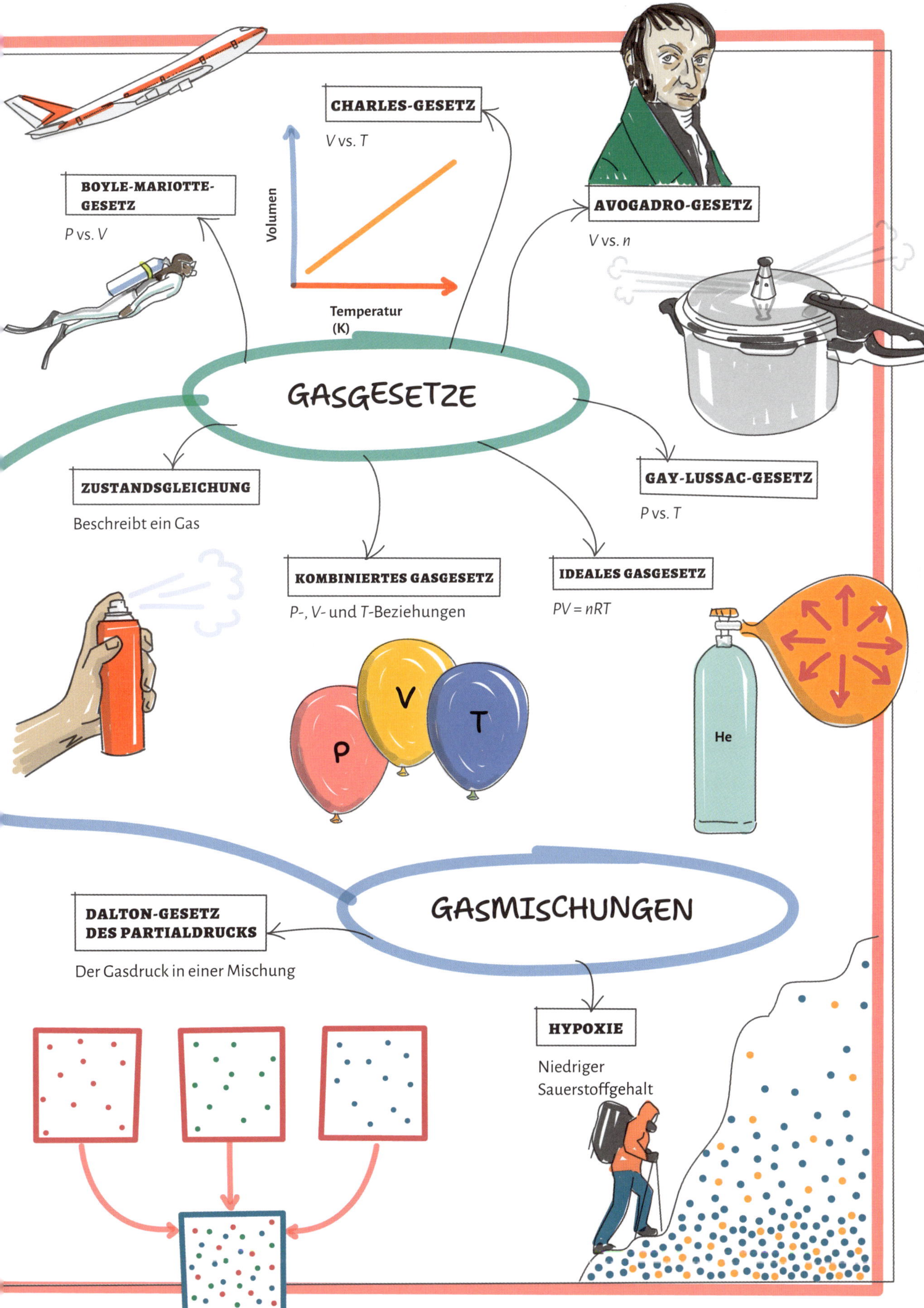
CHARLES-GESETZ
V vs. T
Volumen
Temperatur (K)
BOYLE-MARIOTTE-GESETZ
P vs. V
AVOGADRO-GESETZ
V vs. n
GASGESETZE
ZUSTANDSGLEICHUNG
Beschreibt ein Gas
GAY-LUSSAC-GESETZ
P vs. T
KOMBINIERTES GASGESETZ
P-, V- und T-Beziehungen
IDEALES GASGESETZ
PV = nRT
V
T
P
He
GASMISCHUNGEN
DALTON-GESETZ DES PARTIALDRUCKS
Der Gasdruck in einer Mischung
HYPOXIE
Niedriger Sauerstoffgehalt

KAPITEL 11

CHEMISCHES GLEICHGEWICHT

Die konventionelle Schreibweise chemischer Gleichungen legt nahe, dass eine Reaktion in eine Richtung verläuft, wobei die Reaktanten in Produkte umgewandelt werden, bis alle Reaktantenmoleküle verbraucht sind. In Wirklichkeit aber sind die meisten Reaktionen umkehrbar. Werden Reaktanten zusammengemischt, so beginnt die Reaktion, verläuft vorwärts und erzeugt Produkte. Solange jedoch Produktmoleküle im Reaktionsgemisch vorhanden sind, kann die Reaktion auch rückwärts verlaufen, wobei Produktmoleküle in Reaktantenmoleküle zerfallen.

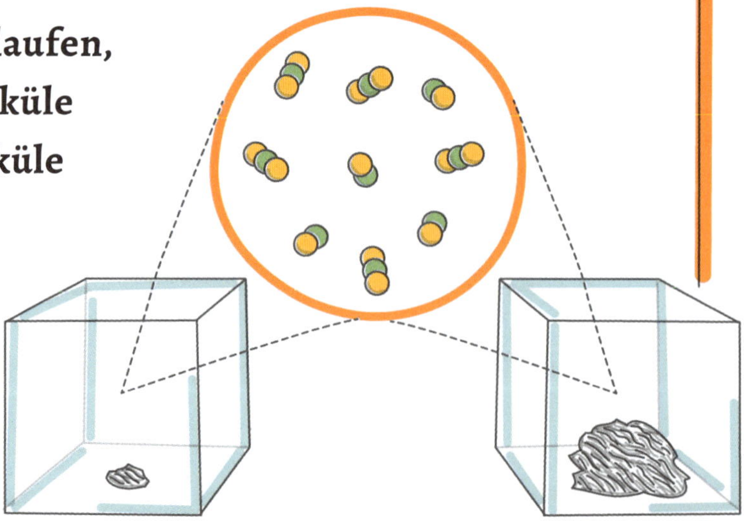

DYNAMISCHES GLEICHGEWICHT

Wenn die Geschwindigkeit der Hin- und Rückreaktion gleich ist, hat die Reaktion Gleichgewicht erreicht. An diesem Punkt treten in den Mengen der Reaktanten und Produkte keine weiteren Veränderungen auf. Dies bedeutet aber nicht, dass die Reaktion abgeschlossen ist – die Hin- und Rückreaktion läuft nach wie vor ab, nun aber mit derselben Geschwindigkeit. Dies bezeichnet man als dynamisches Gleichgewicht.

Bildung von dynamischem Gleichgewicht

Ein dynamisches Gleichgewicht des Wasserstands in einem Tank wird hergestellt, wenn identische Wassermengen zu- und abfließen. Zufließendes Wasser ist die „Vorwärtsreaktion", abfließendes Wasser die „Rückwärtsreaktion".

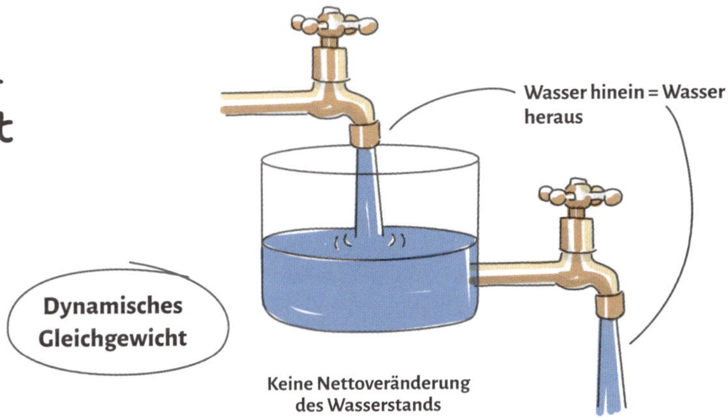

Zu Beginn der Abbaureaktion von Distickstofftetroxid (N_2O_4) sind nur N_2O_4-Moleküle vorhanden. Sobald jedoch die Reaktion einsetzt, bildet sich Stickstoffdioxid (NO_2). Solange die Geschwindigkeit der Hinreaktion höher ist als die der Rückreaktion, nimmt die Menge von N_2O_4 ab, während die Konzentration von NO_2 zunimmt.

Bei dynamischem Gleichgewicht kommt es zu keiner Nettoveränderung der Konzentration von N_2O_4 und NO_2 im Reaktionsgemisch, da die Geschwindigkeit der Hin- und Rückreaktion nun gleich sind. Ein Doppelpfeil kennzeichnet das Gleichgewicht in einer chemischen Gleichung.

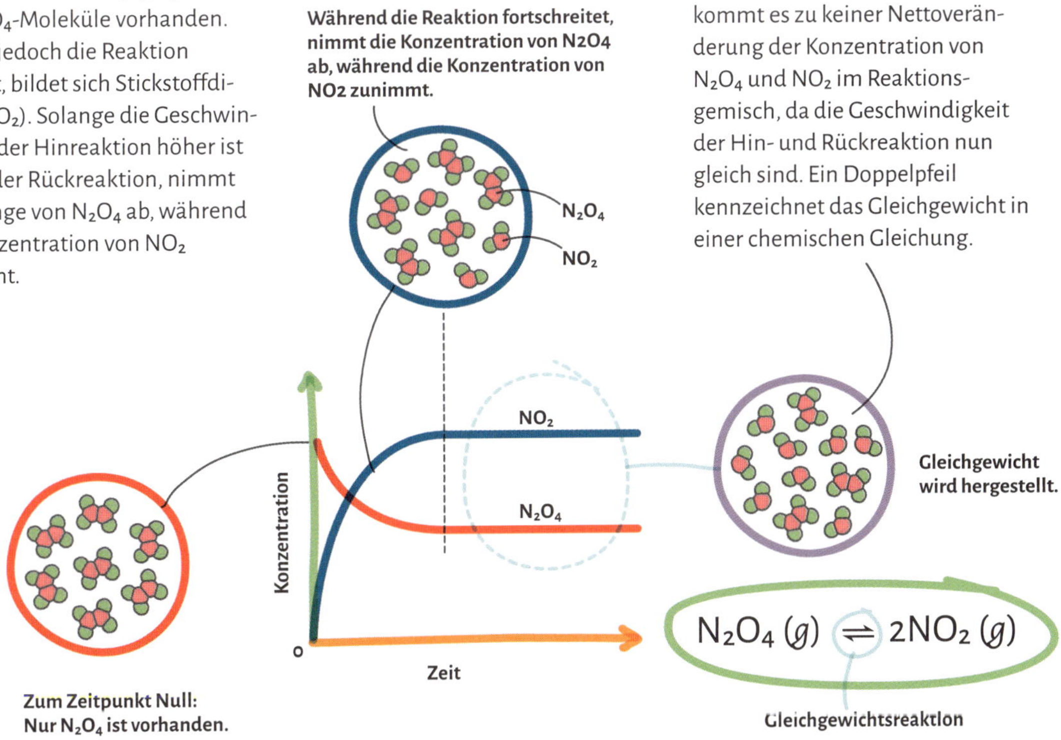

GLEICHGEWICHTS-KONSTANTE

Wenn das Gleichgewicht in einer chemischen Reaktion hergestellt ist, gibt es keine Nettoveränderung in der Konzentration der Reaktanten und Produkte, es sei denn, es treten Veränderungen der Reaktionsbedingungen auf wie Temperaturveränderung (obwohl die Konzentrationen nicht unbedingt gleich sind). Die relative Konzentration von Reaktanten und Produkten im Gleichgewicht werden mit einer Menge bezeichnet, die man Gleichgewichtskonstante (K) nennt.

Massenwirkungsgesetz

Das **Massenwirkungsgesetz** besagt, dass bei einer reversiblen Reaktion im Gleichgewichtszustand und bei konstanter Temperatur ein bestimmtes Verhältnis der Konzentration von Produkt und Reaktant einen konstanten Wert hat. Dieses Gesetz liefert eine mathematische Definition für die Gleichgewichtskonstante (K).

Für eine allgemeine Reaktion kann man die Gleichgewichtskonstante als Verhältnis der molaren Konzentration der Reaktanten (A und B) und Produkte (C und D), potenziert mit ihren stöchiometrischen Koeffizienten, darstellen. K ist eine Konstante ohne Einheiten.

$$K_c = \frac{[C]^c\,[D]^d}{[A]^a\,[B]^b}$$

Gleichgewichtskonstante hinsichtlich der Konzentration (K_c) – **Produkte** (Zähler) – **Reaktanten** (Nenner) – **Konzentration** ([A]) – **Stöchiometrischer Koeffizient** (Exponenten)

$$aA + bB \Leftrightarrow cC + dD$$

$$K_p = \frac{P^2_{NO_2}}{P_{N_2O_4}}$$

$$K_c = \frac{[NO_2]^2}{[N_2O_4]}$$

$$K_p = K_c(RT)^{\Delta n}$$

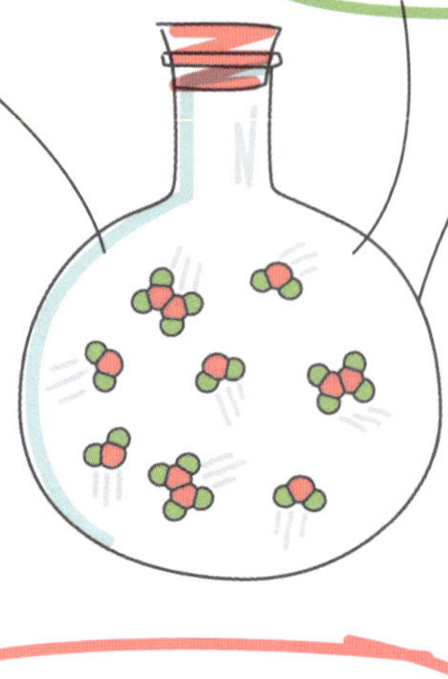

$$N_2O_4\,(g) \rightleftharpoons 2NO_2\,(g)$$

Die Gleichgewichtskonstante kann in **Konzentrationen (K_c)** oder – wenn Reaktanten und Produkte im gasförmigen Zustand sind – als **Partialdrücke (K_p)** ausgedrückt werden. Die Abbaureaktion von N_2O_4 in NO_2 kann man als K_p darstellen, da beide Moleküle bei Raumtemperatur Gase sind.

Das ideale Gasgewicht liefert die mathematische Beziehung zwischen K_p und K_c für eine chemische Reaktion im Gleichgewicht in der Gasphase. In dieser Gleichung ist R die universelle Gaskonstante; T ist die Temperatur in Kelvin; und Δn ist der Unterschied zwischen der Summe stöchiometrischer Koeffizienten von gasförmigen Produkten und Reaktanten (für die Abbaureaktion von N_2O_4, $\Delta n = 1$).

Heterogenes Gleichgewicht

Reine Flüssigkeiten und Feststoffe, die in einer gasförmigen oder wässrigen Phase koexistieren, werden bei heterogenen Reaktionen nicht in den *K*-Ausdruck einbezogen. Solange ein reiner Feststoff oder eine Flüssigkeit in einer Reaktion vorhanden sind, ändert sich deren Konzentration nicht, und sie werden daher auch nicht in der Gleichgewichtskonstante berücksichtigt.

Kohlendioxid (CO_2), ein Gas, kann mit Graphit (Kohlenstoff [C]) bei hohen Temperaturen reagieren und gasförmiges Kohlenmonoxid (CO) bilden. Das Gleichgewicht zwischen CO_2 und CO in der Gasphase wird nicht von der Menge festen Kohlenstoffs beeinflusst, solange es im Reaktionsgemisch enthalten ist.

Fester Kohlenstoff taucht nicht im *K*-Ausdruck auf, da seine Konzentration nicht betroffen ist.

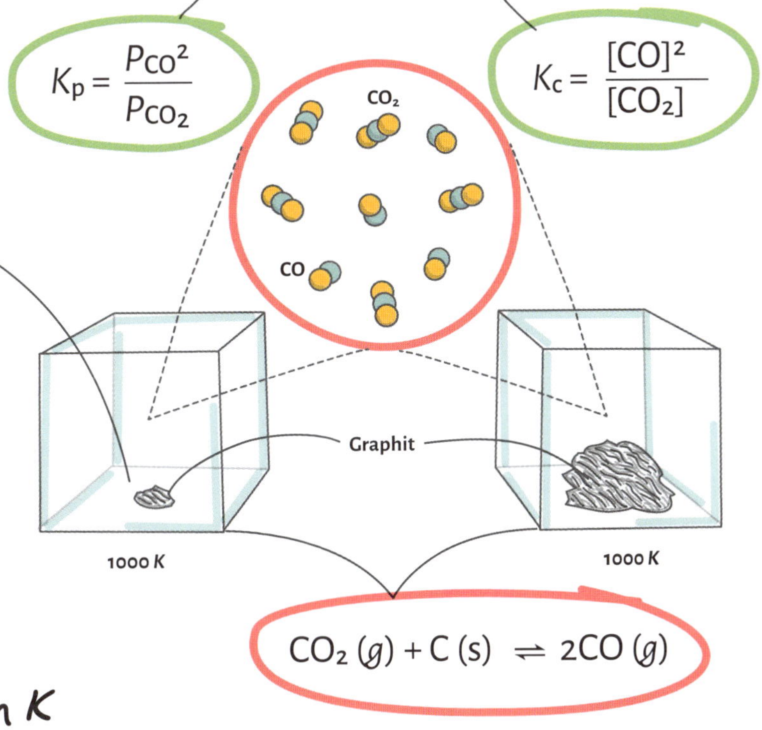

Die Bedeutung von *K*

K ist das Verhältnis von Reaktanten zu Produkten bei Gleichgewichtsbedingungen. Der Wert von *K* zeigt grundsätzlich an, wie viel Produkt unter bestimmten Reaktionsbedingungen hergestellt werden kann.

Ein großer *K*-Wert zeigt an, dass bei Gleichgewicht die Konzentration von Produkten höher ist als die von Reaktanten. Folglich liegt das Gleichgewicht eher bei den Produkten.

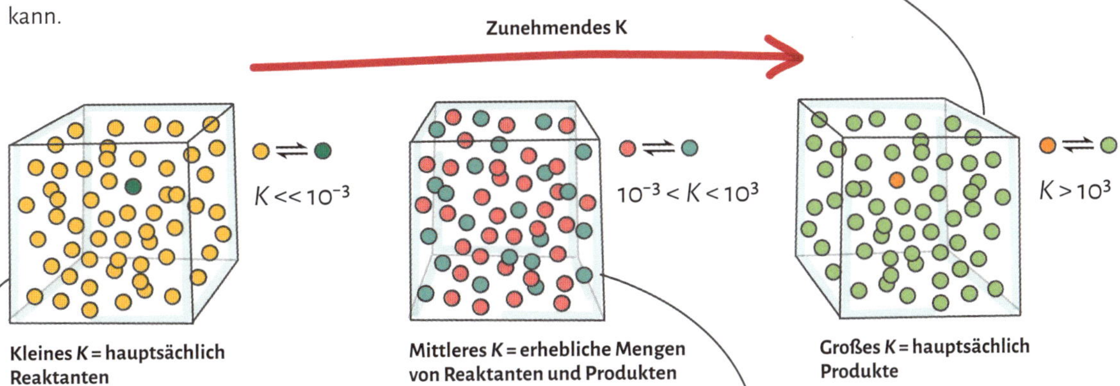

Bei kleinem *K*-Wert liegt das Gleichgewicht eher bei den Reaktanten; die Reaktion erzeugt keine hohe Konzentration von Produkten.

Zwischenwerte von *K* bedeuten, dass bei Gleichgewicht Reaktanten und Produkte in beträchtlichen Mengen vorhanden sind.

REAKTIONSQUOTIENT

Wenn zu Beginn nur Reaktantenmoleküle vorhanden sind, verläuft eine chemische Reaktion zum Erzeugen der Produkte zwangsläufig in Hinrichtung. Bei reversiblen Reaktionen gilt auch das Gegenteil: Sind zu Beginn nur Produktmoleküle vorhanden, so verläuft die Reaktion in umgekehrter Richtung auf die Reaktanten zu. Wenn unter Nichtgleichgewichtsbedingungen Reaktanten- und Produktmoleküle vorhanden sind, werden der Verlauf und die Richtung einer chemischen Reaktion durch den Reaktionsquotienten bestimmt.

K versus Q

Der Reaktionsquotient ist genau wie *K* definiert, doch die Reaktion muss nicht im Gleichgewicht sein. Die in der *Q*-Formel verwendeten Konzentrationen entsprechen nicht den Gleichgewichtskonzentrationen.

Q erklärt uns, wo sich die Reaktion zu einem bestimmten Zeitpunkt im Verhältnis zum Gleichgewicht befindet. Wenn sie nicht schon im Gleichgewicht ist, zeigt der numerische Wert von *Q* im Vergleich zu *K*, ob die Reaktion in Hin- oder Rückrichtung verläuft.

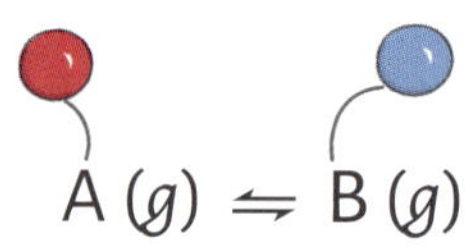

Q > *K*: Das Reaktionsgemisch enthält mehr Produkte, als für ein Gleichgewicht unter den vorgegebenen Reaktionsbedingungen benötigt wird. Die Reaktion muss sich in die umgekehrte Richtung, also zu den Reaktanten, bewegen, um das Gleichgewicht herzustellen.

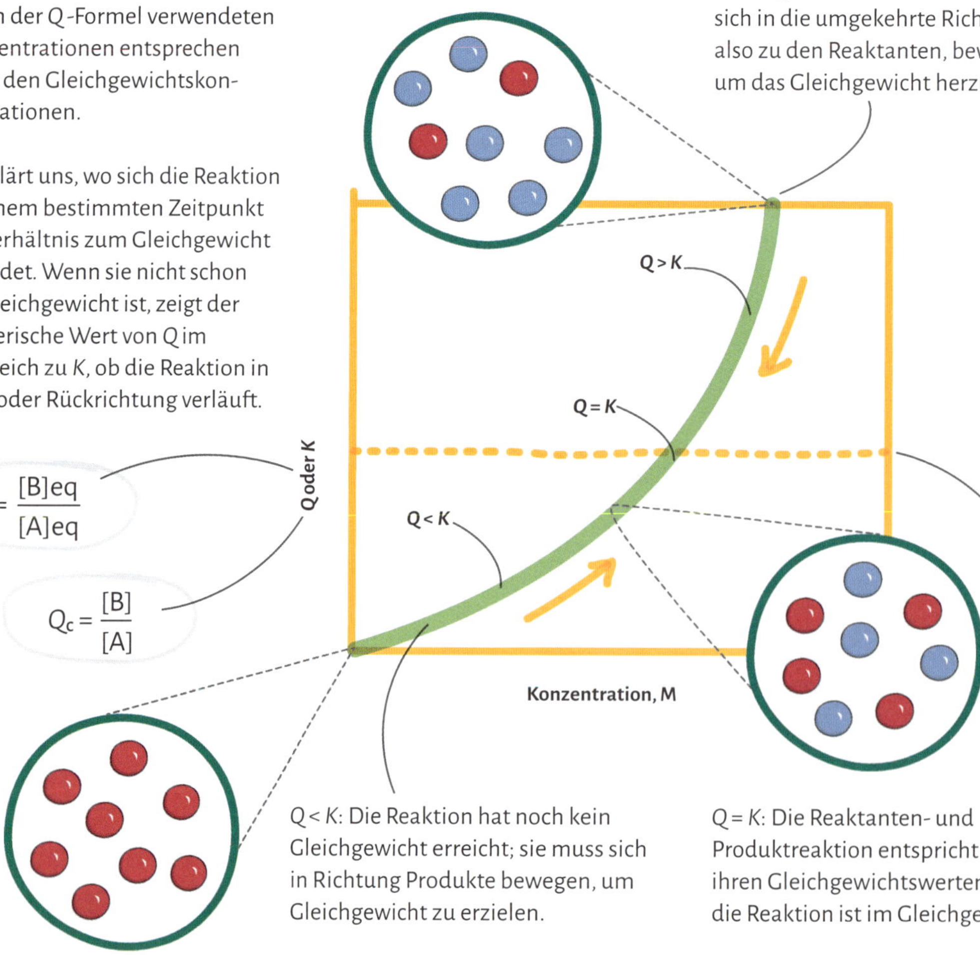

$$K_c = \frac{[B]eq}{[A]eq}$$

$$Q_c = \frac{[B]}{[A]}$$

Q < *K*: Die Reaktion hat noch kein Gleichgewicht erreicht; sie muss sich in Richtung Produkte bewegen, um Gleichgewicht zu erzielen.

Q = *K*: Die Reaktanten- und Produktreaktion entspricht ihren Gleichgewichtswerten; die Reaktion ist im Gleichgewicht.

ÄNDERUNG DER GLEICHGEWICHTSBEDINGUNGEN

Solange sich die Reaktionsbedingungen nicht ändern, bleibt eine chemische Reaktion im Gleichgewicht. Wenn eine Reaktion im Gleichgewicht jedoch von außen gestört wird, kann dies ihr Gleichgewicht beeinflussen. Das Prinzip von Le Châtelier – das Prinzip vom kleinsten Zwang –, besagt, dass eine chemische Reaktion auf eine Störung des Gleichgewichts reagiert und versucht, diese Störung zu beseitigen oder zu verringern.

Konzentrationsveränderung

Das Hinzufügen oder Entfernen von Reaktanten und Produkten, die eine konstante Raumtemperatur in einem chemischen Gleichgewicht haben, stört das Gleichgewicht, aber nicht den Zahlenwert von *K*. Das Hinzufügen oder Entfernen von reinen Feststoffen oder Flüssigkeiten hat keine Wirkung auf das Gleichgewicht, da sich ihre Reaktionen während einer chemischen Reaktion nicht ändern.

Eine zusätzliche Menge von Reaktanten erhöht den Wert des Nenners in *K*. Die Reaktion verschiebt sich sofort nach rechts, wodurch mehr Produkte entstehen, um den *K*-Wert konstant zu halten und ein neues Gleichgewicht herzustellen.

Beim neuen Gleichgewicht ist die Konzentration von Reaktanten und Produkten anders als beim ursprünglichen Gleichgewicht. Ihr *K*-Verhältnis bleibt wegen des Massenwirkungsgesetzes jedoch konstant.

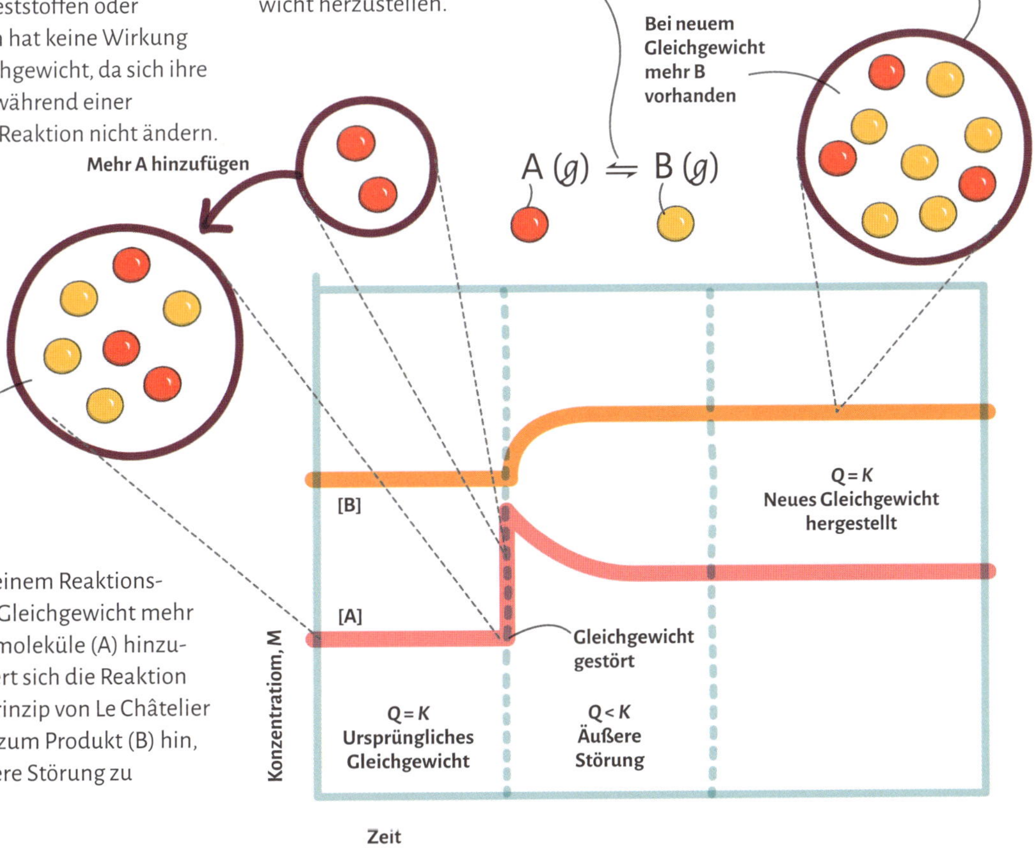

Wenn man einem Reaktionsgemisch im Gleichgewicht mehr Reaktantenmoleküle (A) hinzufügt, verlagert sich die Reaktion nach dem Prinzip von Le Châtelier nach rechts zum Produkt (B) hin, um die äußere Störung zu verringern.

Druck- oder Volumenveränderung

Da Flüssigkeiten und Feststoffe nicht zusammendrückbar sind, wirken sich Veränderungen des Drucks und Volumens nur auf gasförmige Gleichgewichtsreaktionen aus. Druck und Volumen verhalten sich umgekehrt proportional: Wenn der eine Wert steigt, sinkt der andere.

Die Reaktion zwischen Wasserstoff (H_2) und Stickstoff (N_2) erzeugt Ammoniakgas (NH_3). Eine Zunahme des Drucks (und eine Abnahme des Volumens) bei konstanter Temperatur stört das Gleichgewicht.

$$N_2\,(g) + 3H_2\,(g) \Leftrightarrow 2NH_3\,(g)$$

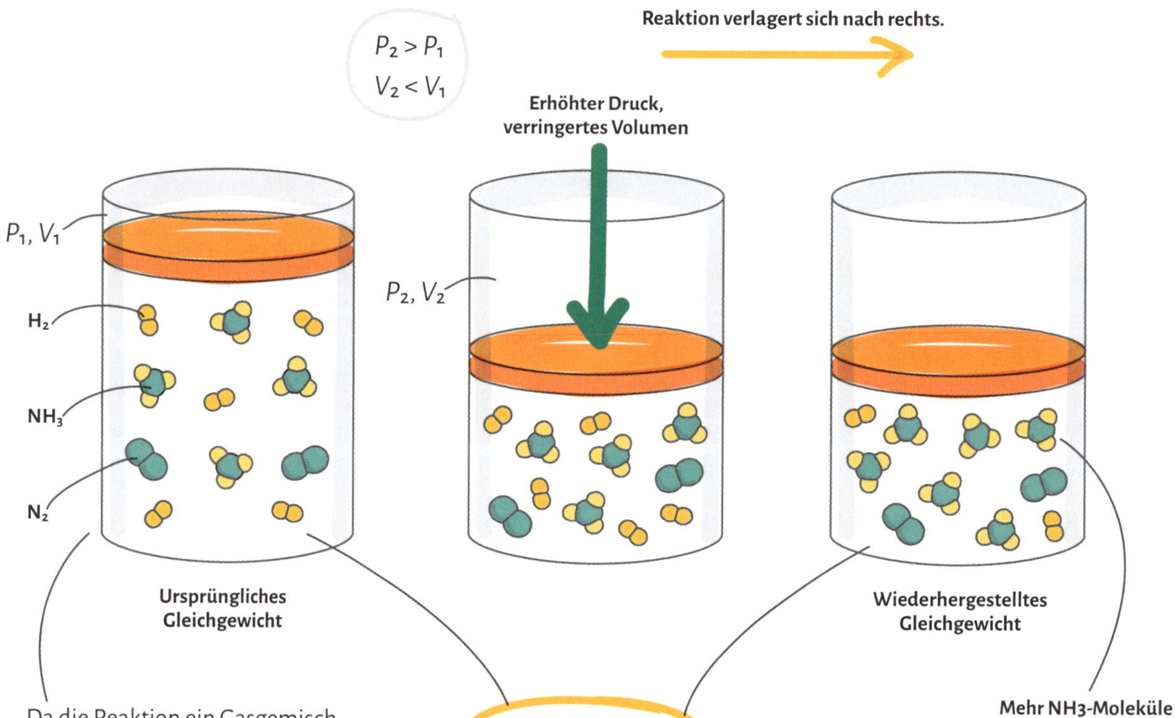

$$K_p = \frac{P^2_{NH_3}}{P_{N_2}P^3_{H_2}}$$

Da die Reaktion ein Gasgemisch ist, trifft das Dalton-Gesetz zu (siehe S. 128); wird also der Gesamtdruck erhöht, so erhöht sich der Partialdruck jedes Gases aufgrund seines stöchiometrischen Koeffizienten. Wenn alle Reaktanten und Produkte dieselben stöchiometrischen Koeffizienten hätten, würde sich die Änderung von Druck oder Volumen nicht auf das Gleichgewicht auswirken, da sich alle Partialdrücke im selben Maß ändern würden. Bei Wasserstoff und Stickstoff ist das jedoch nicht der Fall, und das Gleichgewicht wird daher gestört.

Die Reaktion reagiert auf den Anstieg des äußeren Drucks, indem sie versucht, den Gesamtdruck zu senken und das Gleichgewicht wiederherzustellen. Die Reaktion verlagert sich zum Verringern des Drucks nach rechts, wodurch ein neues Gleichgewicht mit einer höheren Ammoniakkonzentration entsteht.

Solange die Temperatur konstant bleibt, bleibt der *K*-Wert derselbe, auch wenn sich die Partialdrücke ändern.

Temperaturveränderung

Häufig muss man die Temperatur der Reaktanten in einer chemischen Reaktion erhöhen, damit die Reaktion stattfinden kann. Diese Reaktionen werden als **endotherme** (Wärme zuführende) Reaktionen bezeichnet, bei denen Wärmeenergie als notwendiger Reaktant für den Beginn der Reaktion betrachtet wird. **Exotherme** (Wärme abgebende) Reaktionen setzen Wärmeenergie als Produkt frei.

Die Zersetzungsreaktion von N_2O_4 ist eine endotherme Reaktion. Das Erhöhen der Temperatur dieser Reaktion bei Gleichgewicht bedeutet die Zufuhr von Wärme auf der Reaktantenseite als äußere Störung. Nach dem Prinzip von Le Châtelier verlagert sich die Reaktion auf die Produktseite zum Abführen der hinzugefügten Wärme; dies erzeugt mehr NO_2.

Eine Temperaturerhöhung bewegt ein chemisches Gleichgewicht in die endotherme Richtung; eine exotherme Reaktion bewegt sie in der umgekehrten Richtung auf die Reaktanten zu. Wird daher Wärme von der Zersetzungsreaktion von N_2O_4 bei Gleichgewicht entfernt, so schreitet die Reaktion in die umgekehrte Richtung fort und produziert mehr N_2O_4, um ein neues Gleichgewicht zu erlangen.

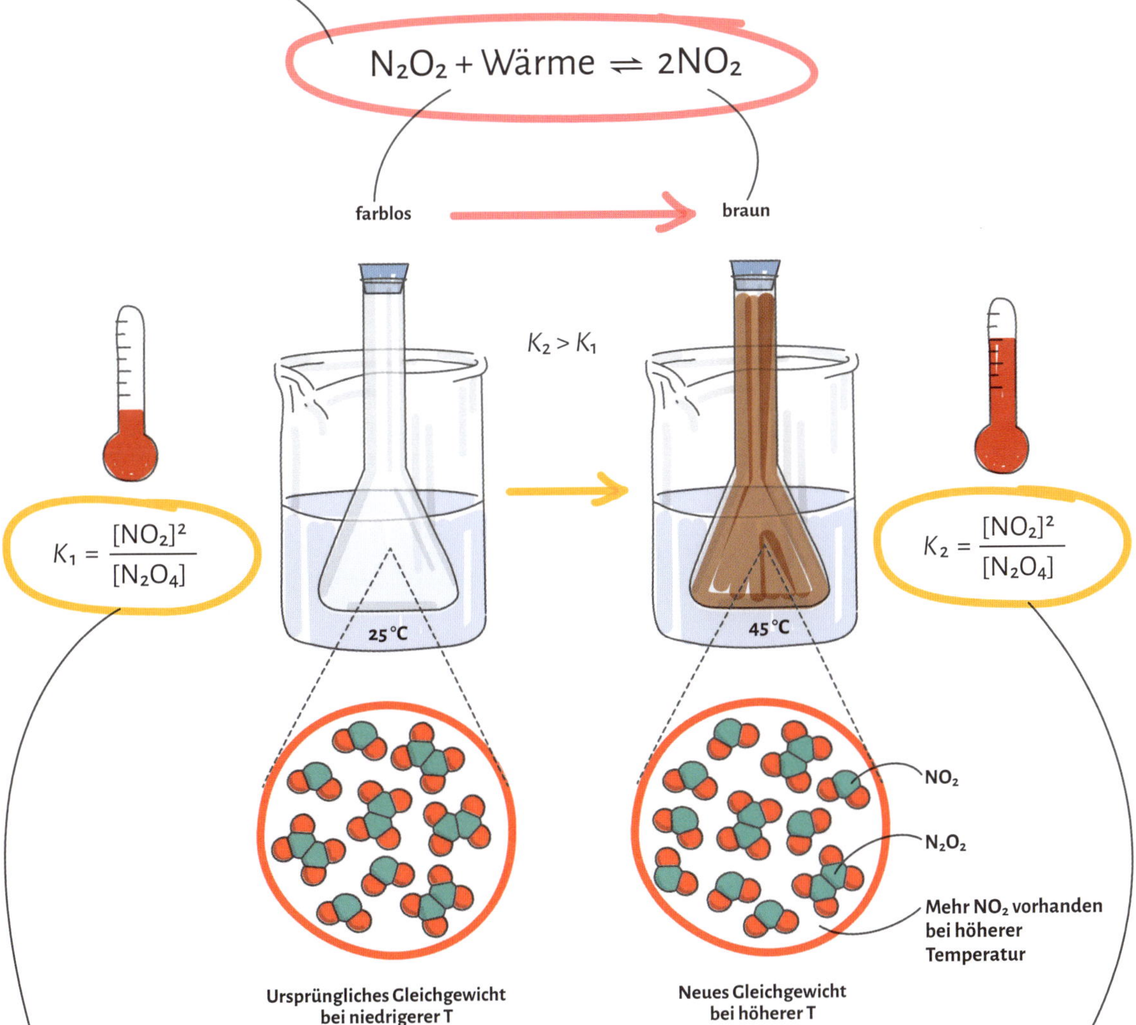

Wenn die Konzentrationen oder Druck/Volumen in einem chemischen Gleichgewicht verändert werden, tritt eine Verlagerung in der Reaktion auf, während sie ein neues Gleichgewicht herstellt. Aufgrund des Massenwirkungsgesetzes aber ändert sich der Zahlenwert von *K* nicht. Eine Veränderung der Temperatur stört das Gleichgewicht und ändert den Zahlenwert von *K*; wenn die Temperatur steigt, erhöht sich auch der *K*-Wert.

GLEICHGEWICHTS-BERECHNUNGEN

Solange ein Gleichgewicht besteht, bleiben die Konzentrationen der Reaktionsarten unverändert, was verschiedene mathematische Berechnungen ermöglicht. Wenn mindestens eine der Gleichgewichtskonzentrationen bekannt ist, kann der *K*-Wert bei der Gleichgewichtstemperatur berechnet werden. Ist *K* bekannt, so lassen sich die Gleichgewichtskonzentrationen aller Arten bestimmen.

ICE-Tabelle

Zum Erleichtern der Berechnungen von Konzentrationen erstellt man ein Tabellengitter mit den Anfangskonzentrationen (I = engl. *initial*), den Änderungen während der Reaktion (C = *change*) und den Gleichgewichtskonzentrationen (E = *equilibrium*). Die E-Reihe in einer ICE-Tabelle liefert die notwendigen Informationen für Gleichgewichtsberechnungen mit *K*; die C-Reihe zeigt die Senkung in den Konzentrationen der Reaktanten (–) und die Erhöhung in den Konzentrationen der Produkte (+); und x stellt die unbekannten Mengen von Konzentrationsveränderungen jeder Art dar, beruhend auf ihren stöchiometrischen Koeffizienten.

$N_2\,(g) + 3H_2\,(g) \rightleftharpoons 2NH_3\,(g)$

I	**Anfangskonzentrationen (M)**
C	**Änderungen der Konzentrationen**
E	**Gleichgewichtskonzentrationen (M)**

$N_2\,(g) + 3H_2\,(g) \rightleftharpoons 2NH_3\,(g)$

I	2	1	0
C			
E			

Die Anfangskonzentrationen werden in die I-Reihe des Gitters geschrieben.

$N_2\,(g) + 3H_2\,(g) \rightleftharpoons 2NH_3\,(g)$

I	2	1	0
C			
E			0,5

Wenn die Gleichgewichtskonzentration einer der Reaktionsarten bekannt ist, wird sie in die E-Reihe geschrieben.

ERMITTELN VON GLEICHGEWICHTSKONZENTRATIONEN
K ist bekannt; Gleichgewichtskonzentrationen ermitteln.

ERMITTELN DES *K*-WERT
Gleichgewichtskonzentrationen sind bekannt; *K* ermitteln.

$N_2(g) + 3H_2(g) \rightleftharpoons 2NH_3(g)$

I	2	1	0
C	−x	−3x	+2x
E			

Die Änderungen der Konzentrationen aller Reaktantenarten werden in die C-Reihe hinsichtlich x und der stöchiometrischen Koeffizienten eingetragen.

Die Konzentrationen aus der C-Reihe – durch x ausgedrückt – werden in den *K*-Ausdruck aufgenommen. Da der Wert von *K* bekannt ist, kann x bestimmt werden und die Zahlenwerte für die Gleichgewichtskonzentrationen liefern.

$N_2(g) + 3H_2(g) \rightleftharpoons 2NH_3(g)$

I	2	1	0
C	−x	−3x	+2x
E	2−x	1−3x	2x

Die E-Reihe ist die Summe der I- und C-Reihe und gibt die Gleichgewichtsbedingungen an.

$$K = \frac{(2x)^2}{(2-x)(1-3x)^3}$$

Der Rest des Gitters kann mithilfe der Stöchiometrie der Reaktion vervollständigen.

$N_2(g) + 3H_2(g) \rightleftharpoons 2NH_3(g)$

I	2	1	0
C	−0,25	−0,75	0,25
E	1,75	0,25	0,5

$$K = \frac{(0.5)^2}{(1{,}75)(0{,}25)^3}$$

Die Konzentrationswerte aus der E-Reihe werden in den *K*-Ausdruck aufgenommen, wodurch wir seinen Zahlenwert bei der Reaktionstemperatur bestimmen konnen.

RESÜMEE

CHEMISCHES GLEICHGEWICHT

DYNAMISCHES GLEICHGEWICHT

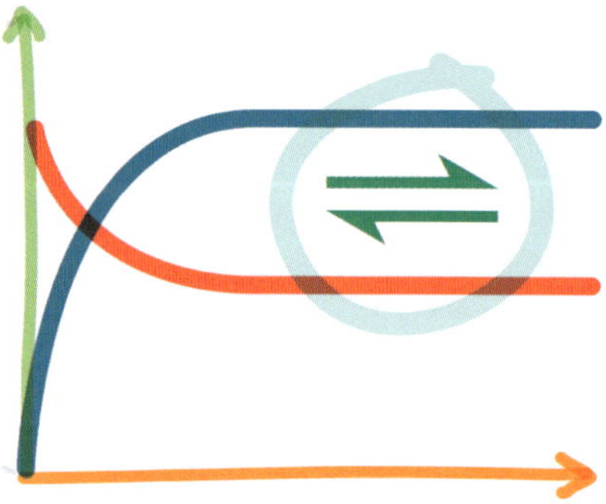

BILDUNG VON DYNAMISCHEM GLEICHGEWICHT

Reaktionen verlaufen in beide Richtung mit der gleichen Geschwindigkeit ohne Nettoveränderung der Konzentrationen.

GLEICHGEWICHTS-BERECHNUNGEN

Ein ICE-Tabellengitter ist ein Hilfsmittel zum Bestimmen von Konzentrationen bei Gleichgewicht.

ERMITTELN VON GLEICHGEWICHTS-KONZENTRATIONEN

K ERMITTELN

Experimentell bestimmte Gleichgewichtskonzentrationen werden zum Ermitteln des *K*-Werts verwendet.

ENDOTHERM

Wärmezuführend. Reaktion benötigt Wärmeenergie, damit sie stattfindet.

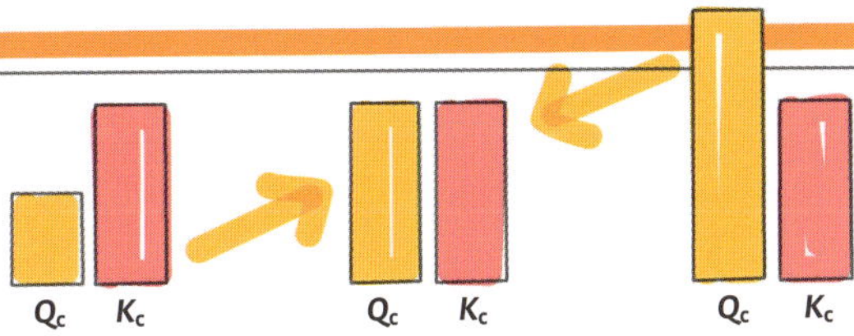

MASSENERHALTUNGSGESETZ

Gibt eine allgemeine Beschreibung der Gleichgewichtsbedingungen für chemische Reaktionen an

HETEROGENES GLEICHGEWICHT

Zwei oder mehr physikalische Phasen sind im Reaktionsgemisch vorhanden.

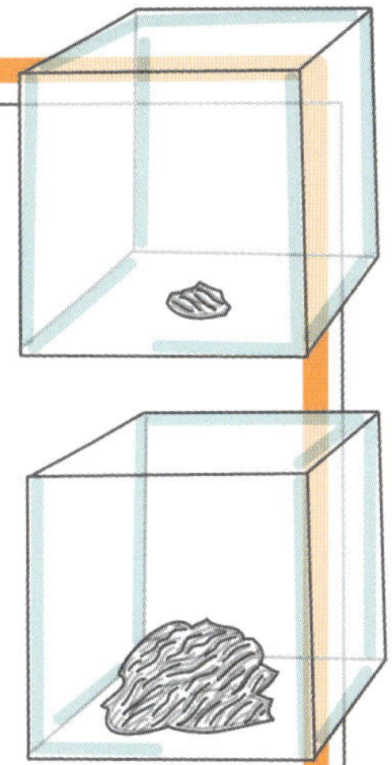

GLEICHGEWICHTSKONSTANTE

DIE BEDEUTUNG VON K

Der *K*-Wert zeigt die Menge verfügbarer Produkte bei Gleichgewicht an.

REAKTIONSQUOTIENT

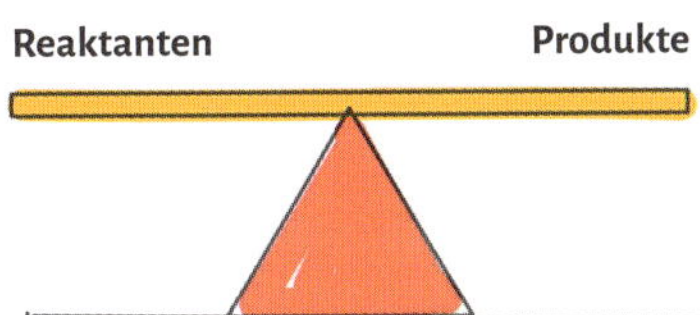

PRINZIP VON LE CHÂTELIER

Gewisse äußere Störungen verursachen Veränderungen der Gleichgewichtsbedingungen.

K VERSUS Q

Relative Werte von *K* und Q geben die Richtung chemischer Reaktionen an.

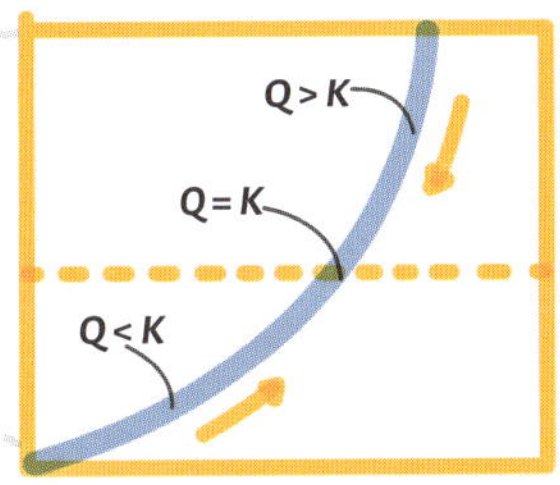

KONZENTRATIONSVERÄNDERUNG

Beeinträchtigt das Gleichgewicht durch Stören der Mengen von Reaktionsarten.

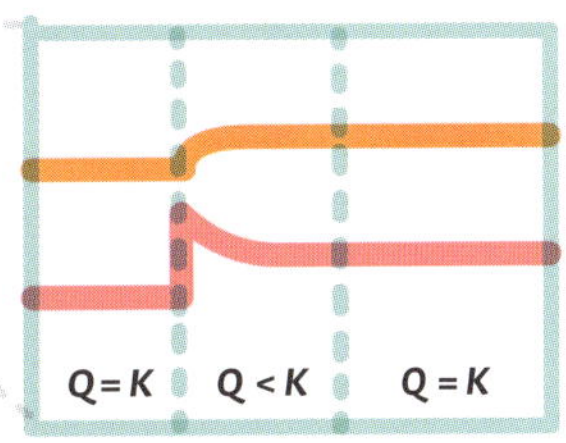

ÄNDERUNG DER GLEICHGEWICHTSBEDINGUNGEN

DRUCK-(VOLUMEN-)-VERÄNDERUNG

Kann Reaktionsgleichgewicht von Gasen stören

EXOTHERM

Wärmeabgabe. Reaktion erzeugt Wärme, während sie stattfindet.

TEMPERATURVERÄNDERUNG

Findet als Ergebnis von Wärmeenergieübertragung statt

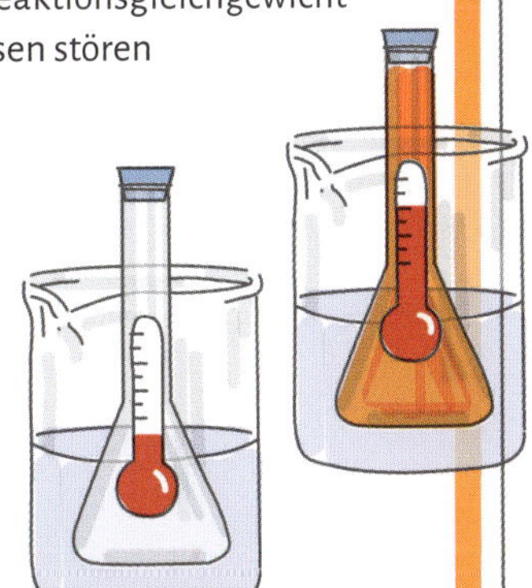

KAPITEL 12

SÄUREN UND BASEN

In der Chemie werden die Begriffe *Säure* und *Base* zum Bezeichnen der charakteristischen Eigenschaften einer Hauptgruppe von Substanzen verwendet. Der Name „Säure“ stammt vom lateinischen *acere*, „sauer“; ‚Base“ leitet sich vom arabischen *alqali* ab, „basisch“ oder „alkalisch“. Säuren und Basen finden im Alltag vielfältige Verwendung: Sie spielen eine wichtige Rolle bei der Verdauung unserer Nahrung, bei der Wirksamkeit vieler Medikamente, die wir einnehmen, im einzigartigen Geschmack und Geruch der verschiedenen Nahrungsmittel und Getränke, die wir genießen, und bei der Funktion von Haushalts reinigungs mitteln.

DEFINITION VON SÄUREN UND BASEN

Der Säure- oder Basencharakter einer Substanz wird am häufigsten beobachtet, wenn man sie mit Wasser mischt, in dem sie das Gleichgewicht von Wasserstoffionen (H^+) und Hydroxidionen (OH^-) verändern kann. Substanzen, die die Wasserstoffionenkonzentration in ihren wässrigen Lösungen erhöhen, sind Säuren; Substanzen, die die Hydroxidionenkonzentration erhöhen, wirken als Basen. Amphotere Substanzen können beides und verhalten sich je nach ihrer Umgebung als Säure oder Base.

Selbstionisation von Wasser

Wasser ionisiert zu **Hydronium**- (H_3O^+) und Hydroxidionen. Dies geschieht, wenn ein Wassermolekül mit einem anderen und einem Wasserstoffion kollidiert. Die Ionisationsreaktion findet bei Raumtemperatur nur in geringem Umfang statt, und die Wassermoleküle bleiben weitgehend intakt. Zwischen den Reaktanten und Produkten der Selbstionisationsreaktion von Wasser besteht ein Gleichgewicht.

Bei Raumtemperatur ist die Konzentration von Hydronium- und Hydroxidionen in Wasser gering ($1{,}0 \times 10^{-7}$ M). Die Gleichgewichtskonstante (K_W) hat daher einen Wert von $1{,}0 \times 10^{-14}$. Da K_W so klein ist, liegt das Gleichgewicht der Selbstionisation von Wasser weit links, wo Wassermoleküle vorhanden sind.

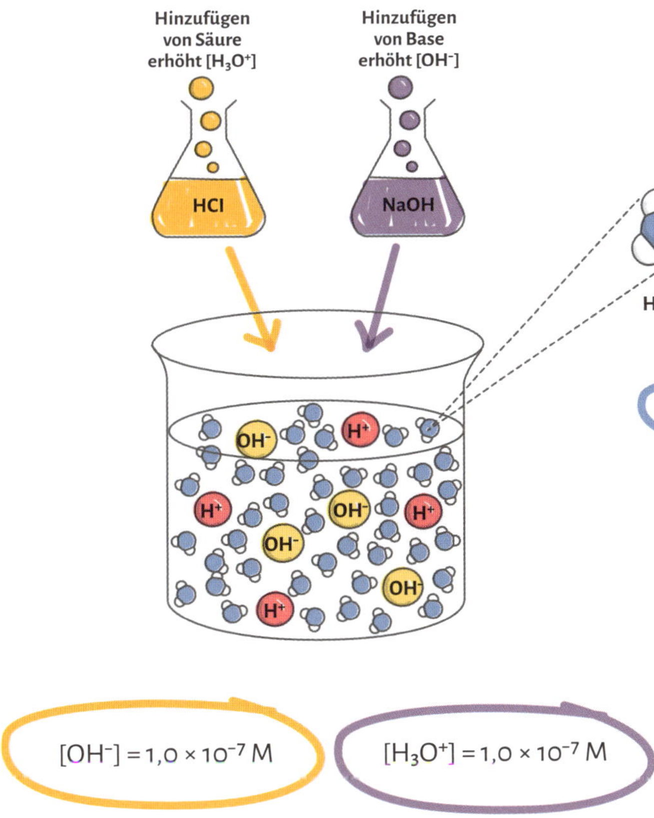

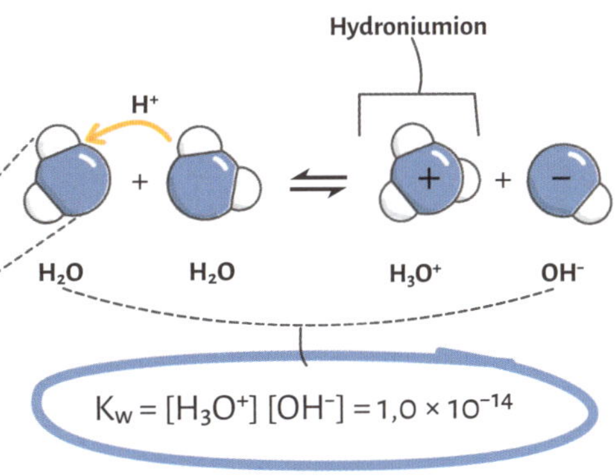

Das Hinzufügen von Säuren oder Basen verändert die Konzentrationen der Hydronium- oder Hydroxidionen und führt dazu, dass die resultierende Lösung saure oder basische Eigenschaften aufweist; die Lösung ist sauer, wenn die Hydroniumionen überwiegen; werden basische Eigenschaften beobachtet, so sind dic Hydroxidionen im Überschuss.

Klassifikation von Säuren und Basen

Säuren und Basen können nach dem Arrhenius-Modell oder der Brønsted-Lowry-Theorie definiert werden. Wasserstoffionen (Protonen) sind in Wasser äußerst reaktiv und bleiben daher nicht im H^+-Format; sie vereinen sich mit Wassermolekülen und bilden Hydroniumionen. Die Brønsted-Lowry-Theorie liefert daher eine umfassendere Definition von Säuren.

ARRHENIUS SÄUREN UND BASEN

★ Säuren produzieren Protonen (H^+) in Wasser.

★ Basen produzieren Hydroxidionen (OH^-) in Wasser.

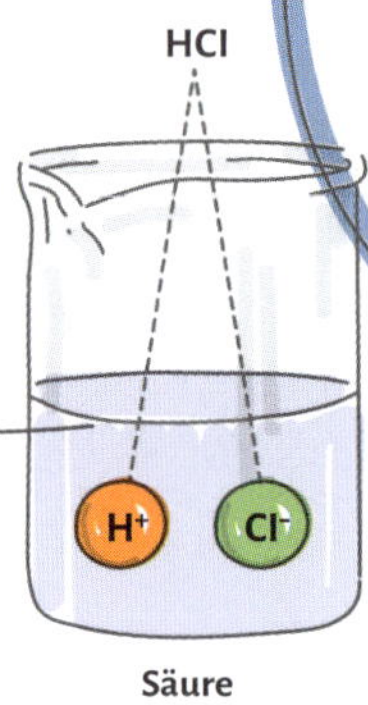

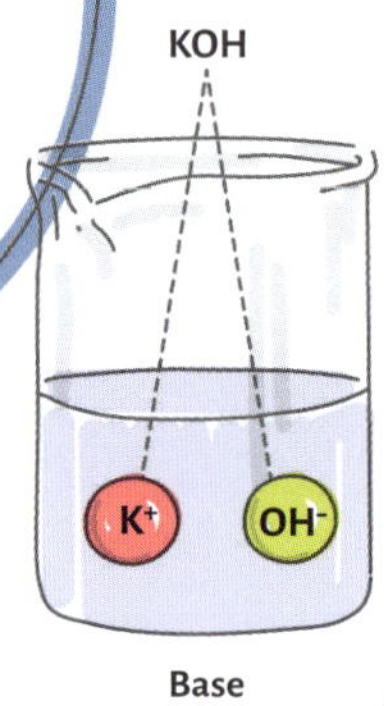

SÄUREEIGENSCHAFTEN

★ Elektrolyte

★ Saurer Geschmack

★ Neutralisiert Basen

★ Zersetzend

★ Reagiert mit Metallen

BASENEIGENSCHAFTEN

★ Elektrolyte

★ Bitterer Geschmack

★ Neutralisiert Säuren

★ Ätzend

★ Glitschiges Gefühl

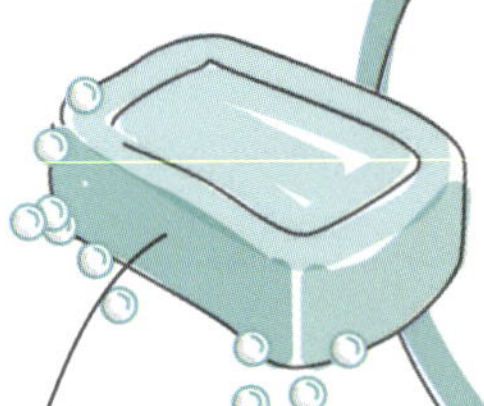

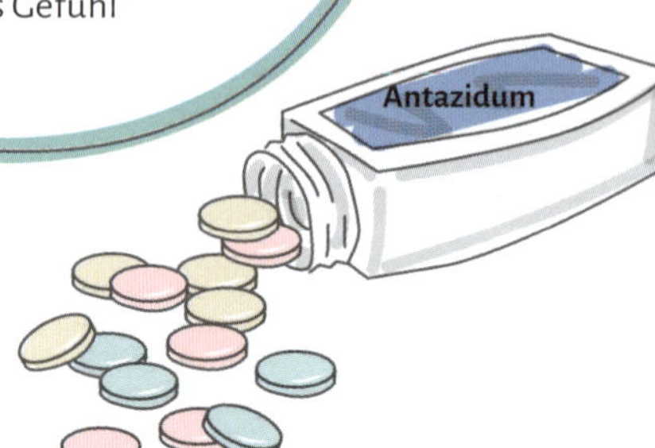

Der saure Geschmack vieler Zitrusfrüchte ist das Ergebnis von Zitronensäure ($C_6H_8O_7$), die dem in den Früchten enthaltenen Wasser Wasserstoffionen spendet.

Basen wie Natriumhydroxid (NaOH) und Kaliumhydroxid (KOH) werden zur Seifenherstellung verwendet. Basen fühlen sich glitschig an, da sie mit Hautfetten reagieren und Seife bilden. Haushaltsprodukte wie Abfluss- und Ofenreiniger enthalten NaOH, das mit Fetten, Ölen und anderen Proteinen reagiert und diese leicht entfernt.

BRØNSTED-LOWRY SÄUREN UND BASEN

★ Säuren sind Protonenspender (H^+).

★ Basen sind Protonenakzeptoren.

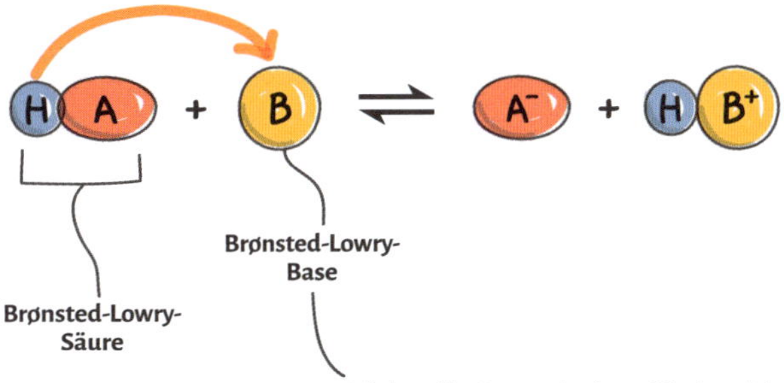

Nicht alle Basen haben Hydroxidionen in ihrer Struktur. Beispiel: Ammoniak (NH_3) ist eine Base in Wasser, enthält aber kein OH^- in seinen Molekülen. Die Brønsted-Lowry-Theorie wird daher zum Definieren von Basen bevorzugt.

ORGANISCHE SÄUREN UND BASEN

★ Müssen Kohlenstoff enthalten

★ Säuren: CH3COOH, C6H5COOH

★ Basen: CH3NH2, C5H5N

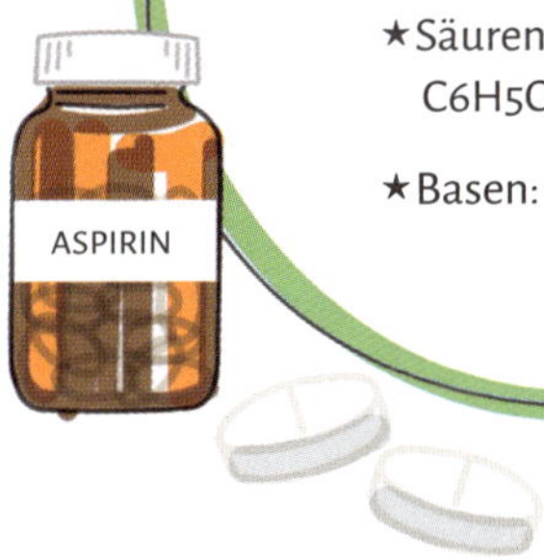

Organische Säuren und Basen enthalten ein oder mehr Kohlenstoffatome und finden sich in Nahrungsmitteln und Gemüse. Koffein ($C_8H_{10}N_4O_2$) in Kaffee ist beispielsweise eine organische Base, während Ethansäure (CH_3COOH) in Essig eine organische Säure ist.

ANORGANISCHE (MINERAL-)SÄUREN UND -BASEN

★ Können Kohlenstoff enthalten oder nicht

★ Säuren: HCl, H_2SO_4, H_3PO_4

★ Basen: NH_3, $NaOH$, $Mg(OH)_2$

Anorganische Säuren und Basen müssen keine Kohlenstoffatome enthalten. Schwefelsäure (H_2SO_4) ist eine in Autobatterien verwendete anorganische Säure; Ammoniak (NH3) ist eine anorganische Base zur Herstellung von Glasreinigern.

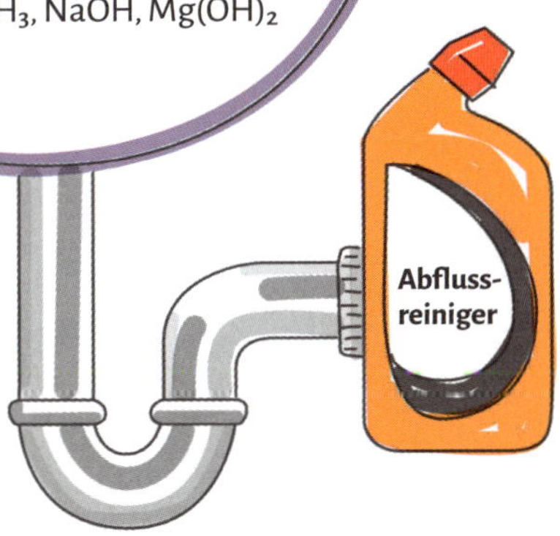

Viele Medikamente haben einen sauren oder basischen Charakter. Aspirin enthält die organische Acetylsalicylsäure ($C_9H_8O_4$); Basen wie Natriumhydrogencarbonat (Backnatron [$NaHCO_3$]), Calciumhydroxid ($Ca(OH)_2$) und Magnesiumhydroxid ($Mg(OH)_2$) sind in Antazida (Säureblockern) enthalten.

DIE pH-SKALA

Der Säure- oder Basengrad einer Säure-Base-Lösung wird quantitativ durch den pH-Wert (Potenzwert von Wasserstoff) oder pOH (Potenzwert von Hydroxid) angegeben. Beides sind logarithmische Skalen, die sich auf die Konzentrationen von Hydronium- bzw. Hydroxidionen beziehen.

pH und pOH

pH ist der negative dekadische Logarithmus der Hydroniumionenkonzentration in Molarität. pH-Werte reichen von 0 bis 14 in wässrigen Lösungen – dies ist praktisch, um den Säuregrad einer Lösung numerisch zu beschreiben.

pOH ist der negative dekadische Logarithmus der Hydroxidionenkonzentration in Molarität. Er bietet eine quantitative Methode zum Bestimmen des Alkalinitätsgrads in einer wässrigen Lösung; wie pH reicht er von 0 bis 14.

Neutral	Sauer	Basisch
pH = 7	pH < 7	pH > 7
pOH = 7	pOH > 7	pOH < 7

Wässrige Lösungen werden je nach ihrem pH- oder pOH-Wert als sauer, basisch oder neutral klassifiziert. Reines Wasser ist neutral, da es einen pH-Wert von 7 und einen pOH-Wert von 7 hat. Wenn man eine saure Substanz zu Wasser gibt, erhöht sich die Hydroniumionenkonzentration, und der pH-Wert sinkt unter 7. Eine basische Substanz andererseits hat eine erhöhte Hydroxidionenkonzentration, wodurch der pH-Wert über 7 steigt.

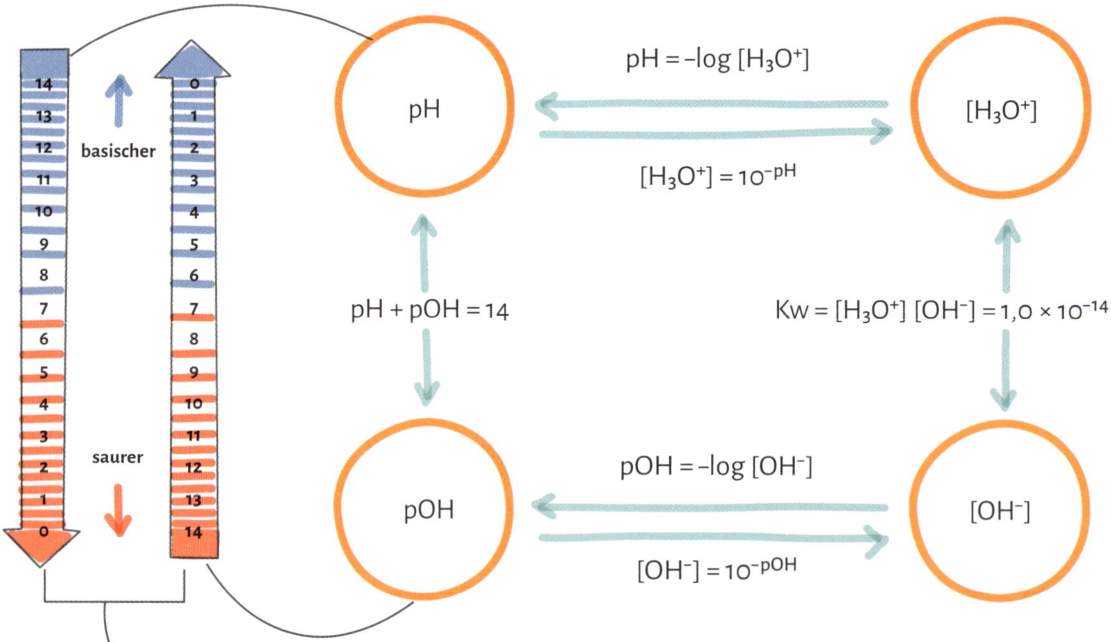

Die Summe von pH- und pOH-Wert einer wässrigen Lösung beträgt stets 14, da Kw = 1,0 × 10–14. Beispiel: Beträgt der pH-Wert 3, so ist der pOH-Wert 11.

Säuren und Basen im Alltag

Viele der Lebensmittel, Getränke, Medikamente und Haushaltsprodukte, die wir täglich verwenden, haben saure oder basische Eigenschaften. Ohne ihre charakteristischen Eigenschaften als Protonenspender oder -akeptoren könnten diese Säuren und Basen die Funktionen, auf die wir angewiesen sind, nicht erfüllen. Antazida beispielsweise wirken gut bei der Linderung von Sodbrennen, da sie überschüssige Protonen aus dem Magensaft entfernen können.

In unterschiedlichen Teilen des menschlichen Körpers kommen verschiedene pH-Werte vor. Der Magensaft in unserem Magen etwa hat einen niedrigen pH-Wert und ist stark ätzend, aber ohne ihn könnten wir keine Nahrung verdauen. Spezifische pH-Werte müssen in verschiedenen Organen aufrechterhalten werden, was eine ausgewogene Ernährung erfordert; der häufige Verzehr von zu sauren oder zu basischen Lebensmitteln und Getränken kann unserer Gesundheit schaden.

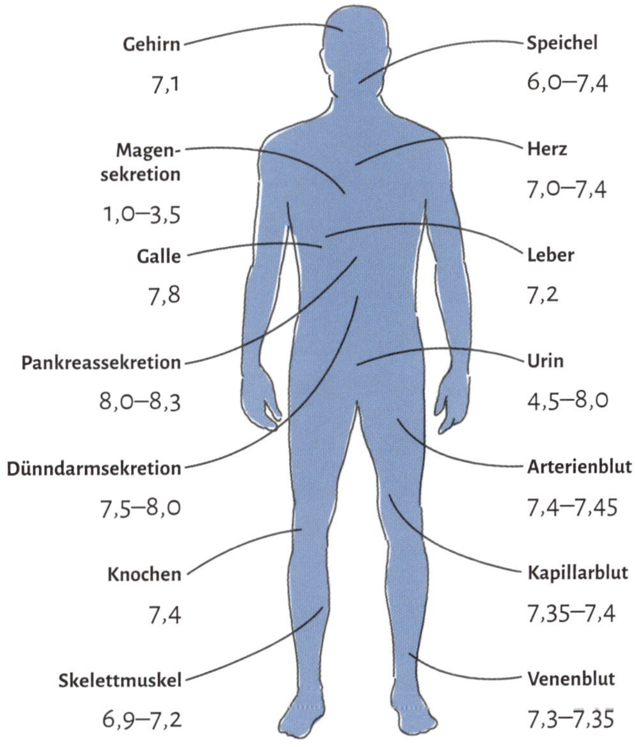

Säure-Base-Stärke

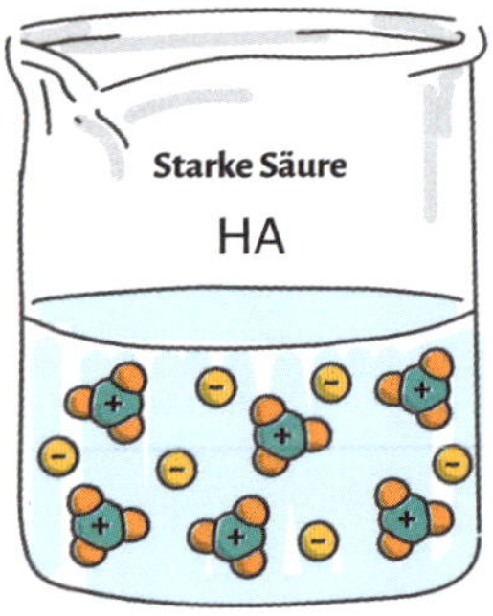

$$HA\ (aq) + H_2O\ (l) \rightarrow H_3O^+\ (aq) + A^-\ (aq)$$

Einige Säuren und Basen ionisieren vollständig in Wasser und bilden starke Elektrolytlösungen. Diese nennt man **starke Säuren und Basen**. Salzsäure (HCl) ist eine starke Säure, die ihre ganzen Protonen zur kompletten Ionisation an Wasser abgibt. HCl kommt in Magensaft vor und kann aufgrund ihrer Stärke Nahrung leicht auflösen.

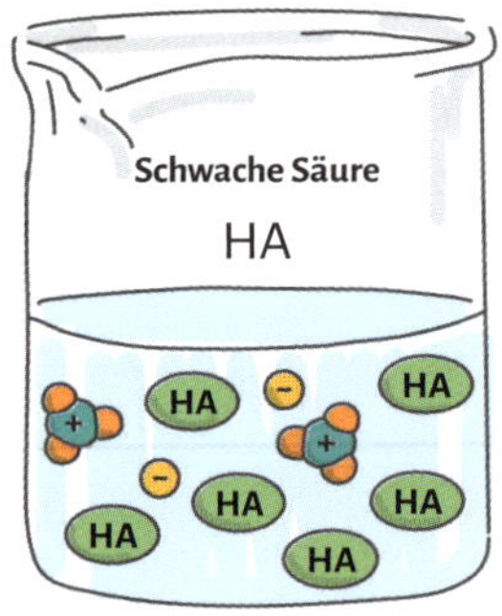

$$K_a = \frac{[H_3O^+]\,[A^-]}{[HA]} << 1$$

$$HA\ (aq) + H_2O\ (l) \rightleftharpoons H_3O^+\ (aq) + A^-\ (aq)$$

Schwache Säuren und Basen bleiben größtenteils intakt und ionisieren nicht zu einer nennenswerten Menge in Wasser, sondern erzeugen schwache Elektrolytlösungen. Sie bilden ein Gleichgewicht mit Wasser, doch dieses Gleichgewicht liegt weit links mit einer kleinen Gleichgewichtskonstante. Ethansäure (CH_3COOH) in Essig ist eine schwache Säure und macht keine bedeutende Anzahl ihrer Protonen verfügbar. Dies bedeutet, dass sie hauptsächlich die CH_3COOH-Form beibehält, wenn sie in Wasser gelöst wird. Aus diesem Grund kann man Essig in einer Salatsauce verwenden.

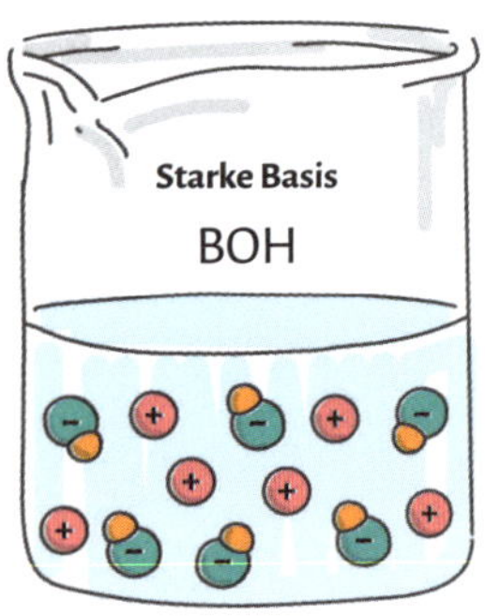

$$BOH\ (aq) \rightarrow B^+\ (aq) + OH^-\ (aq)$$

Natriumhydroxid (NaOH) ist eine starke Base, da sie in Wasser vollständig ionisiert, um ihre ganzen Natrium- und Hydroxidionen freizusetzen. Durch die hohe Konzentration der Hydroxidionen ist NaOH stark ätzend und in der Lage, biologisches Material aufzulösen. Daher wird Natriumhydroxid häufig zum Öffnen verstopfter Abflüsse verwendet.

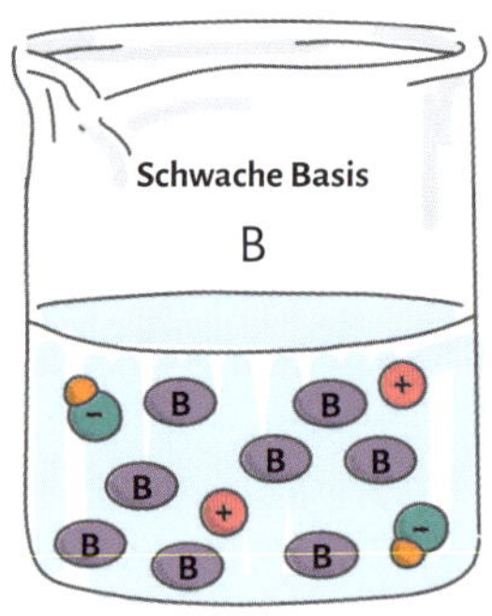

$$K_b = \frac{[BH^+]\,[OH^-]}{[B]} << 1$$

$$B\ (aq) + H_2O\ (l) \rightleftharpoons BH^+\ (aq) + OH^-\ (aq)$$

Ammoniak (NH_3) ist eine schwache Base, die nicht viele Protonen aus Wasser aufnehmen kann; in einer Lösung wird daher nur eine begrenzte Anzahl von Hydroxidionen erzeugt. Deswegen kann man Ammoniak sicher in Haushaltsreinigern ohne die ätzenden Wirkungen starker Basen verwenden.

pH-INDIKATOREN

Komplexe organische Moleküle, sogenannte Säure-Base-Indikatoren oder pH-Indikatoren, reagieren empfindlich auf pH-Wert-Änderungen. Diese Verbindungen selbst sind schwache Säuren und Basen mit begrenzter Ionisation in Wasser. In einer Lösung zeigen diese Indikatoren eine charakteristische Farbe, wenn sich ein Proton anlagert, und eine andere Farbe, wenn sich ein Proton vom Molekül abspaltet; ihre Farbe hängt also vom pH-Wert ab. Solche Indikatoren sind nützlich, wenn der pH-Wert schnell überprüft werden soll, und werden daher vielfach angewendet. Auch in der Natur gibt es zahlreiche Beispiele für Indikatormoleküle.

Man kann pH-Indikatoren künstlich herstellen, aber sie kommen auch natürlich vor. Anthocyanin ist ein Molekül in Rotkohl. Es kann seine Farbe in Abhängigkeit von unterschiedlichen pH-Werten ändern.

Anthocyanine existieren auch in Rhododendron und verleihen den Blüten eine blaue Farbe, wenn die Pflanze in saurer Erde wächst, und eine rosa-violette Farbe, wenn der Boden alkalisch ist.

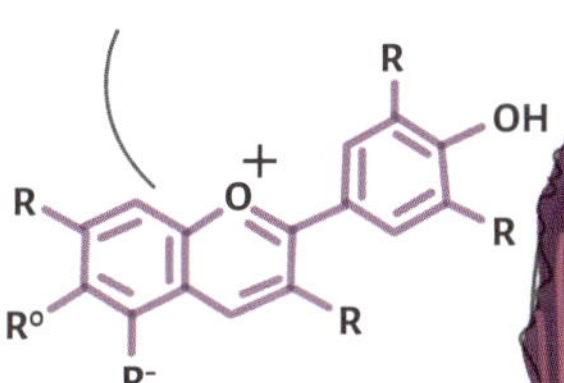

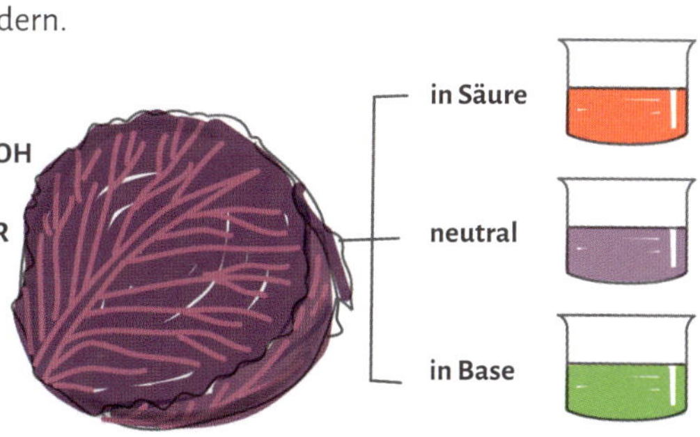

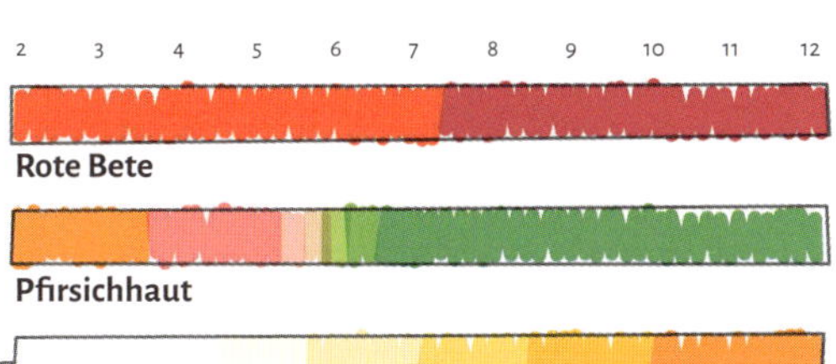

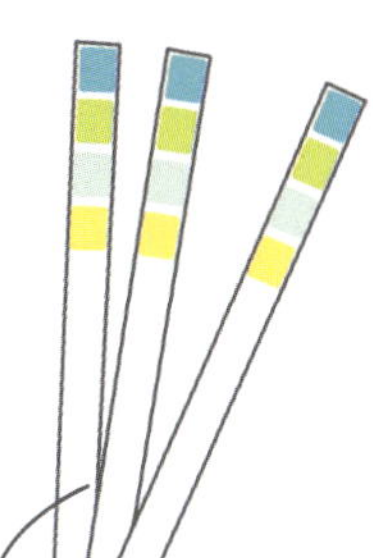

pH-Papier ist ein praktisches Hilfsmittel zur schnellen Überprüfung des Säuregehalts in verschiedenen Umgebungen, z. B. Schwimmbädern. Es besteht aus Papier, das mit einem Universalindikator beschichtet ist.

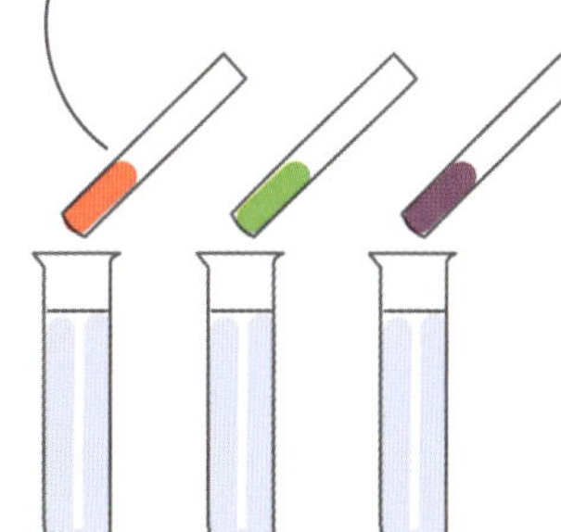

Es gibt viele Beispiele für essbare pH-Indikatoren in der Natur. In jedem Fall liefert ein spezielles, natürlich auftretendes komplexes Molekül verschiedene Farben, die die Veränderungen im pH-Wert anzeigen.

Synthetische und natürliche Moleküle können zur Herstellung kommerziell erhältlicher pH-Indikatoren verwendet werden. Die am häufigsten benutzten Indikatoren sind **universelle Säure-Base-Indikatoren**, die eine Mischung aus mehreren Molekülen darstellen und ein Farbspektrum für den gesamten pH-Bereich liefern.

NEUTRALISATIONS-REAKTIONEN

Säuren und Basen haben gegensätzliche Eigenschaften, besonders im Hinblick auf ihre Affinität mit Wasserstoffionen, d. h. sie reagieren miteinander, um Wasser und eine Form von ionischer Verbindung oder Salz zu bilden. Die Wasserstoffionen in Säuren und die Hydroxidionen in Basen reagieren und bilden Wasser, weshalb die Säure-Base-Wechselwirkung als Neutralisationsreaktion bezeichnet wird. Im Alltag gibt es viele Beispiele für Neutralisationsreaktionen.

Neutralisation

Säuren neutralisieren die alkalischen Eigenschaften von Basen. Die sich bildende ionische Verbindung hängt von der in der Neutralisationsreaktion verwendeten Art der Säure und Base ab. Beispiel: Wenn Natriumhydroxid (NaOH) und Salzsäure (HCl) reagieren, bilden sie Kochsalz (NaCl) und Wasser (H_2O).

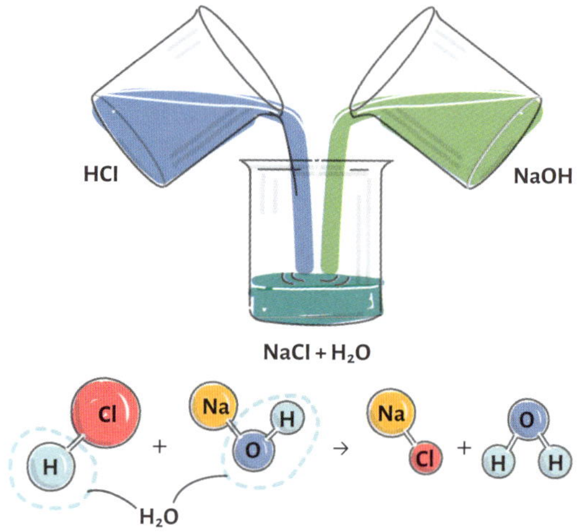

Ameisenbisse und Bienenstiche sind aufgrund der ausgeschiedenen Ameisensäure (HCOOH) sauer. Natriumhydrogencarbonat ($NaHCO_3$), eine Base, kann zum Neutralisieren der Säure verwendet werden. Ein Wespenstich aber enthält Verbindungen mit basischen Eigenschaften; daher wird zur Behandlung normalerweise Essigsäure enthaltender Essig eingesetzt.

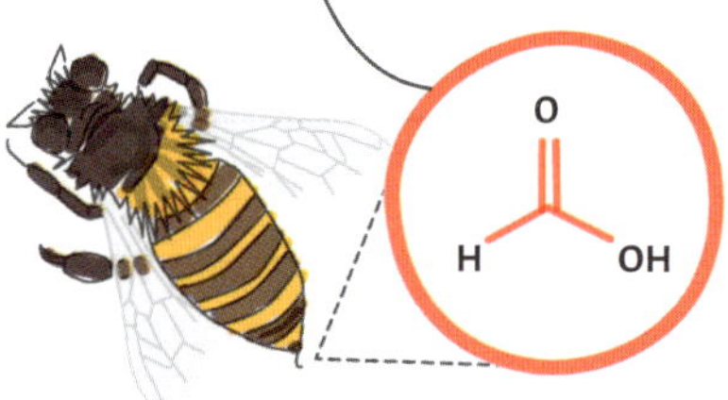

Magensaft enthält Salzsäure (HCl), die stark genug ist, um Nahrung aufzulösen und so die Verdauung unterstützt; zuviel Säure im Magen verursacht jedoch Verdauungsstörungen. Dies kann mit Antazida behandelt werden, die eine alkalische Verbindung wie Natriumhydrogencarbonat ($NaHCO_3$), Magnesiumhydroxid (Magnesiamilch [$Mg(OH)_2$]) und Calciumcarbonat ($CaCO_3$) enthalten.

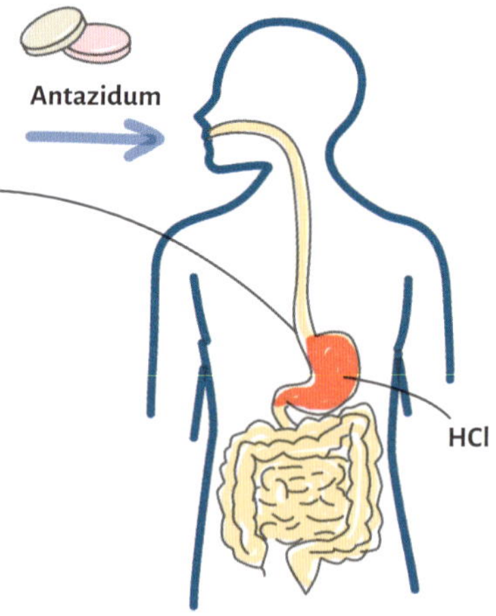

$$2HCl\ (aq) + Mg(OH)_2\ (aq) \rightarrow 2H_2O\ (l) + MgCl_2\ (aq)$$

$$HCOOH\ (aq) + NaHCO_3\ (aq) \rightarrow NaCOOH\ (aq) + H_2O\ (l) + CO_2\ (g)$$

Saurer Regen

Nichtmetalloxide wie Schwefeldioxid (SO_2), Stickstoffmonoxid (NO), Stickstoffdioxid (NO_2) und Kohlendioxid (CO_2) bilden in Wasser saure Lösungen. Sie werden als **saure Anhydride** bezeichnet und kommen in der von Industrieanlagen, Autos und Vulkanen ausgestoßenen verschmutzten Luft vor.

Kohlendioxid (CO_2) verbindet sich mit Regenwasser zu einer schwachen Kohlensäurelösung (H_2CO_3), weshalb normales Regenwasser sauer ist und einen pH-Wert von etwa 5,6 aufweist.

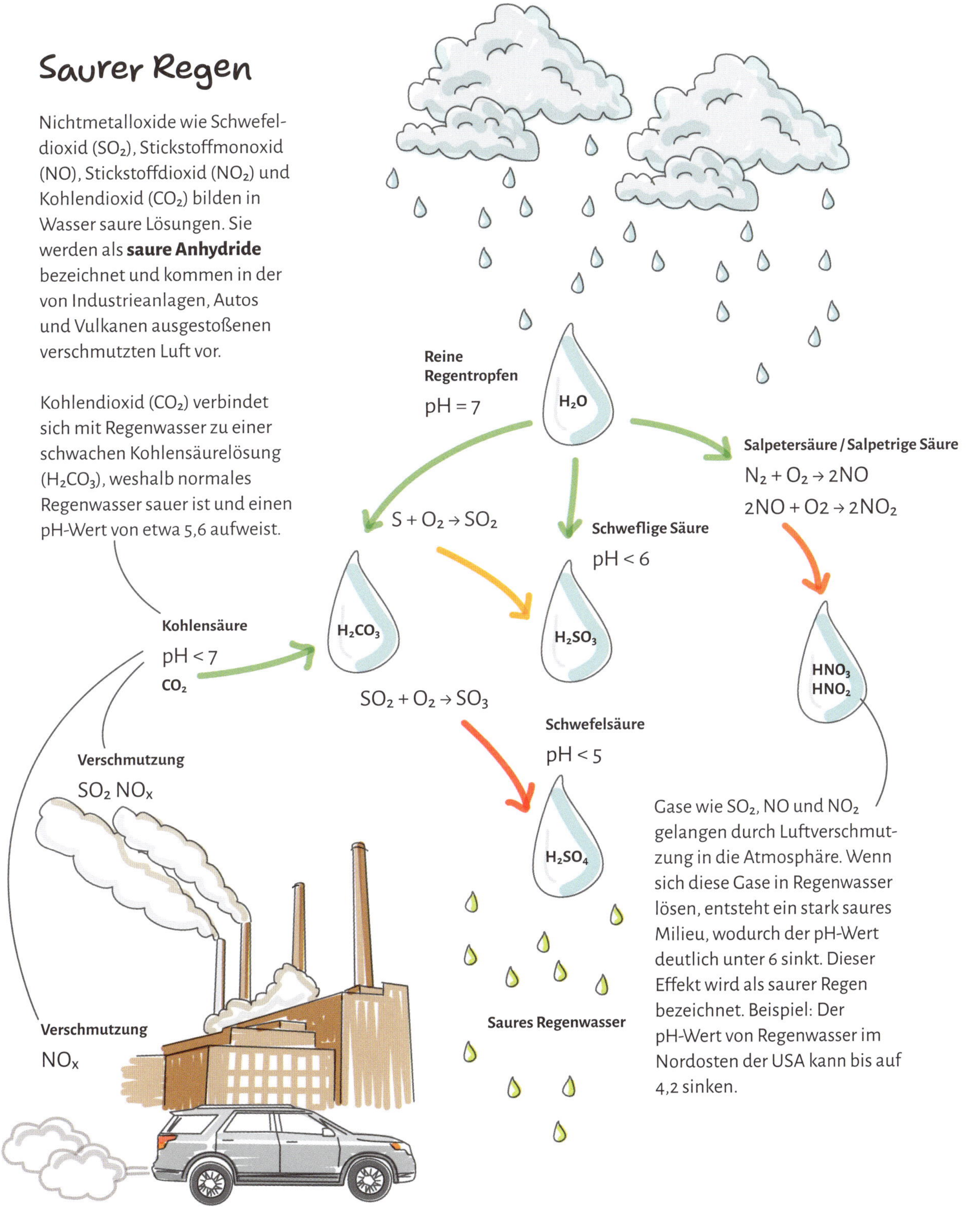

Gase wie SO_2, NO und NO_2 gelangen durch Luftverschmutzung in die Atmosphäre. Wenn sich diese Gase in Regenwasser lösen, entsteht ein stark saures Milieu, wodurch der pH-Wert deutlich unter 6 sinkt. Dieser Effekt wird als saurer Regen bezeichnet. Beispiel: Der pH-Wert von Regenwasser im Nordosten der USA kann bis auf 4,2 sinken.

Saurer Regen verursacht erhebliche wirtschaftliche, gesundheitliche und ökologische Schäden, da er Böden und Gewässer versauert und dadurch Wasserlebewesen und -pflanzen bedroht. Jedes Jahr werden weltweit Millionen Tonnen Kalk (CaO) in Böden, Seen und Flüsse eingebracht, um der Versauerung durch sauren Regen entgegenzuwirken. Der Kalk reagiert mit Wasser und bildet Calciumhydroxid ($Ca(OH)_2$), eine Base, die saure Verbindungen in Boden und Wasser neutralisieren kann.

Säure-Base-Titration

Neutralisationsreaktionen werden häufig für quantitative chemische Analysen genutzt, um die Konzentration einer Säure oder Base in einer Probe zu bestimmen. Diesen Prozess nennt man Säure-Base-Titration.

Für die Titration gibt man z. B eine Säureprobe mit einigen Tropfen pH-Indikator in einen Kolben. Mit einer Bürette wird dann langsam eine geeignete Basenlösung hinzugefügt. Die Änderung des pH-Werts im Kolben wird häufig mit einem digitalen pH-Meter überwacht.

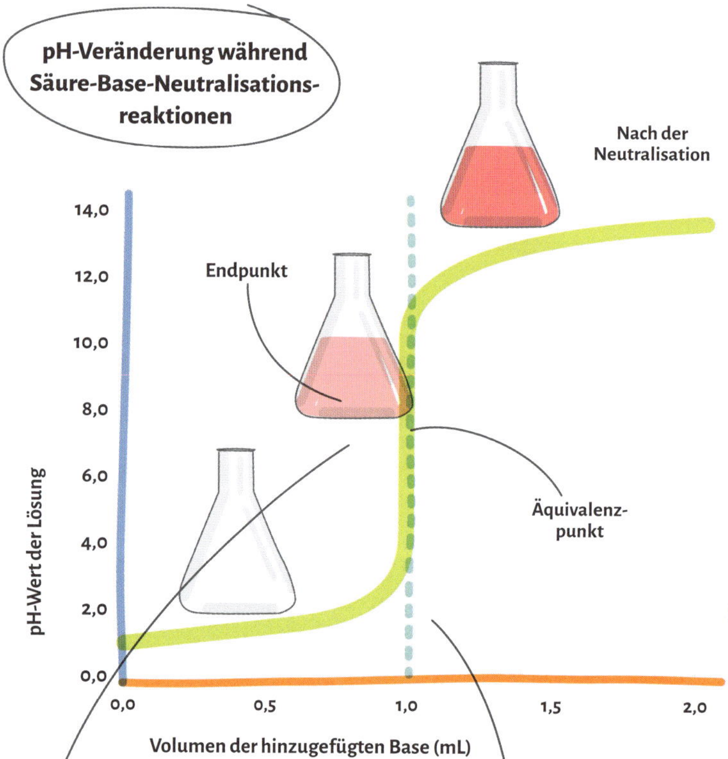

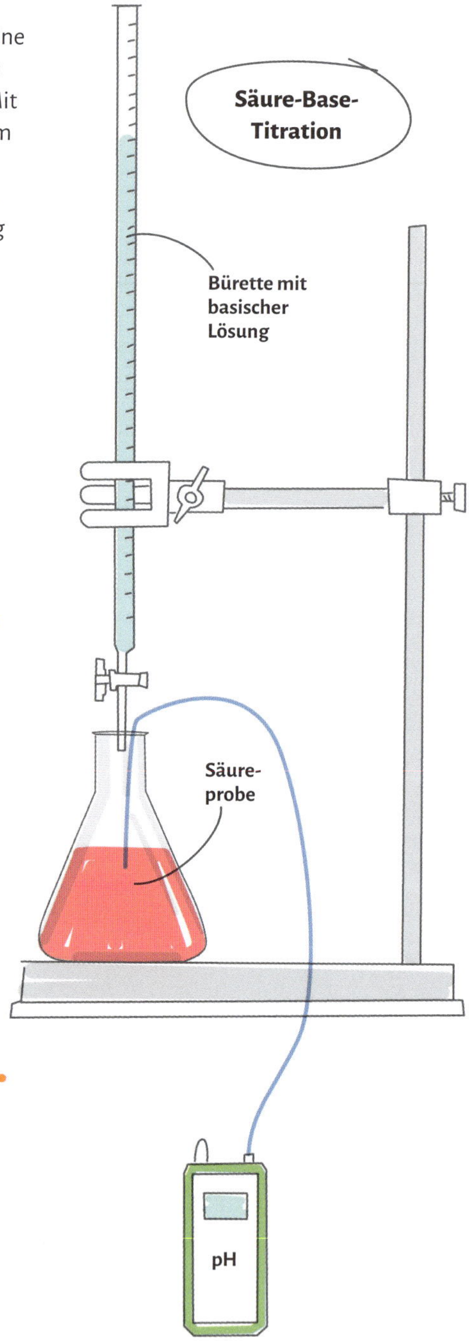

Der pH-Indikator verändert die Farbe, wenn die gesamte Säure durch die hinzugefügte Base neutralisiert worden ist; dies nennt man den **Endpunkt**. Damit diese Farbänderung stattfindet, muss die Reaktion den exakten Neutralisationspunkt überschreiten, sodass leicht basische Bedingungen erzeugt werden.

Der genaue Moment, in dem die gesamte Säure von der Base neutralisiert wird, ist der **Äquivalenzpunkt**. An diesem Punkt haben alle Wasserstoffionen der Base die ganzen Wasserstoffionen der Säure neutralisiert und Wasser gebildet.

Das Volumen der hinzugefügten Base am Äquivalenzpunkt wird verwendet, um stöchiometrisch die Konzentration der Säureprobe zu bestimmen.

PUFFER

Wässrige Lösungen, die pH-Änderungen bei Zugabe von Säuren oder Basen widerstehen, bezeichnet man als Pufferlösungen. Puffer bestehen aus einer schwachen Säure und ihrem Salz mit einer starken Base oder aus einer schwachen Base und ihrem Salz mit einer starken Säure. Viele biologische Systeme reagieren empfindlich auf pH-Änderungen in ihrer Umgebung; daher spielen Puffer eine entscheidende Rolle bei der Aufrechterhaltung eines gesunden pH-Gleichgewichts für normale biologische Aktivitäten.

Puffereffekt

Kohlensäure (H_2CO_3) ist eine schwache Säure, die mit ihrem Salz (z. B. Natriumhydrogencarbonat [$NaHCO_3$]) eine Pufferlösung bildet. Das Bicarbonat-Ion (HCO_3^-) ist die Base der Kohlensäure und wird vom Salz geliefert; dies wird als **konjugierte Base** bezeichnet. Wenn sich das $H2CO_3/HCO_3^-$-Paar in einer wässrigen Lösung befindet, entsteht der Puffereffekt, und der pH-Wert der Lösung verändert sich nicht.

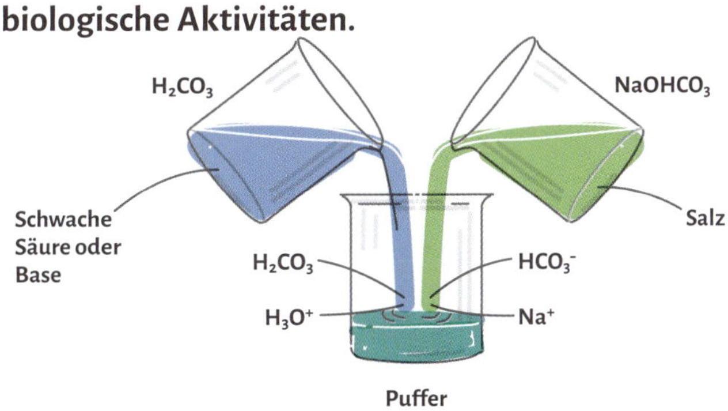

Wenn eine Base zur Lösung mit dem Kohlensäure/Bicarbonat-Pufferpaar zugesetzt wird, neutralisiert H_2CO_3 sie sofort, bevor der pH-Wert ansteigt. Ebenso wird die Zugabe einer Säure von HCO_3^- neutralisiert, damit der pH-Wert konstant bleibt.

Hinzugefügte Base verlagert die Reaktion nach rechts.

$$H_2CO_3\ (aq) + H_2O\ (l) \rightleftharpoons HCO_3^-\ (aq) + H_3O^+\ (aq)$$

Schwache Säure — **Konjugierte Base**

Hinzugefügte Säure verlagert die Reaktion nach links.

Das Kohlensäure/Bicarbonat-Paar reguliert den Blut-pH-Wert, der zwischen 7,35 und 7,45 liegen muss. Fällt der pH-Wert unter diesen Bereich, so tritt **Acidose** (Übersäuerung) auf; wenn der Blut-pH-Wert über 7,45 ansteigt, kommt es zu **Alkalose** (Untersäuerung). Acidose und Alkalose können lebensgefährlich sein, wenn sie nicht behandelt werden.

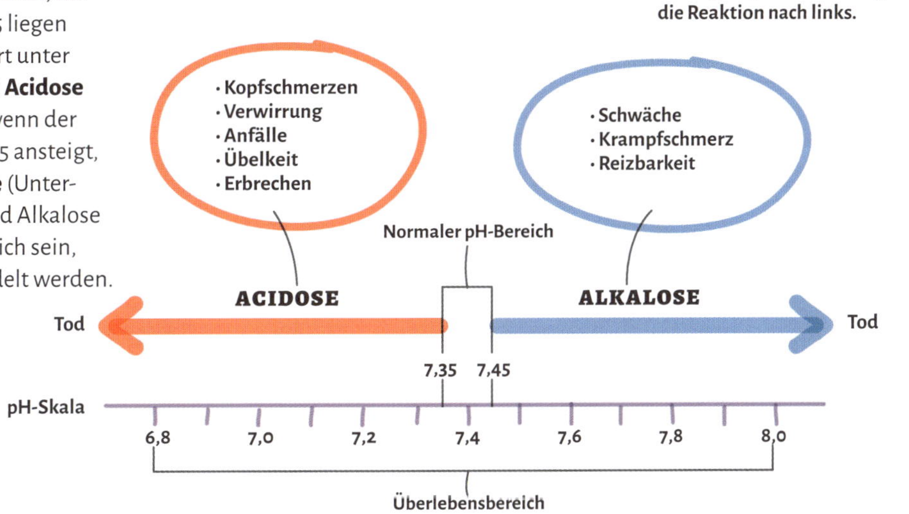

RESÜMEE

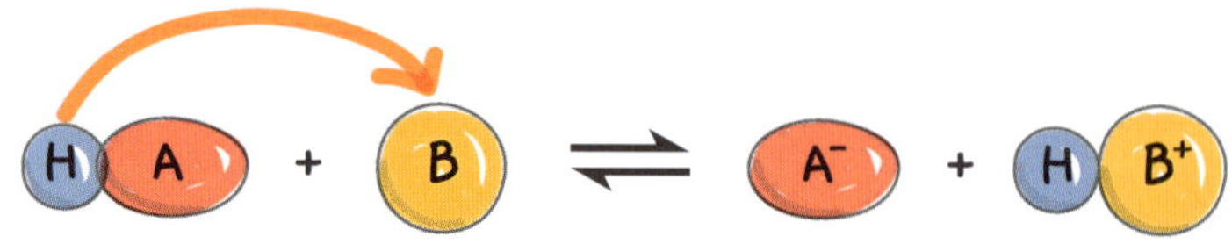

BRØNSTED-LOWRY-SÄURE

Protonenspender

BRØNSTED-LOWRY-BASE

Protonenakzeptor

ARRHENIUS-SÄURE

Erzeugt H^+

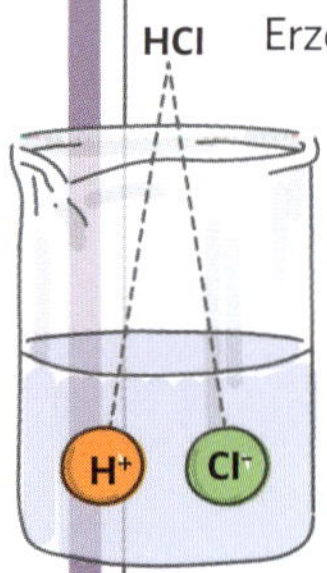

ARRHENIUS-BASE

Erzeugt OH^-

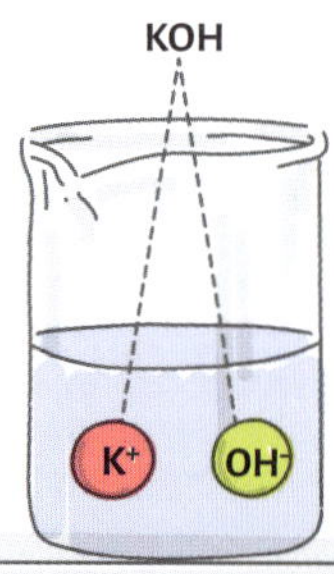

DEFINITION VON SÄUREN UND BASEN

HYDRONIUMION

Entspricht H_3O^+

AMPHOLYT

Kann eine Säure oder Base sein.

SÄUREN UND BASEN

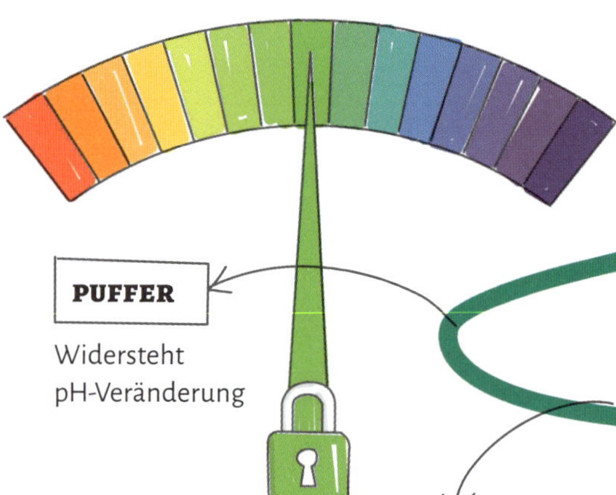

KONJUGIERTE SÄURE-BASE

Ionisierte Formen von Säuren und Basen

PUFFER

Widersteht pH-Veränderung

PUFFER

ACIDOSE

Zu viel Säure im Blut

ALKALOSE

Zu viel Base im Blut

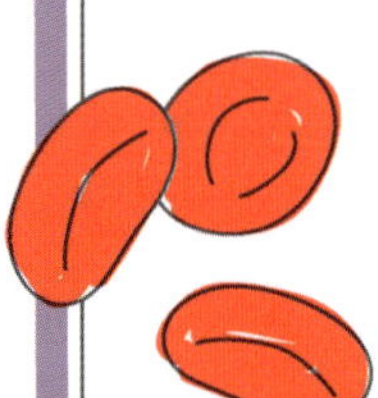

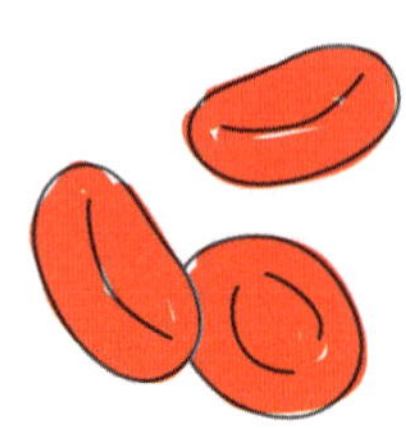

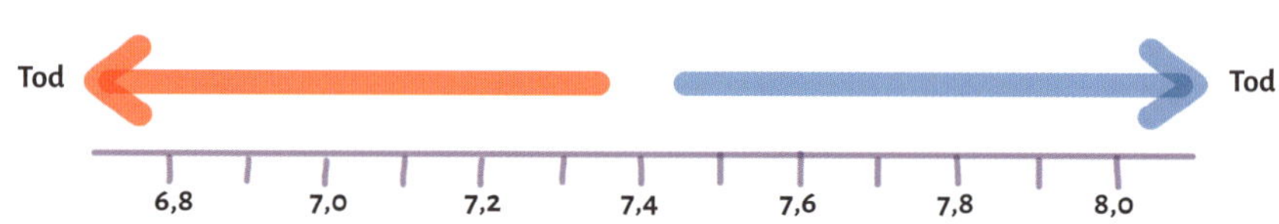

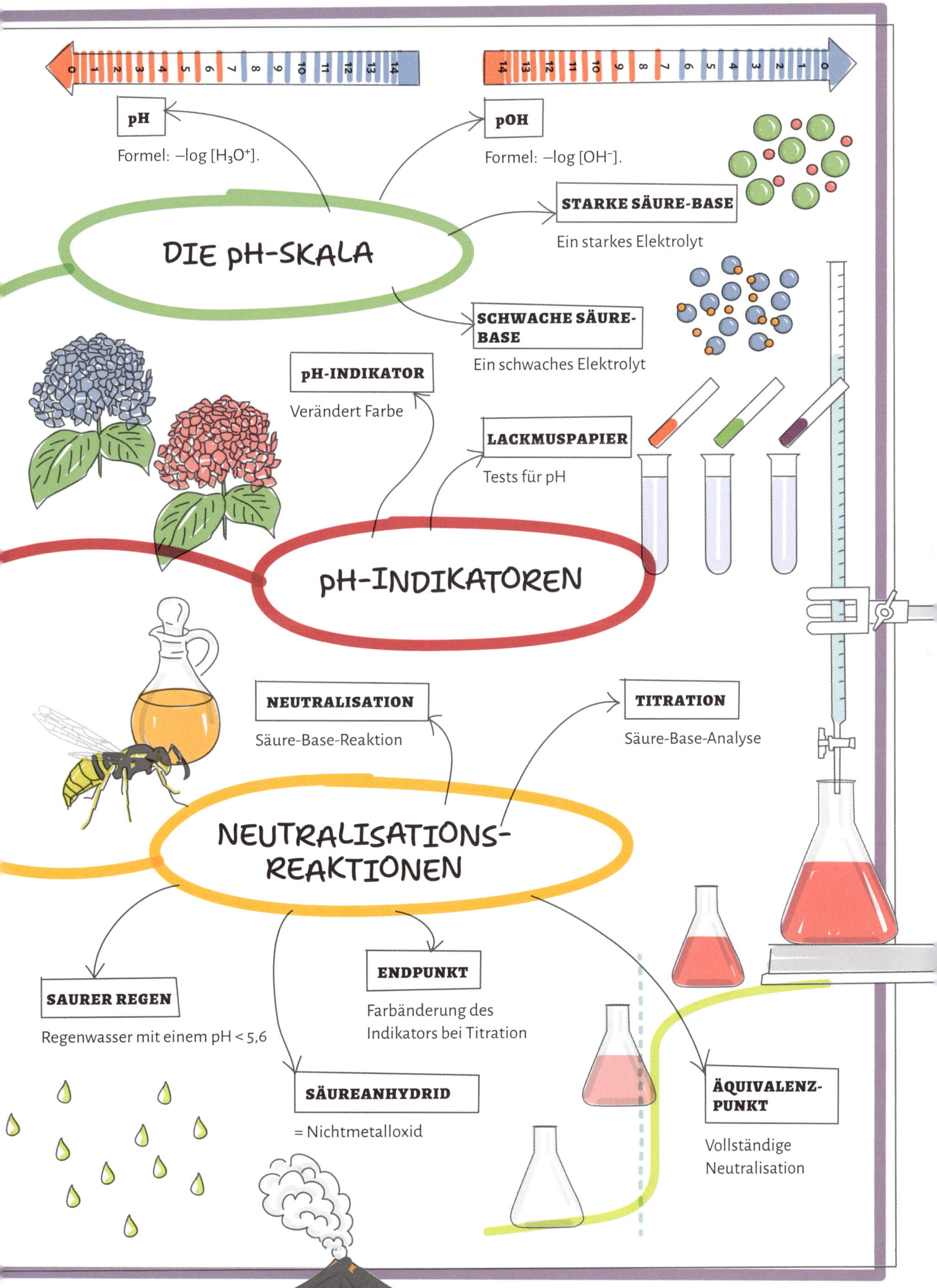

0 1 2 3 4 5 6 7 8 9 10 11 12 13 14
14 13 12 11 10 9 8 7 6 5 4 3 2 1 0
DIE pH-SKALA
pH
Formel: $-\log [H_3O^+]$.
pOH
Formel: $-\log [OH^-]$.
STARKE SÄURE-BASE
Ein starkes Elektrolyt
SCHWACHE SÄURE-BASE
Ein schwaches Elektrolyt
pH-INDIKATOREN
pH-INDIKATOR
Verändert Farbe
LACKMUSPAPIER
Tests für pH
NEUTRALISATIONS-REAKTIONEN
NEUTRALISATION
Säure-Base-Reaktion
TITRATION
Säure-Base-Analyse
SAURER REGEN
Regenwasser mit einem pH < 5,6
ENDPUNKT
Farbänderung des Indikators bei Titration
SÄUREANHYDRID
= Nichtmetalloxid
ÄQUIVALENZ-PUNKT
Vollständige Neutralisation

KAPITEL 13

THERMODYNAMIK

Der Begriff Thermodynamik leitet sich vom griechischen *thermós*, „warm“, und *dynamis*, „Kraft“, ab. Wie der Name schon sagt, befasst sich dieser wichtige Wissenschaftszweig mit Wärme und anderen Energieformen sowie den Beziehungen zwischen ihnen. Thermodynamik ist im Grunde die Wissenschaft der Energieumwandlungen, die in physikalischen und chemischen Prozessen auftreten, wenn Energie von einem Ort zum anderen oder von einer Form zur anderen übertragen wird. Als solches gehören die Gesetze der Thermodynamik zu den grundlegendsten Gesetzen der gesamten Wissenschaft, da sie erklären, was letztendlich physikalische und chemische Veränderungen antreibt.

THERMODYNAMIK UND ENTHALPIE

Der erste Hauptsatz der Thermodynamik steht in fundamentalem Zusammenhang mit dem natürlichen Energieerhaltungsgesetz. Er besagt, dass die Gesamtenergie des Universums konstant ist und dass Energie während einer physikalischen oder chemischen Veränderung weder zerstört noch erzeugt werden kann. Sie kann jedoch von einer Form in eine andere umgewandelt werden oder von einem Ort zu einem anderen fließen.

Thermodynamischer Standardzustand

Energiebegriffe in der Thermodynamik werden häufig unter Standardbedingungen von 298,15 K Temperatur und 1 atm Druck ausgedrückt, wenn sich alle beteiligten Substanzen in ihrer stabilsten Form befinden. Thermodynamische Daten für viele chemische und physikalische Prozesse werden in der wissenschaftlichen Literatur unter Standardbedingungen angegeben.

Thermodynamische Standardzustände

Gase	**Reines Gas bei 1 atm**
Flüssigkeiten und Feststoffe	**Reine Flüssigkeit oder reiner Feststoff bei 1 atm und 298,15 K**
Lösungen	**1 M Konzentration**

System und Umgebung

Ein thermodynamisches **System** ist ein kleiner untersuchter Bereich. Bei dem System kann es sich z. B. um eine chemische Reaktion in einem Reagenzglas oder um eine Eisplatte auf einem Tisch handeln; das unmittelbare Umfeld des Systems wird als Umgebung bezeichnet. System und **Umgebung** können Materie und Energie austauschen und bilden zusammen das **Universum**.

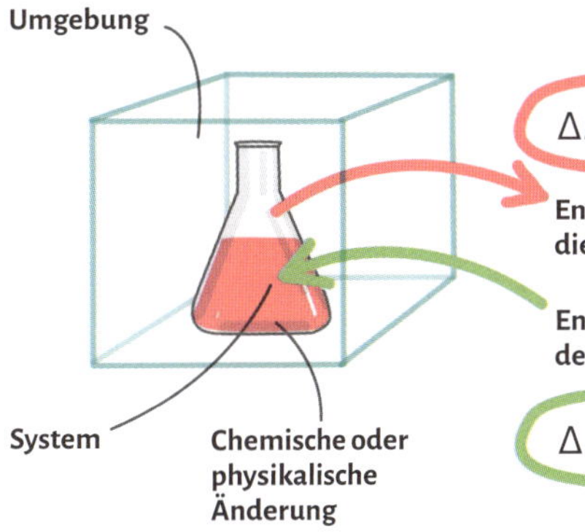

$\Delta E = E_{final} - E_{initial} < 0$

Energie aus dem System an die Umgebung: - Zeichen

Energie in das System von der Umgebung: + Zeichen

$\Delta E = E_{final} - E_{initial} > 0$

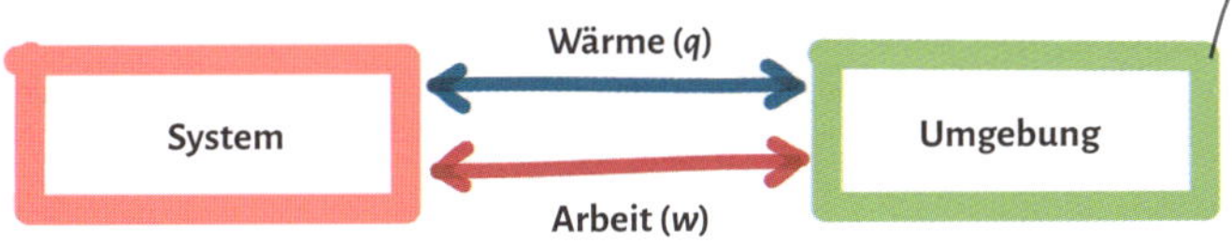

$$\Delta E = q + w$$

Die **innere Energie (*E*)** eines Systems ist die Summe der kinetischen und potenziellen Energien seiner Bestandteile. Wenn eine chemische oder physikalische Veränderung stattfindet, wird Energie zwischen dem System und seiner Umgebung ausgetauscht. Die Änderung der Systemenergie wird durch ΔE dargestellt , die Differenz zwischen der inneren Energie des Systems nach (E_{final}) und vor ($E_{initial}$) der Veränderung.

Der **erste Hauptsatz der Thermodynamik** besagt, dass der Energieaustausch zwischen dem System und seiner Umgebung in Form von **Wärme (*q*)** oder **Arbeit (*w*)** stattfinden kann.

ΔE ist eine **Zustandsfunktion**, deren Wert ausschließlich vom Anfangs- und Endzustand (initial/final) des Systems abhängt, nicht davon, was man für das Eintreten der Veränderung unternommen hat.

Enthalpie

Viele chemische und physikalische Prozesse finden unter den konstanten atmosphärischen Druckbedingungen statt, wo wir leben. Bei konstantem Druck wird der Austausch von Wärmeenergie (*q*) aufgrund eines Temperaturunterschieds zwischen dem System und seiner Umgebung als **Enthalpie (*H*)** bezeichnet. Dies ist auch eine Zustandsfunktion.

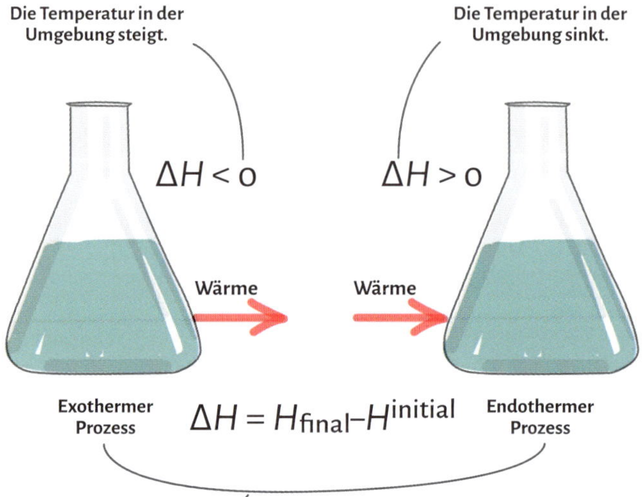

Wenn das System Wärme an seine Umgebung ($\Delta H < 0$) verliert, nennt man den im System stattfindenden Prozess **exotherm**. Wenn das System Wärme von seiner Umgebung ($\Delta H > 0$) aufnimmt, ist dies ein **endothermer** Prozess.

$$4Fe\,(s) + 3O_2\,(g) \rightarrow 2Fe_2O_3\,(s) + \text{Wärme}$$

Es gibt viele Beispiele im Alltag, wo wir den Austausch von Wärmeenergie zwischen einem System und seiner Umgebung beobachten können. Chemische Handwärmer etwa nutzen eine exotherme Reaktion, bei der das System (Handwärmer) Wärme an die Umgebung (Hände) abgibt.

Handwärmer werden durch Versiegeln von Eisenpulver, Wasser und Salz in einem gasdurchlässigen Beutel hergestellt. Nimmt man den Beutel aus seiner Außenverpackung, so dringt Sauerstoff aus der Luft ein und reagiert mit dem Eisenpulver zu Rost. Diese Reaktion ist stark exotherm, d. h. sie erzeugt Wärme.

Der Beutel (System) hat eine höhere Temperatur als unsere kalten Hände (Umgebung), wenn die Reaktion stattfindet. Die durch die Reaktion freigesetzte Wärme strömt aus dem Beutel in unsere Hände und erzeugt so den Wärmeeffekt. Mit der Zeit verliert das System Wärme, während die Umgebung Wärme gewinnt.

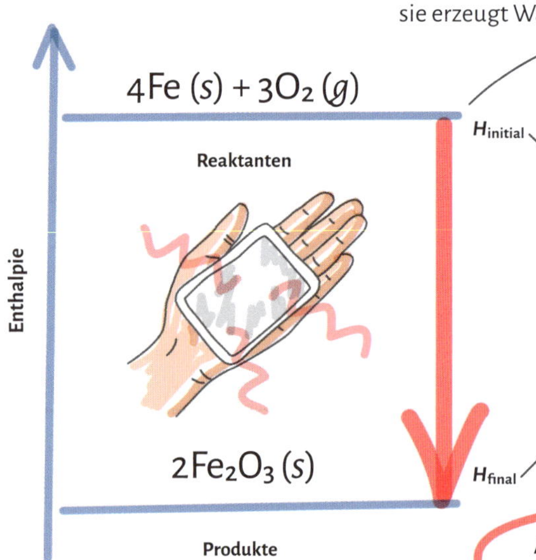

Die durch die Reaktion erzeugte Wärme kann aus den in der wissenschaftlichen Literatur angegebenen Daten zur Standardbildungsenthalpie (ΔH°_f) ermittelt werden. Die Reaktion in Handwärmerbeuteln setzt –1652 kJ Energie frei.

$$\Delta H^\circ_{rxn} = \sum n \times \Delta H^\circ_f\ (\text{Produkte}) - \sum n \times \Delta H^\circ_f\ (\text{Reaktanten})$$

rxn = Reaktion

Stöchiometrischer Koeffizient
[rxn = Reaktion]

Messen von Enthalpie

Brennwertbestimmung (Kalorimetrie) ist eine von Wissenschaftlern benutzte Technik zum Messen des Wärmeaustauschs zwischen einem System und seiner Umgebung. Mit einem Thermometer wird die Temperaturveränderung in der Umgebung ermittelt, die ein quantitatives Maß dafür liefert, wie viel Wärme während des Prozesses fließt.

Die Enthalpieänderung von vielen wässrigen Reaktionen lässt sich direkt in einem **Konstantdruck-Kalorimeter** messen. Bei dieser Methode findet eine chemische Reaktion in einer wässrigen Lösung in einem gut isolierten Behälter mit losem Deckel statt, damit konstante atmosphärische Druckbedingungen gewährleistet sind. Die Temperatur der Lösung (die als Umgebung dient) wird vor und nach der Reaktion gemessen. Wenn sich die Temperatur der Lösung erhöht, ist die Reaktion exotherm; wenn sie sinkt, zeigt dies eine endotherme Reaktion an.

Die Temperaturveränderung (ΔT) steht in direktem Zusammenhang mit der Enthalpieänderung (ΔH) der Reaktion.

Die Temperatur wird vor und nach der Reaktion gemessen.

$$\Delta T = T_{\text{final}} - T_{\text{initial}}$$

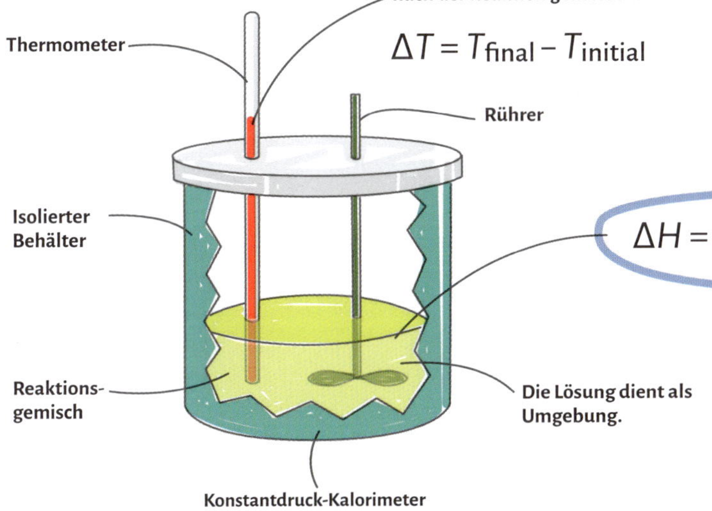

Masse der Lösung

$$\Delta H = m_{\text{Lösung}} \times C_{\text{Lösung}} \times \Delta T$$

Wärmekapazität der Lösung **Temperaturveränderung**

Enthalpie für Phasentransformationen

Die Enthalpieänderung für Phasentransformationen lässt sich leicht mit Kalorimetrie messen. Aufschluss (Schmelzen), Verdampfung und Sublimation sind alle endotherme Prozesse, die Wärme benötigen – also $\Delta H > 0$ –, damit sie stattfinden können. Umgekehrt sind Gefrieren, Kondensation und Deposition exotherme Prozesse – $\Delta H < 0$.

Die Umgebungstemperatur erhöht sich, wenn es anfängt zu schneien, da die Umwandlung von gasförmigem Wasser in festen Schnee ein exothermer Prozess ist, bei dem Wärme in die Umgebung freigesetzt wird.

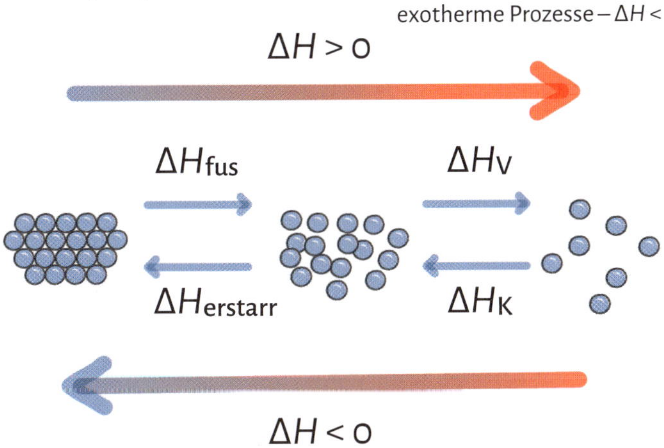

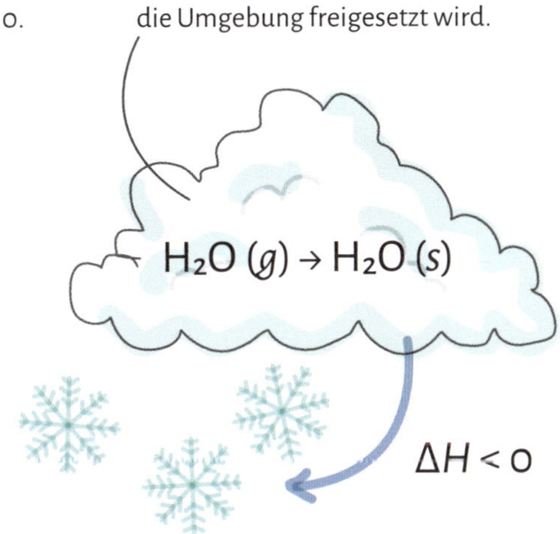

THERMODYNAMIK UND ENTROPIE

Der zweite Hauptsatz der Thermodynamik ist das grundlegendste Naturgesetz. Es hat tiefgreifende Auswirkungen auf die Entropie (S), die Aufschluss über die Unordnung eines Systems gibt. Gemäß dem zweiten Hauptsatz kann die Entropie des Universums bei spontanen Prozessen niemals abnehmen, und Energie breitet sich meist aus, statt sich in einem Bereich zu konzentrieren.

Spontane und nicht spontane Prozesse

Ein spontaner Prozess, einmal in Gang gesetzt, kann nicht ohne äußere Einwirkung von selbst ablaufen. Jeder Prozess, der in eine Richtung **spontan** ist, ist **nicht spontan** in die umgekehrte Richtung.

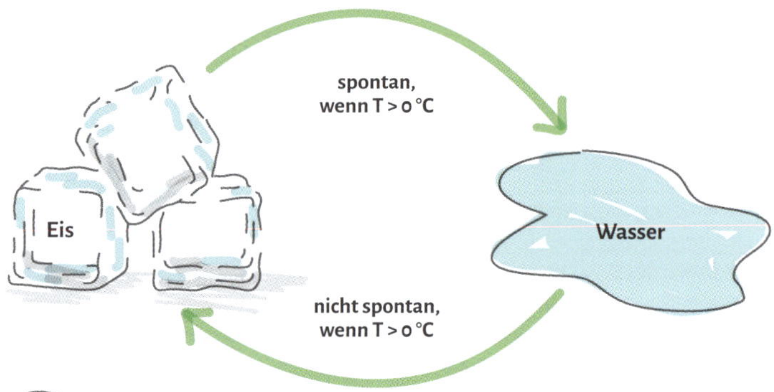

Eis schmilzt spontan, solange die Temperatur seiner Umgebung größer ist als der Schmelzpunkt des Eises. Der Prozess verläuft vom Eis in Richtung flüssiges Wasser; der umgekehrte Prozess ist unmöglich, solange die Temperatur über 0 °C liegt. Moleküle in flüssigem Wasser sind ungeordneter als in Eis, was zur Verteilung von Energie führt.

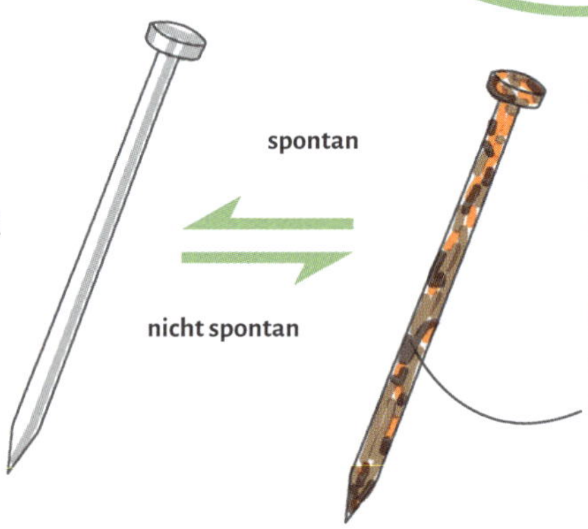

Natürliche Prozesse sind spontan. Ein Nagel rostet spontan, da sich die Entropie des Universums während dieser chemischen Veränderung erhöht. Es ist unmöglich, zu erwarten, dass sie von sich aus in die umgekehrte Richtung verläuft.

Entropie

Entropie (S) kann als Maß für den Grad der Zufälligkeit oder Freiheit der Teilchen – wie Atome, Ionen und Moleküle – in einem System beschrieben werden. Dieser Definition nach besitzen Gase eine höhere Entropie als Flüssigkeiten und Feststoffe, da Gaspartikel eine deutlich höhere Freiheit, Zufälligkeit und Unordnung aufweisen.

Alle Phasenveränderungen von fest zu flüssig und gasförmig beinhalten eine Zunahme der Entropie, während die Entropieänderung in der umgekehrten Richtung negativ ist. Die Richtung zunehmender Entropie ermöglicht die Ausbreitung von Energie.

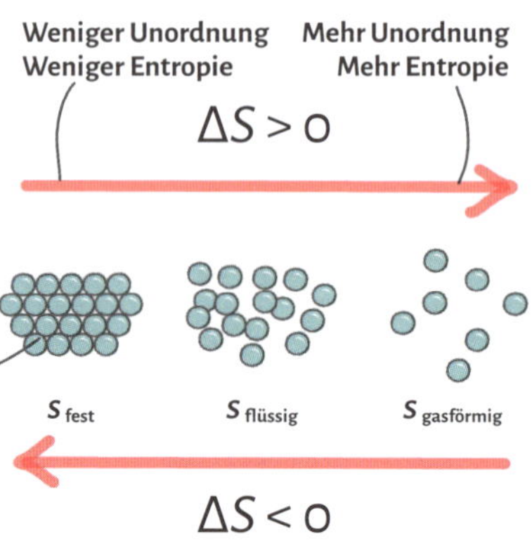

Entropie und Spontaneität

Der Austausch von Enthalpie zwischen dem System und seiner Umgebung beeinflusst zwangsläufig die Entropie. Bei einem exothermen Prozess fließt Wärme vom System in die Umgebung und erhöht die molekulare Unordnung in dieser Umgebung. Dies führt zu einer Erhöhung der Entropie der Umgebung. Bei einem endothermen Prozess ist das Gegenteil der Fall.

Eine heiße Tasse Kaffee (System) gibt erwartungsgemäß Wärme an die kühlere Umgebung ab. Die von der Umgebung aufgenommene Wärmemenge entspricht der von der Tasse abgegebenen Wärmemenge. Dadurch können wir die Änderung der Entropie in der Umgebung bestimmen.

Die Kaffeetasse verliert Energie, und ihr Inhalt kühlt mit der Zeit ab. Die sinkende Temperatur verringert die molekulare Unordnung im System, wodurch dessen Entropie abnimmt.

Aufgrund der Tendenz von Energie, sich auszubreiten, gibt heißer Kaffee Wärme an seine kühlere Umgebung ab. Dies ist die natürliche, spontane Richtung dieses Prozesses, und solange die Bedingungen unverändert bleiben, ist der umgekehrte Vorgang unmöglich. Der zweite Hauptsatz der Thermodynamik besagt quantitativ, dass die Entropie des Universums für einen spontanen Prozess zunehmen muss: $\Delta S_U > 0$.

Kühle Umgebung 25 °C

$$\Delta S_{Umgebg.} = \frac{-\Delta H_{System}}{T}$$

Heißer Kaffee kühlt spontan ab (exothermer Prozess).

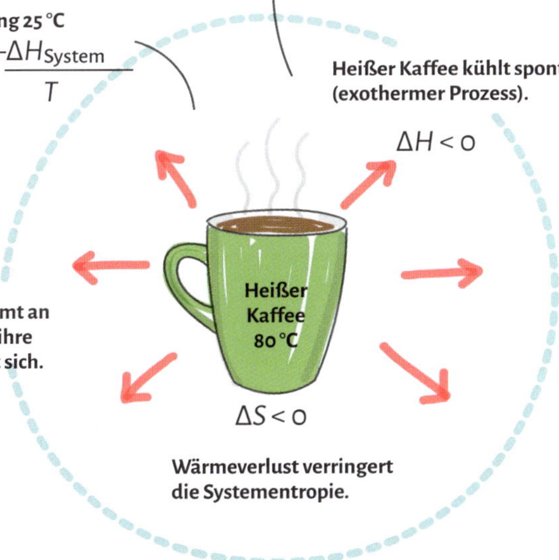

Umgebung nimmt an Wärme zu, und ihre Entropie erhöht sich.

Wärmeverlust verringert die Systementropie.

$$\Delta S_U = \Delta S_{System} + \Delta S_{Umgebg.}$$

$\Delta S_U > 0$	**spontan**
$\Delta S_U < 0$	**nicht spontan**
$\Delta S_U = 0$	**Gleichgewicht**

U = Universum /Umgebg. = Umgebung

Die Änderungen der Enthalpie und Entropie eines Systems allein reichen nicht aus, um quantitativ vorauszusagen, ob ein im System stattfindender Prozess spontan oder nicht spontan ist. Das Kriterium für Spontaneität ist vielmehr die Veränderung der Entropie des Universums – System + Umgebung oder ΔS_U. Der Wert von ΔS_U ist positiv für spontane Prozesse und negativ für nicht spontane Prozesse; für Gleichgewichtsprozesse ist der Wert 0.

Die Entropie des Kaffeetassensystems nimmt zwar ab, doch die Zunahme der Entropie der Umgebung ist groß genug, damit $\Delta S_U > 0$ bestehen bleibt. Dies stellt sicher, dass der Abkühlungsprozess spontan abläuft, bis das thermische Gleichgewicht erreicht ist.

Wenn es sich bei dem System um eine chemische Reaktion handelt, lässt sich die Entropieveränderung leicht aus den in der wissenschaftlichen Literatur verfügbaren Standardentropiewerten ($S°$) der Reaktanten- und Produktart bestimmen.

$$\Delta S^\circ_{rxn} = \sum n \times S^\circ \text{ (Produkte)} - \sum n \times S^\circ \text{ (Reaktanten)}$$

rxn = Reaktion

GIBBS'SCHE FREIE ENERGIE UND SPONTANEITÄT

Die Veränderung der Entropie des Universums sagt voraus, ob eine chemische Reaktion spontan abläuft oder nicht. Dies erfordert jedoch als Erstes Kenntnisse über die Entropie der Umgebung, die nicht immer leicht zu bestimmen ist. Gibbs'sche freie Energie (*G*) ist ein praktischer Energiebegriff, der uns erlaubt, dass wir uns bei der Vorhersage der spontanen Natur einer chemischen oder physikalischen Veränderung allein auf die Systemeigenschaften konzentrieren können.

Gibbs'sche freie Energie

$$\Delta G = \Delta H - T\Delta S$$

Gibbs'sche freie Energie (auch **chemisches Potenzial** genannt) ist eine quantitative Methode zum Beurteilen der Richtungsänderung und der Fähigkeit eines chemischen oder physikalischen Prozesses, diese Veränderung herbeizuführen. Es ist eine Systemeigenschaft, die durch die Enthalpie und Entropie des Systems definiert wird, ohne dass Informationen über die in der Umgebung stattfindenden Informationen benötigt werden.

	$\Delta H < 0$	$\Delta H > 0$
$\Delta S > 0$	$\Delta G < 0$ **stets spontan**	ΔG **von T abhängig, spontan bei hoher T**
$\Delta S < 0$	ΔG **von T abhängig, spontan bei niedriger T**	$\Delta G > 0$ **stets nicht spontan**

Die Änderung der Gibbs-Energie (ΔG) verleiht uns neue Kriterien für die quantitative Voraussage spontaner Veränderung. Wenn ΔG negativ ist, verläuft der Prozess unter den gegebenen Temperatur- und Druckbedingungen spontan in der Hinrichtung. Solange Temperatur und Druck konstant bleiben, bleibt ΔG negativ, und der Prozess ist weiterhin spontan.

Ist $\Delta G = 0$, so befindet sich der Prozess in einem dynamischen Gleichgewicht, d. h., der Hin- und Rückprozess verläuft jeweils spontan mit derselben Geschwindigkeit, und insgesamt ergibt sich keine Änderung.

$\Delta G < 0$	**spontan**
$\Delta G > 0$	**nicht spontan**
$\Delta G = 0$	**Gleichgewicht**

Prozesse mit einem negativen ΔG bezeichnet man als **exergonisch**; **endergonische** Prozesse führen zu einer positiven Änderung von ΔG. Eine chemische oder physikalische Änderung ist spontan in exergonischer Richtung und nicht spontan in endergonischer Richtung.

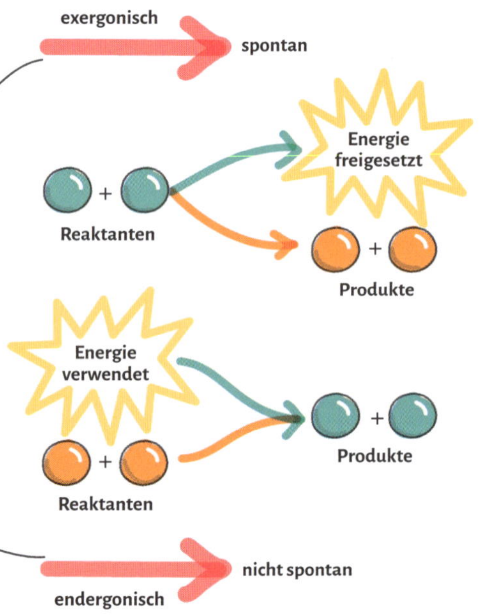

Kühlpack

Ein Einwegkühlpack enthält festes Ammoniumnitrat (NH_4NO_3), eine lösliche ionische Verbindung, und Wasser in einem separaten Beutel. Beim Aufreißen des Wasserbeutels vermischen sich Wasser und Ammoniumnitrat zu einer ionischen Lösung. Die Reaktion ist endotherm: Sie nimmt Wärme von der Umgebung auf und erzeugt ein kaltes Gefühl beim Berühren.

Der Wärmeverlust verringert seine Entropie. Die Entropie des Systems (Inhalt des Kühlpacks) nimmt zu, da eine feste Verbindung Ionen mit höherer Freiheit, Zufälligkeit und Unordnung in der Lösung erzeugt. Die Zunahme der Systementropie kompensiert die Abnahme der Entropie der Umgebung mehr als ausreichend, sodass $\Delta G < 0$ und $\Delta S_U > 0$ gelten.

$$NH_4NO_3\,(s) + \text{Wärme} \rightarrow NH_4^+\,(aq) + NO_3^-\,(aq)$$

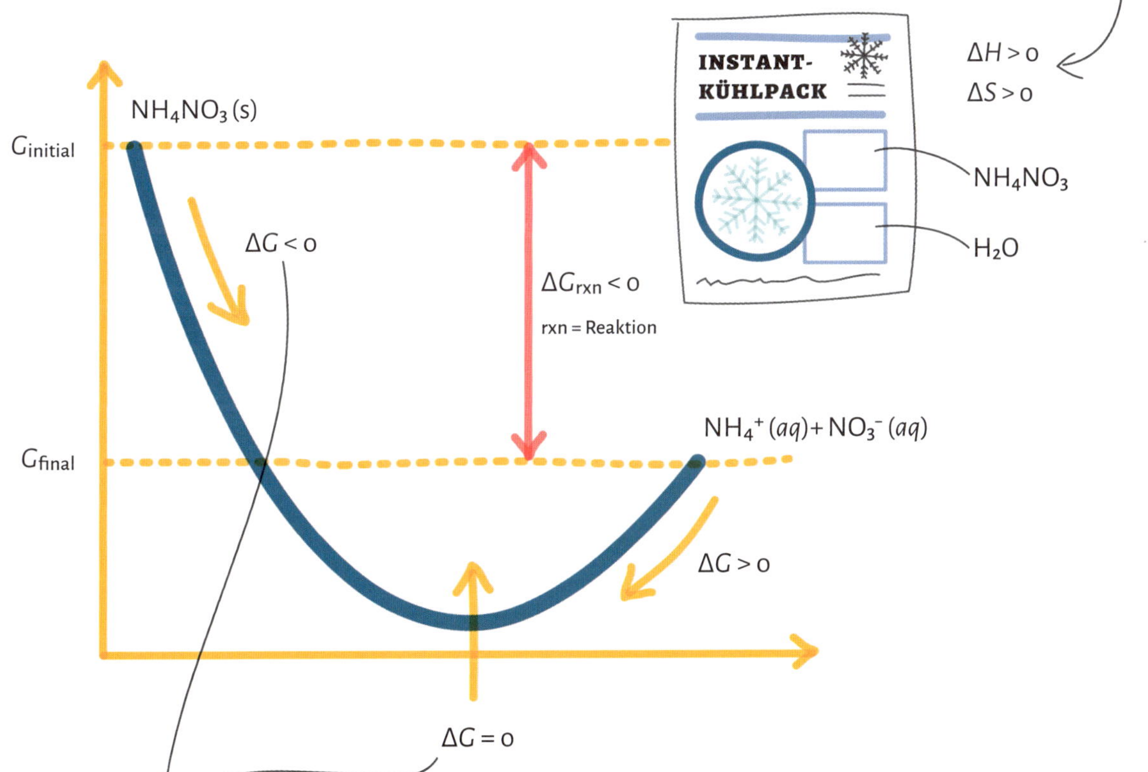

ΔG ist die quantitative Fähigkeit der Reaktion, fortzufahren. Solange ΔG negativ bleibt, schreitet die Reaktion fort. Dabei nimmt der ΔG-Wert ab, bis er schließlich null erreicht und ein dynamisches Gleichgewicht herstellt.

Für die Dissoziationsreaktion in einem Kühlpack gilt $\Delta H = +27$ kJ/mol und $\Delta S = +108{,}1$ J/mol·K. Bei Umgebungstemperatur und Druck gilt für diese exergonische Reaktion $\Delta G = -5{,}2$ kJ/mol.

Die Größe von ΔG reicht aus, um einen Instantkühlpack für etwa 15–20 Minuten wirksam zu machen – lang genug zum Behandeln einer Verstauchung oder Prellung.

DER NULLTE UND DER DRITTE HAUPTSATZ

Der nullte Hauptsatz der Thermodynamik befasst sich mit der Richtung des Wärmeflusses und dem thermischen Gleichgewicht zwischen Systemen in physikalischem Kontakt. Der dritte Hauptsatz der Thermodynamik beschreibt die Beziehung zwischen Temperatur und Entropie einer Substanz. Diese beiden Hauptsätze ergänzen die Prinzipien des ersten und zweiten Hauptsatzes der Thermodynamik.

Der nullte Hauptsatz

Nach dem nullten Hauptsatz der Thermodynamik fließt bei zwei Systemen in physikalischem Kontakt, die unterschiedliche Temperaturen haben, die Wärmemenge von q vom warmen zum kalten System, bis beide die gleiche Temperatur erreichen und in thermischem Gleichgewicht sind. Die theoretische Grundlage für das Funktionsprinzip eines Thermometers liefert der nullte Hauptsatz der Thermodynamik. Wird ein Thermometer in eine Probe getaucht, so findet ein Wärmeaustausch zwischen ihnen statt. Dadurch verändert sich die Dichte der Substanz im Thermometer, was wiederum die Temperaturanzeige beeinflusst. Sobald Thermometer und Probe das thermische Gleichgewicht erreichen, entspricht die Thermometeranzeige der Temperatur der Probe.

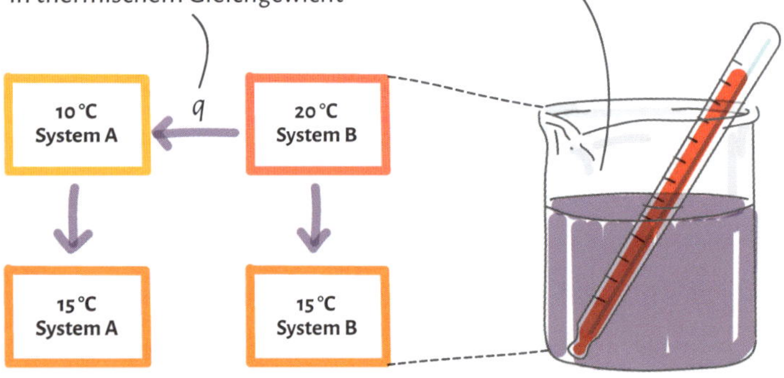

Der dritte Hauptsatz

Der dritte Hauptsatz der Thermodynamik besagt, dass die Entropie eines perfekten Kristalls bei absolutem Nullpunkt der Temperatur null ist (0 K).

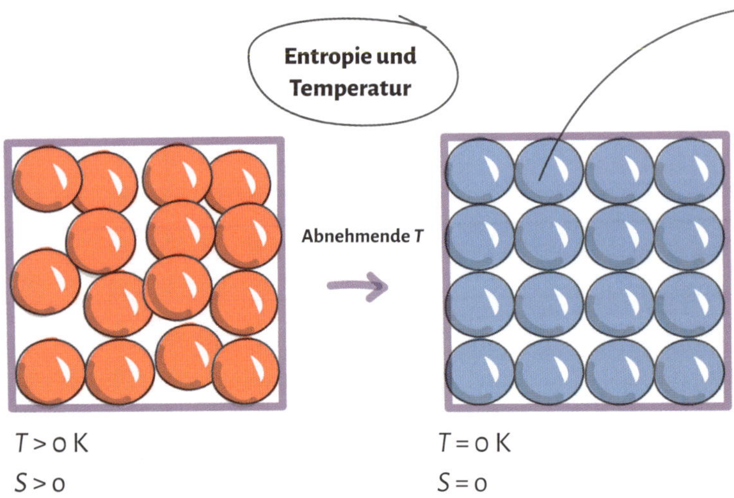

Entropie ist ein Maß für die Zufälligkeit und Unordnung von Molekülen. Wird eine Substanz auf den absoluten Nullpunkt abgekühlt, so hört jegliche Molekularbewegung auf, und es bildet sich eine perfekte Kristallstruktur; diese hochgeordnete Molekülanordnung entspricht einer Entropie von null. Die Entropie nimmt wieder zu, wenn sich die Temperatur der Substanz erhöht. Alle in der wissenschaftlichen Literatur angegebenen Entropiewerte werden nach dem dritten Hauptsatz der Thermodynamik als **absolute Entropien** bezeichnet.

THERMODYNAMISCHES GLEICHGEWICHT

In Abwesenheit äußerer Einflüsse verlaufen alle spontanen Reaktionen auf eine Gleichgewichtslage zu. Wenn sich die Reaktionsarten nicht in ihrem Standardzustand befinden, wie es häufig der Fall ist, kann ΔG trotzdem bestimmt werden. Auch die Gibbs-Energie liefert thermodynamische Informationen über die Natur der Gleichgewichtslage für eine chemische Reaktion.

Gibbs'sche Energie und Gleichgewicht

Mit dem **Reaktionsquotient (Q)** bestimmt man ΔG, wenn eine chemische Reaktion unter Nichtstandardbedingungen in Richtung Gleichgewicht verläuft.

Die Gleichgewichtsposition liegt normalerweise dicht bei den Produkten für exergonische Reaktionen, da der negative ΔG-Wert die Reaktion näher an die Produktseite schiebt.

Der Konzentrationsunterschied zwischen den Reaktanten und Produkten – durch den Reaktionsquotienten (Q) ausgedrückt – ist eine Triebkraft für die Reaktion in Vorwärtsrichtung, solange $Q < K$ und $\Delta G < 0$ sind.

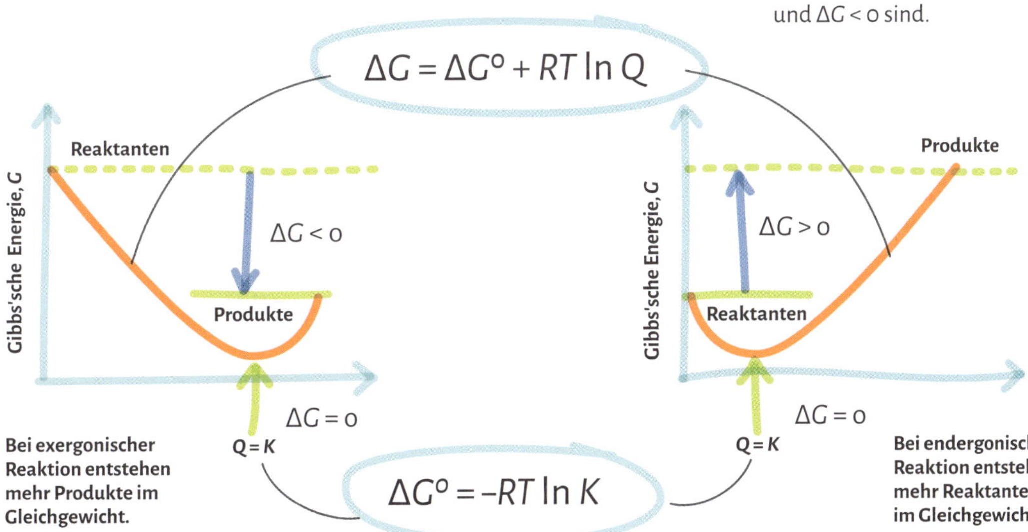

Wenn die Reaktion Gleichgewicht erreicht, gilt: $Q = K$ und $\Delta G = 0$. Bei $K >> 1$ liegt das Gleichgewicht näher bei den Produkten und $\Delta G° < 0$ bei Standardbedingungen.

Bei $K << 1$ ist das Gleichgewicht näher bei den Reaktanten und $\Delta G° > 0$ für die Reaktion. Endergonische Reaktionen gehören zu dieser Kategorie: Da die Vorwärtsreaktion nicht spontan ist, sind bei Gleichgewicht hauptsächlich Reaktanten vorhanden.

$\Delta G°$ bezeichnet die Gibbs-Energieänderung der Reaktion, wenn sich alle Arten in ihrem Standardzustand befinden. Sie kann aus den in der wissenschaftlichen Literatur weit verbreiteten Daten über die Gibbs'sche Energiebildung ($\Delta G_f°$) bestimmt werden.

$$\Delta G°_{rxn} = \sum n \times \Delta G°_f \text{ (Produkte)} - \sum n \times \Delta G°_f \text{ (Reaktanten)}$$

rxn = Reaktion

RESÜMEE

THERMODYNAMIK

THERMODYNAMIK UND ENTHALPIE

1 Erster Hauptsatz der Thermodynamik

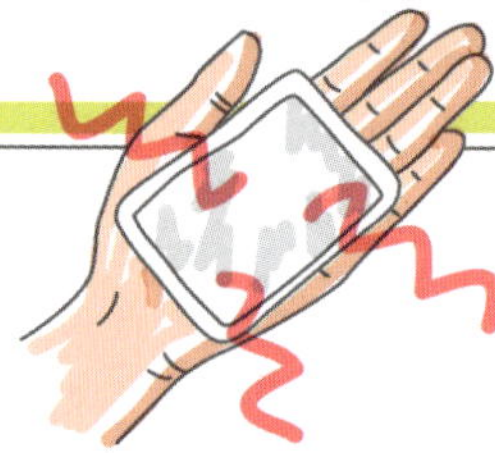

ZUSTANDSFUNKTION
Pfadunabhängig

ENTHALPIE
Wärmeenergie

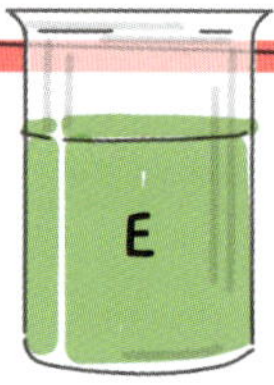

INNERE ENERGIE
Die Gesamtenergie

UMGEBUNG
Raum außerhalb des Systems

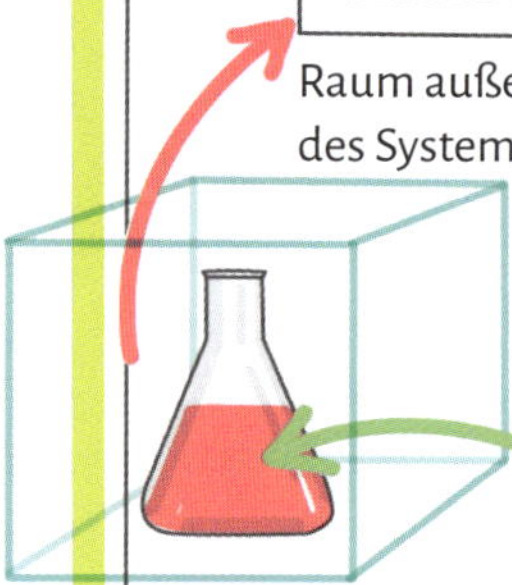

SYSTEM
Der untersuchte Prozess

GLEICHGEWICHTS-THERMODYNAMIK

GIBBS'SCHE FREIE ENERGIE UND GLEICHGEWICHT
$\Delta G = 0$ für eine chemische Reaktion unter Gleichgewichtsbedingungen

DER NULLTE UND DRITTE HAUPTSATZ

3 Dritter Hauptsatz der Thermodynamik

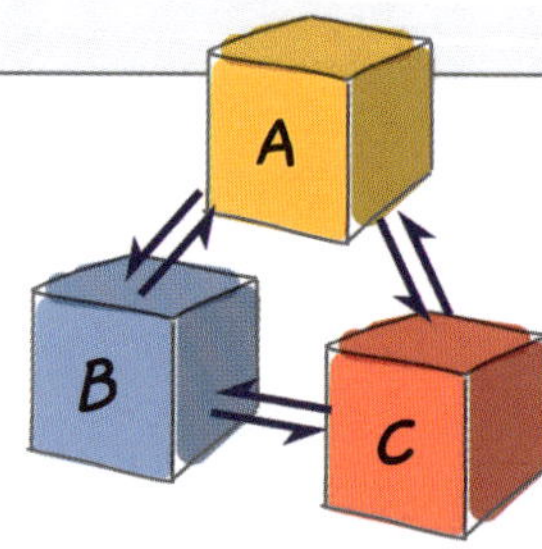

NULLTER HAUPTSATZ
Thermisches Gleichgewicht

DRITTER HAUPTSATZ
Absolute Entropie

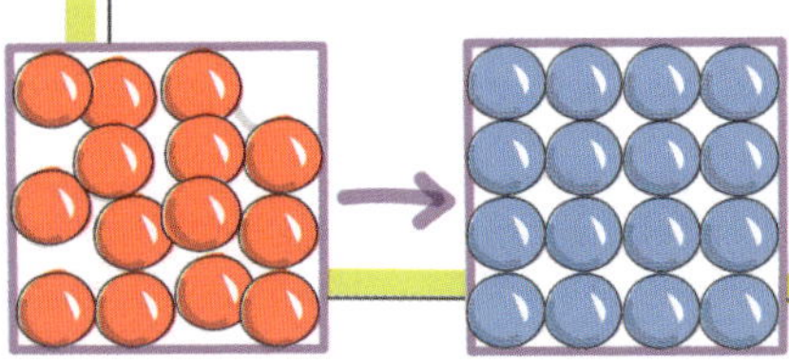

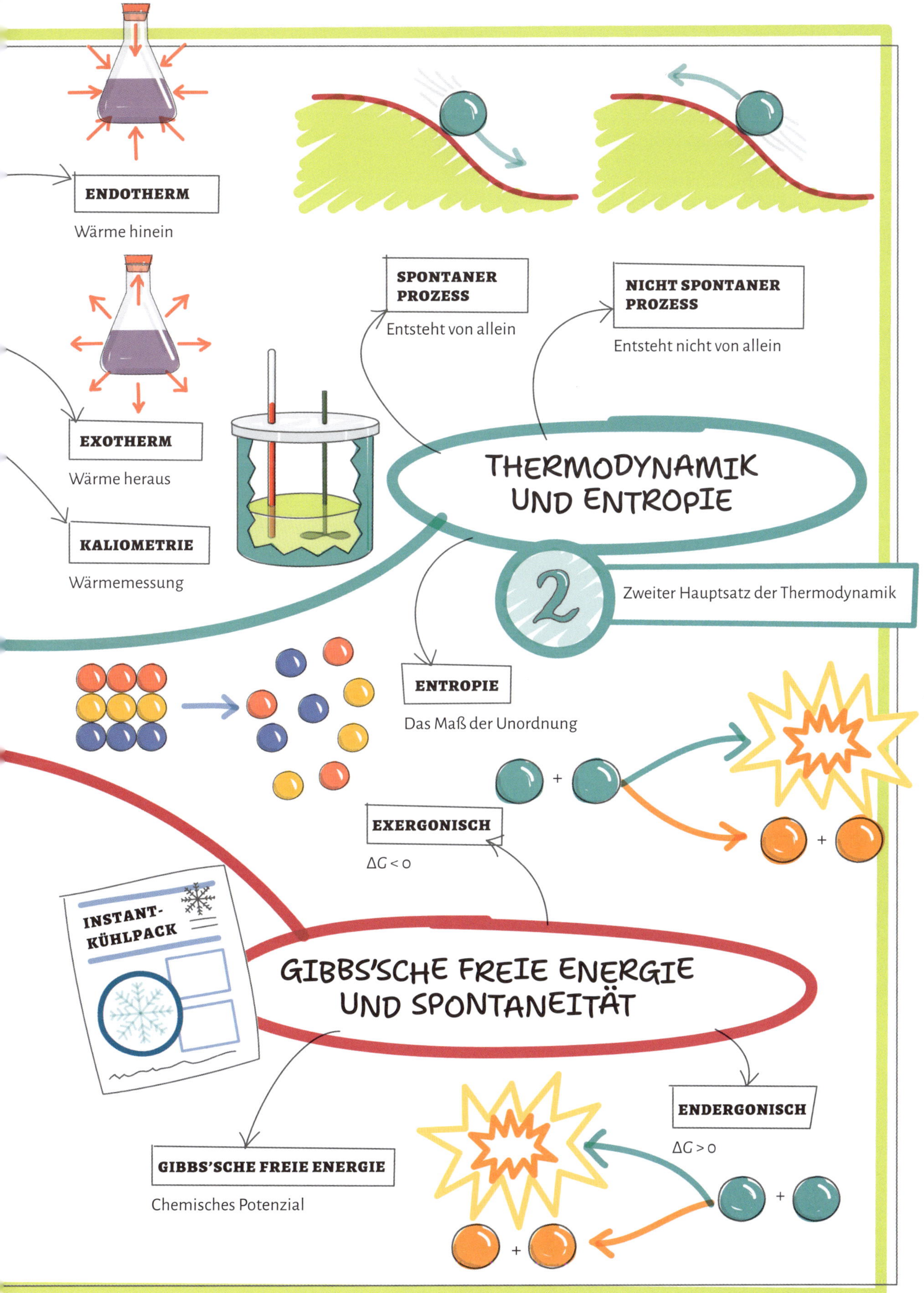
ENDOTHERM
Wärme hinein
EXOTHERM
Wärme heraus
KALIOMETRIE
Wärmemessung
SPONTANER PROZESS
Entsteht von allein
NICHT SPONTANER PROZESS
Entsteht nicht von allein
THERMODYNAMIK UND ENTROPIE
2
Zweiter Hauptsatz der Thermodynamik
ENTROPIE
Das Maß der Unordnung
EXERGONISCH
ΔG < 0
INSTANT-KÜHLPACK
GIBBS'SCHE FREIE ENERGIE UND SPONTANEITÄT
ENDERGONISCH
ΔG > 0
GIBBS'SCHE FREIE ENERGIE
Chemisches Potenzial

KAPITEL 14

ELEKTROCHEMIE

Elektrochemie liefert eine wissenschaftliche Erklärung für die Wechselwirkungen zwischen elektrischer Energie und chemischer Veränderung durch die Untersuchung chemischer Reaktionen, die an der Grenzfläche zwischen einer Elektrode und einem Elektrolyt stattfinden. Dieser Teilbereich der Chemie befasst sich mit Redoxreaktionen, bei denen Elektronen zwischen bestimmten Reaktionsarten übertragen werden. Es gibt zwei Hauptansätze: die Nutzung spontaner chemischer Reaktion zur Stromerzeugung und die Anwendung von Elektrizität zum Herbeiführen von nicht spontanen chemischen Veränderungen. In beiden Fällen steht der Austausch von Arbeit (elektrische Leistung) zwischen einem System und seiner Umgebung im Mittelpunkt.

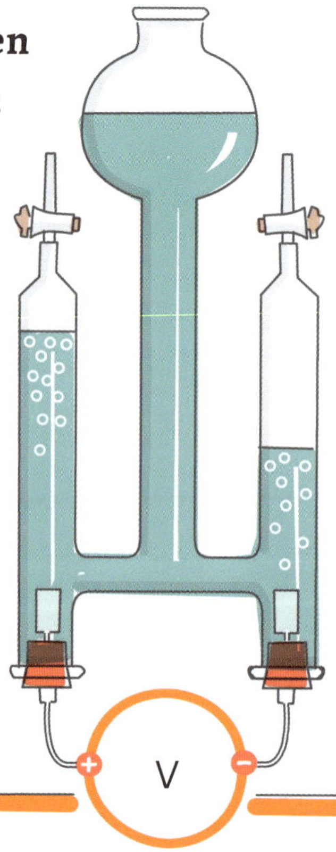

ELEKTRONEN IN AKTION

Wenn elektrische Ladung in Bewegung ist, erzeugt sie elektrischen Strom. Dies bedeutet, dass der Fluss negativ geladener Elektronen durch ein Medium wie einen Draht oder Ionen durch eine Elekrolytlösung einen elektrischen Strom erzeugen. Auch Redoxreaktionen können elektrischen Strom erzeugen, da sie daran beteiligt sind, Elektronen von einer Substanz mit niedriger Elektronenaffinität zu einer Substanz mit höherer Elektronenaffinität zu übertragen.

Redoxreaktionen

Eine Substanz mit niedriger Elektronenaffinität verliert Elektronen und wird in einer Redoxreaktion **oxidiert**, während eine andere Substanz mit hoher Elektronenaffinität beim Empfangen jener Elektronen **reduziert** wird.

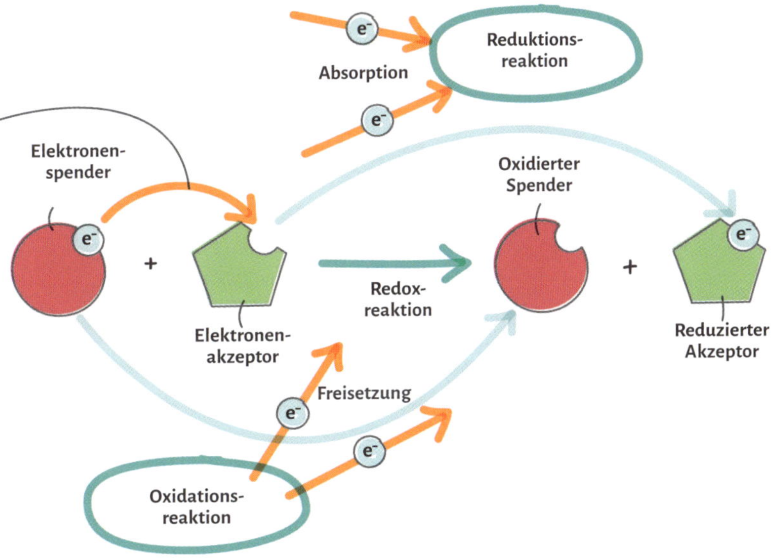

Die Elektronenübertragung verläuft schnell, wenn die beiden Elektronen austauschenden Substanzen in direktem Kontakt stehen. Bei dieser Konfiguration werden Elektronen durch die Redoxreaktion erzeugt und verbraucht, ohne dass nutzbare elektrische Energie entsteht. Werden die oxidierten und getrennten Substanzen jedoch getrennt und Elektronen während der Redoxreaktion durch einen Draht geleitet, so kann ein elektrischer Strom für die externe Nutzung erzeugt werden.

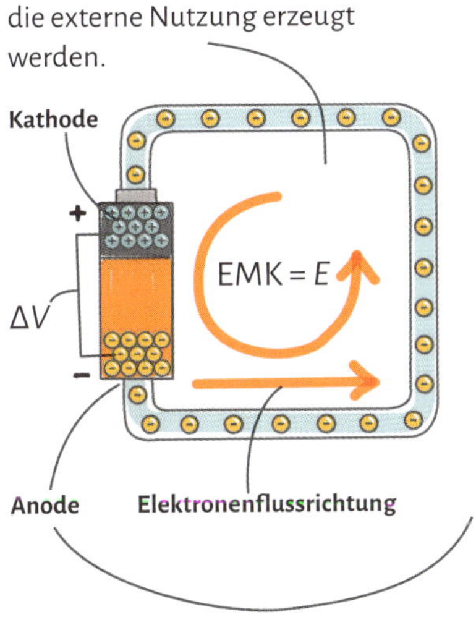

Elektrischer Strom

Elektrischer Strom, in **Ampere (A)** gemessen, wird als der Fluss elektrischer Ladung in **Coulomb (C) pro Sekunde** definiert. Ein Elektron hat eine Ladung von $1{,}602 \times 10^{-19}$ C; 1 A elektrischer Ladung entspricht daher dem Fluss von $6{,}242 \times 10^{18}$ Elektronen pro Sekunde.

Bei einer Redoxreaktion werden durch einen leitfähigen Draht verbundene Elektronen zum Übertragen von Elektronen von der Oxidationsseite zur Reduktionsseite verwendet. Die Elektrode, an der die Oxidation stattfindet, ist die **Anode**; die Elektrode, an der die Reduktion stattfindet, ist die **Kathode**.

Die in **Volt (V)** gemessene **potenzielle Energiedifferenz (ΔV)** zwischen den beiden Elektronen forciert den Elektronenfluss. Dies erzeugt **Gleichstrom**, d. h. die von Batterien erzeugte elektrische Leistung.

Elektromotorische Kraft (EMK) ist die Potenzialdifferenz, die entsteht, wenn Strom zwischen der Anode und der Kathode fließt. In der Elektrochemie wird die elektromotorische Kraft für gewöhnlich als **Zellpotenzial (*E*)** bezeichnet.

GALVANISCHE ZELLEN

Eine galvanische Zelle (auch als voltaische Zelle bekannt) ist eine elektrochemische Zelle, in der eine spontane Reduktions-Oxidations-Reaktion (Redoxreaktion) stattfindet und chemische Potenzialenergie in elektrische Energie zum Erzeugen eines elektrischen Stroms umwandelt. Eine galvanische Zelle hat zwei Kompartimente oder Halbzellen; die Oxidation findet in einer Halbzelle statt, die Reduktion in der anderen. Diese Konfiguration bildet die Grundlage für die Funktionsweise von Batterien.

Aufbau von galvanischen Zellen

In einer galvanischen elektrochemikalischen Zelle findet die Oxidation an der Grenzfläche zwischen einer Metallanode, z. B. Zink (Zn), und einer wässrigen Elektrolytlösung des Metalls wie Zinknitrat ($Zn(NO_3)_2$) statt. Die Anode befindet sich meist in der linken Halbzelle des Geräts.

Die Reduktion findet an der Grenzfläche zwischen einer Metallkathode, z. B. Kupfer (Cu), und einer wässrigen Lösung des Metalls wie Kupfer(II)-nitrat ($Cu(NO_3)_2$) statt.

Die Anode und Kathode sind über einen Leiterdraht verbunden, sodass Elektronen von der Anode zur Kathode wandern und die für die spontane Redoxreaktion notwendigen Elektronen liefern können.

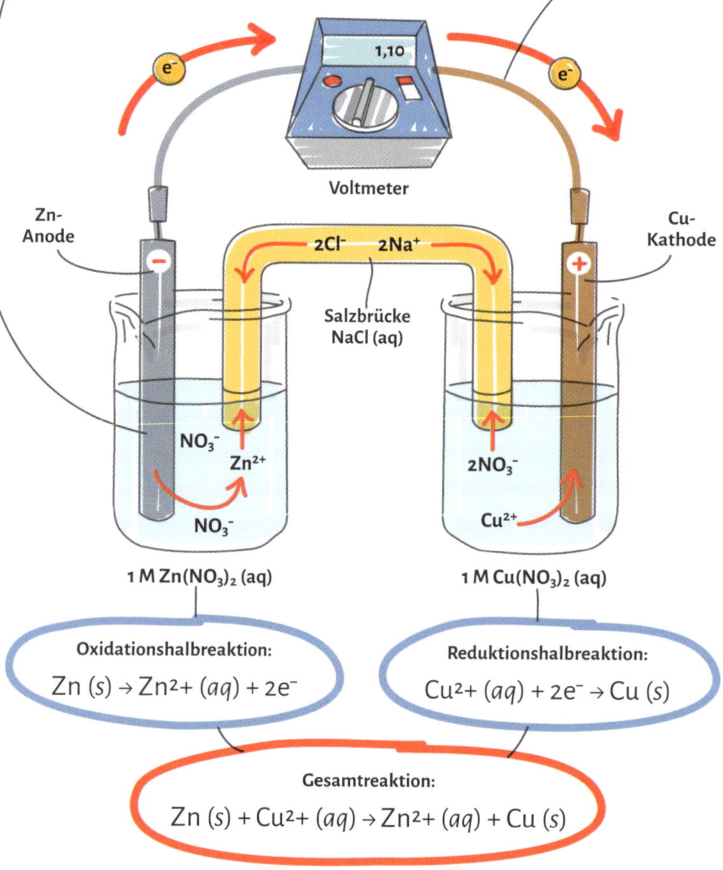

Die Potenzialdifferenz zwischen den Kräften der Anode und denen der Kathode treiben die Elektronen zur Bewegung an und erzeugen einen elektrischen Strom, den man mit einem Voltmeter messen kann. Die erzeugte Strommenge hängt von der Potenzialenergiedifferenz während des Elektronenflusses, der elektromotorischen Kraft oder EMK, ab. Eine galvanische Zelle erzeugt einen positiven Zellpotzenzialmesswert (*E*).

Da die Redoxreaktion spontan verläuft, erzeugt der Oxidationsprozess in der linken Halbzelle zusätzliche Zn^{2+}-Ionen, während der Reduktionsprozess die verfügbaren Cu^{2+}-Ionen in der rechten Halbzelle verbraucht.

Zum Aufrechterhalten der elektrischen Ladungsneutralität liefert eine **Salzbrücke** zusätzliche Anionen und Kationen in die linke und rechte Halbzelle. Andernfalls verläuft die Redoxreaktion nicht spontan, und der Elektronenfluss stoppt.

Standardpotenzial

Arbeitet eine galvanische Zelle unter thermodynamischen Standardbedingungen, d. h., wenn sich alle Reaktanten und Produkte in ihrem Standardzustand (= alle Lösungen haben eine Konzentration von 1,0 M und alle Gase stehen unter einem Druck von 1 atm) befinden, so wird das gemessene Potenzial als **Standardpotenzial ($E°_{Zelle}$)** bezeichnet. Die Temperatur ist allgemein auf 25 °C festgesetzt.

Das Standardpotenzial hängt von der relativen Tendenz der Reaktanten zu spontaner Oxidation und Reduktion ab. Eine Substanz mit hoher Elektronenaffinität erzeugt in Kombination mit einer Substanz mit niedriger Elektronenaffinität ein großes Standardpotenzial: je größer das Zellpotenzial, desto höher die Tendenz zu spontaner Redoxreaktion.

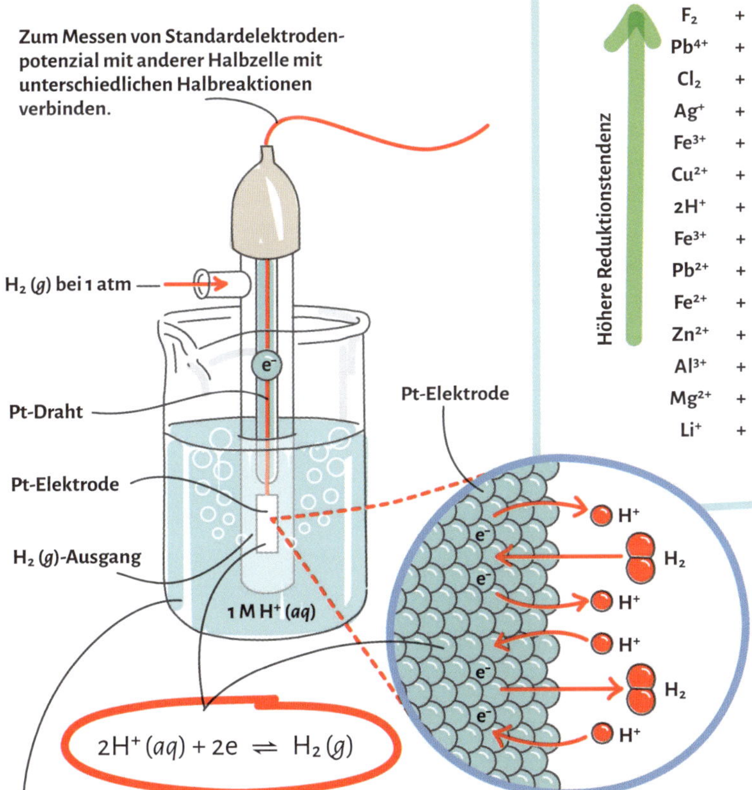

Höhere Reduktionstendenz ↑ / Höhere Oxidationstendenz ↓

Halbreaktion					Standardpotenzial ($E°$)
F_2	+	$2e^-$	⇌	$2F^-$	+2,87V
Pb^{4+}	+	$2e^-$	⇌	Pb^{2+}	+1,67V
Cl_2	+	$2e^-$	⇌	$2Cl^-$	+1,36V
Ag^+	+	$1e^-$	⇌	Ag	+0,80V
Fe^{3+}	+	$1e^-$	⇌	Fe^{2+}	+0,77V
Cu^{2+}	+	$2e^-$	⇌	Cu	+0,34V
$2H^+$	+	$2e^-$	⇌	H_2	+0,00V
Fe^{3+}	+	$3e^-$	⇌	Fe	−0,04V
Pb^{2+}	+	$2e^-$	⇌	Pb	−0,13V
Fe^{2+}	+	$2e^-$	⇌	Fe	−0,44V
Zn^{2+}	+	$2e^-$	⇌	Zn	−0,76V
Al^{3+}	+	$3e^-$	⇌	Al	−1,66V
Mg^{2+}	+	$2e^-$	⇌	Mg	−2,36V
Li^+	+	$1e^-$	⇌	Li	−3,05V

$$E°_{Zelle} = E°_{Kathode} - E°_{Anode}$$

Unter Standardbedingungen haben die Anode und Kathode ihr eigenes **Standardelektrodenpotenzial ($E°$)**, das ein Maß dafür liefert, wie stark die Oxidations- und Reduktionshalbreaktion dazu neigen, spontan abzulaufen.

Das Standardzellenpotenzial ist der Unterschied zwischen dem Potenzial der Kathode und dem der Anode.

Eine **Standardwasserstoffelektrode (SHE)** besteht aus einer Platinelektrode (Pt), die in 1 M starke Säurelösung getaucht wird, in der Wasserstoffionen (H^+) zu Wasserstoffgas (H_2) reduziert werden. Durch Vereinbarung ist das Standardelektronenpotenzial für SHE auf 0,0 V festgelegt. Alle anderen Standardelektronenpotenziale werden gegen SHE gemessen und gewöhnlich als Standardreduktionspotenziale tabelliert.

Halbreaktionen mit einem höheren Standardreduktionspotenzial (positiver) im Vergleich zur SHE finden als Reduktionshalbreaktionen eher an der Kathode statt.

Halbreaktionen mit einem niedrigeren Standardreduktionspotenzial (negativer) im Vergleich zur SHE finden als Oxidationshalbreaktionen eher an der Anode statt.

GIBBS'SCHE FREIE ENERGIE UND ELEKTROCHEMIE

Eine galvanische Zelle dient der Stromerzeugung und benötigt dafür eine spontane Redoxreaktion, die ein positives Standardpotenzial erzeugt. Das die Gibbs-Energie das Kriterium für Spontaneität liefert, besteht ein Zusammenhang zwischen Standardpotenzial und ΔG.

Spontaneität bei Standardbedingungen

Solange $\Delta G^\circ < 0$ gilt, wird ein positives Standardpotenzial ($E^\circ_{Zelle} > 0$) erzeugt, da die Reaktion bei Standardbedingungen spontan verläuft. Die **Faraday-Konstante (*F*)** – die Ladung in Coulomb für 1 Mol Elektronen – gibt die mathematische Beziehung zwischen E°_{Zelle} und ΔG° an.

ΔG° hängt mit der Gleichgewichtskonstante (*K*) der unter Standardbedingungen stattfindenden Redoxreaktion zusammen.

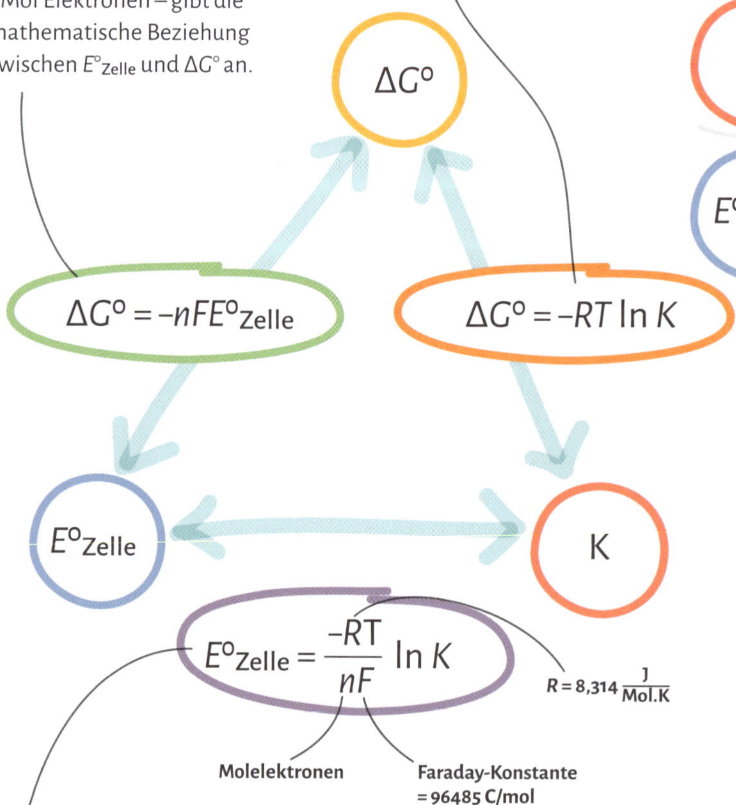

Die in einer galvanischen Zelle erzeugte E°_{Zelle} und die Gleichgewichtskonstante für die in der Zelle stattfindende Redoxreaktion sind naturgemäß mathematisch miteinander verbunden.

Reaktion bei Standardzustandsbedingungen.

	spontan	im Gleichgewicht	nicht spontan
ΔG°	< 0	0	> 0
K	> 1	1	< 1
E°_{Zelle}	> 0	0	< 0

Die mathematischen Beziehungen zwischen E°_{Zelle}, ΔG° und K liefern die Bedingungen, unter denen eine galvanische Zelle zur Stromerzeugung funktionieren muss.

Eine Batterie ist eine Strom erzeugende galvanische Zelle. Das Entladen einer Batterie bedeutet $\Delta G^\circ < 0$ und $E^\circ_{Zelle} > 0$; die Batterie arbeitet weiter, bis die Redoxreaktion Gleichgewicht erreicht. Bei einer wiederaufladbaren Batterie wird Strom benutzt, um die Redoxreaktion umzukehren und den ursprünglichen Zustand wiederherzustellen, sodass die Batterie erneut einsatzfähig ist.

Spontaneität bei nicht üblichen Bedingungen

Für eine mit Zink- und Kupferelektroden konstruierte galvanische Zelle gilt $E^\circ_{Zelle} = 1{,}10$ V unter Standardbedingungen, wenn die beteiligten Elektrolytlösungen eine Konzentration von 1,0 M haben. Dieselbe galvanische Zelle produziert jedoch 1,17 V Standardpotenzial (**E_{Zelle}**), wenn die Konzentrationen der Elektrolytlösungen 0,01 M an der Anode und 2,0 M an der Kathode betragen.

Damit die spontane Redoxreaktion in einer unter nicht üblichen Bedingungen arbeitenden galvanischen Zelle stattfinden kann, wird die Gibbs'sche freie Energie (ΔG) durch die **Nernst-Gleichung** angegeben, in der Q der Reaktionsquotient für die gesamte Redoxreaktion ist.

$$\Delta G = \Delta G^o + RT \ln Q$$

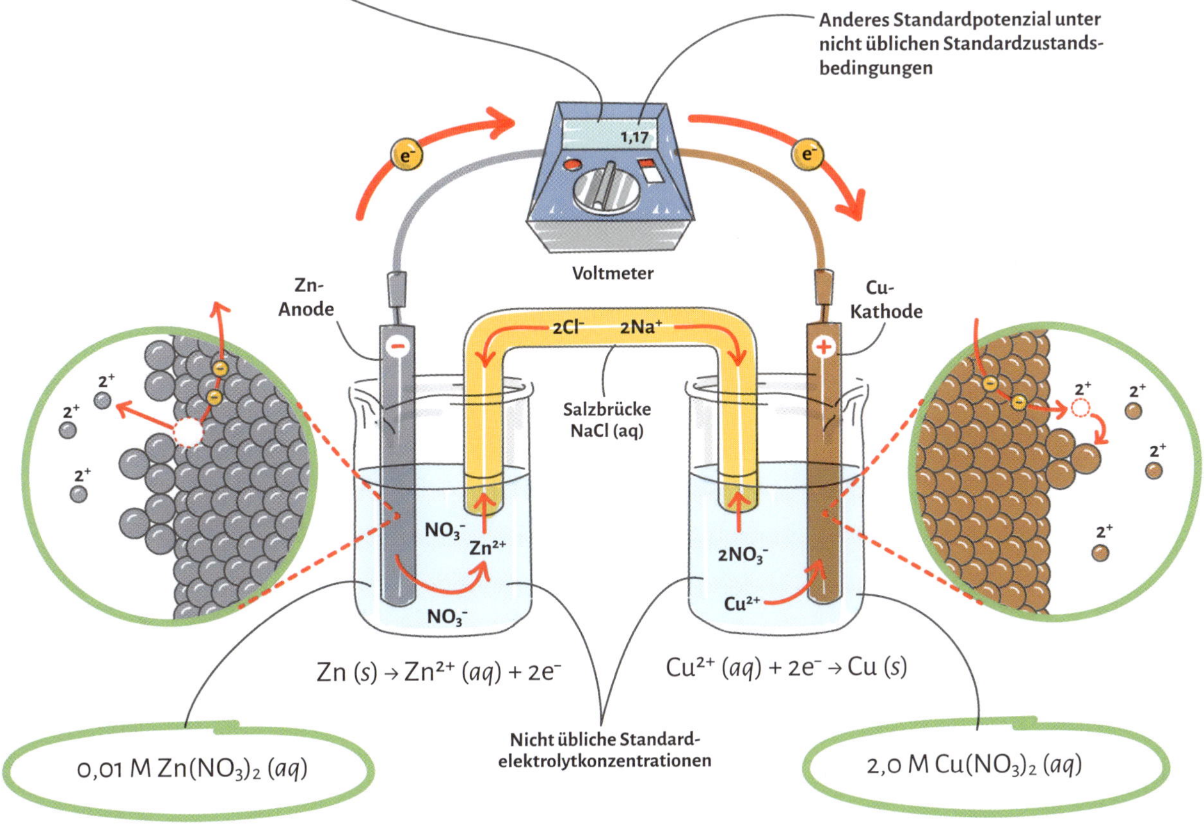

$$E_{Zelle} = E^o_{Zelle} - \frac{RT}{nF} \ln Q$$

Das unter nicht üblichen Standardzuständen gemessene Standardpotenzial (E_{Zelle}) hängt mit dem Standardpotenzial (E°_{Zelle}) zusammen.

Bei einer galvanischen Zelle, die zur Stromerzeugung gedacht ist, muss die Redoxreaktion spontan erfolgen. Solange also $\Delta G < 0$ gilt, arbeitet die Zelle mit $E_{Zelle} > 0$ weiter, bis die Reaktion Gleichgewicht erreicht und somit $\Delta G = 0$ gilt.

BATTERIEN UND BRENNSTOFFZELLEN

Eine Batterie nutzt eine spontane Redoxreaktion nicht nur, um Strom zu erzeugen, sondern auch, um ihn zu speichern. Batterien sind geschlossene, kompakte Einheiten, die mit der Zwei-Elektroden-Konfiguration einer galvanischen Zelle aufgebaut sind. Strom wird nur erzeugt, wenn die Batterie in Betrieb ist. Brennstoffzellen dagegen arbeiten nach einem anderen Prinzip, das eine kontinuierliche Zufuhr der an der Redoxreaktion beteiligten Reaktanten erfordert. Diese Zellen wandeln chemische Energie in elektrische Energie um, speichern sie aber nicht.

Batterien

Dies sind zwei allgemeine Batteriearten: **Einwegbatterien** für einmalige Benutzung und **Sekundärbatterien**, die wiederaufladbar und für mehrfachen Gebrauch konstruiert worden sind.

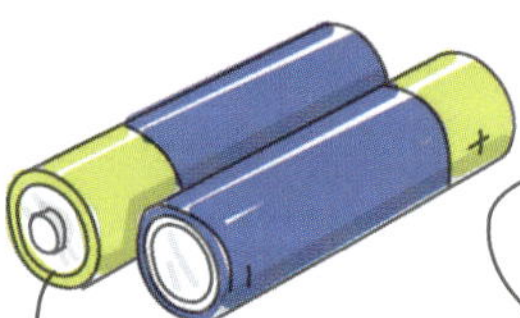

Alkalibatterie

Die gebräuchlichste Art von Einwegbatterien ist die Alkalibatterie. Sie verdankt ihren Namen der Base Kaliumhydroxid (KOH), die als Elektrolyt verwendet wird. Alkalibatterien müssen sorgfältig recycelt werden, damit die starke Base nicht in die Umwelt gelangt.

Zinkmetall (Zn) wird für das Gehäuse einer Alkalibatterie verwendet, das gleichzeitig als Anode dient. Die Kathode der Batterie ist ein Graphitstab, der in eine Elektrolytpaste aus Mangan (IV)-oxid (MnO_2) und Kaliumhydroxid (KOH) eingetaucht ist.

$2MnO_2\ (s) + 2H_2O\ (l) + 2e^- \rightarrow 2MnO(OH)\ (s) + 2OH^-\ (aq)$

Mangan wird an der Kathode reduziert, wobei die von der Anode gelieferten Elektronen verbraucht werden.

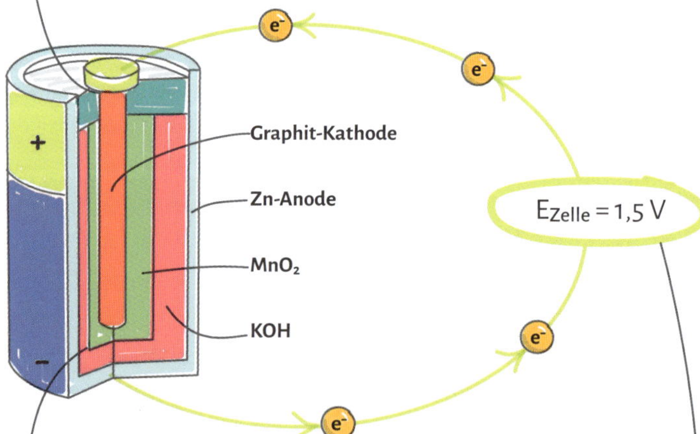

Zink wird an der Anode oxidiert, wodurch Elektronen entstehen, die zur Kathode fließen, wenn die Batterie in Betrieb ist.

$Zn\ (s) + 2OH^-\ (aq) \rightarrow Zn(OH)_2\ (s) + 2e^-$

Eine typische Alkalibatterie erzeugt 1,5 V Standardpotenzial, solange den Elektroden Ionen zur Verfügung stehen. Wenn eine der Elektroden aufgebraucht ist, also keine Ionen mehr hat, ist die Batterie tot.

Brennstoffzellen

Wie Batterien erzeugen auch Brennstoffzellen Strom durch eine Redoxreaktion, doch nur, wenn kontinuierlich Reaktanten zugeführt werden. Die gängigste Brennstoffzelle ist die in Raumfähren verwendete Wasserstoffbrennstoffzelle.

In einer Wasserstoffbrennstoffzelle wird gasförmiger Wasserstoff zu H^+ oxidiert und erzeugt dadurch Elektronen, die zur Kathode fließen können. Zum Beschleunigen des Oxidationsprozesses wird an der Anode ein Platinkatalysator (Pt) benutzt.

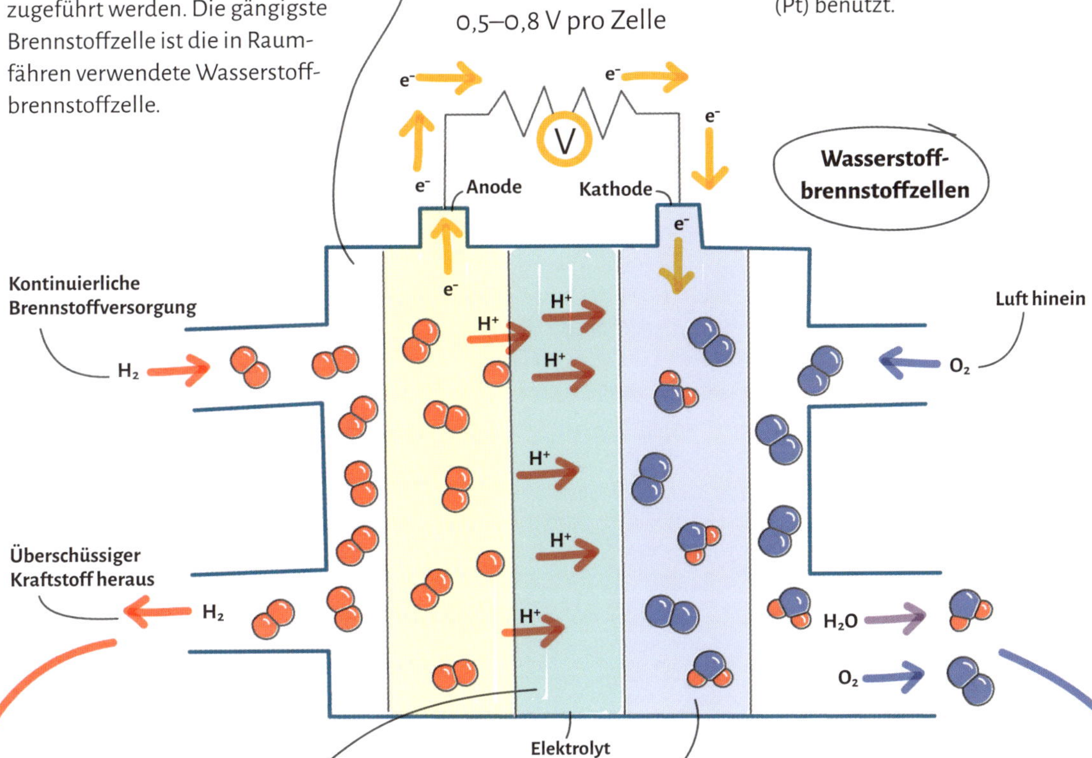

H^+-Ionen werden durch ein Elektrolytmedium, eine wässrige Kaliumhydroxidlösung (KOH), in der Kathode zerstreut.

Gasförmiger Sauerstoff (O_2) in der Luft reagiert mit H^+-Ionen an der Kathode und erzeugt Wasser.

Eine Wasserstoffbrennzelle erzeugt 0,5–0,8 V Standardpotenzial. Man kann jedoch zahlreiche Brennstoffzellen zur Erhöhung der Ausgangsleistung in Reihen verbinden.

$$H_2\,(g) \rightarrow 2H^+\,(aq) + 2e^-$$

$$1/2O_2\,(g) + 2H^+\,(aq) + 2e^- \rightarrow H_2O\,(l)$$

$$2H_2\,(g) + O_2\,(g) \rightarrow 2H_2O\,(l)$$

Die Redoxreaktion in der Brennstoffzelle produziert Wasser als das Produkt. In einer Raumfähre trinken Astronauten dieses Wasser.

Man sagt voraus, dass Brennstoffzellen eines Tages die gegenwärtigen konventionellen Methoden zur Energiegewinnung für Transport und Haushaltsgebrauch ersetzen werden. Die weitverbreitete kommerzielle Nutzung von Wasserstoffbrennstoffzellen aber erfordert zuerst die Entwicklung leicht verfügbarer Wasserstoffquellen und kostengünstigere Katalysatormaterialien.

ELEKTROLYTISCHE ZELLEN

Wenn in einer galvanischen Zelle eine spontane Reaktion stattfindet, wird elektrische Leistung erzeugt. Elektrolyse ist der Prozess, der in einer elektrolytischen Zelle stattfindet. Man führt dieser Zelle externen elektrischen Strom zu, um eine andernfalls nicht spontane Redoxreaktion anzutreiben.

Antreiben nicht spontaner Reaktionen

Eine mit einer Cadmiumanode (Cd) und einer Kupferkathode (Cu) aufgebaute galvanische Zelle erzeugt 0,74 V Strom unter Standardbedingungen, da die Gesamtredoxreaktion, in der Cd oxidiert wird, spontan mit $\Delta G^\circ < 0$ abläuft. Die umkehrte Reaktion ist nicht spontan und findet unter Standardbedingungen nicht statt.

Wenn eine Stromquelle verwendet wird, um der Cd-Cu-Zelle Strom von mehr als 0,74 V zuzuführen, kann der Elektronenfluss umgekehrt werden, d. h., die nicht spontane Reaktion in der galvanischen Zelle wird nun spontan. Die neue elektrochemische Zellenkonstruktion bezeichnet man als elektrolytische Zelle.

In der elektrolytischen Zelle wird aus der Anode in der galvanischen Zelle die Kathode; an der Anode wird nun Kupfer oxidiert, und an der Kathode wird Cadmium reduziert. Die Elektronen, die nicht von außen zugefügt und nicht von der Redoxreaktion erzeugt werden, fließen in dieser Konfiguration zur Kathode.

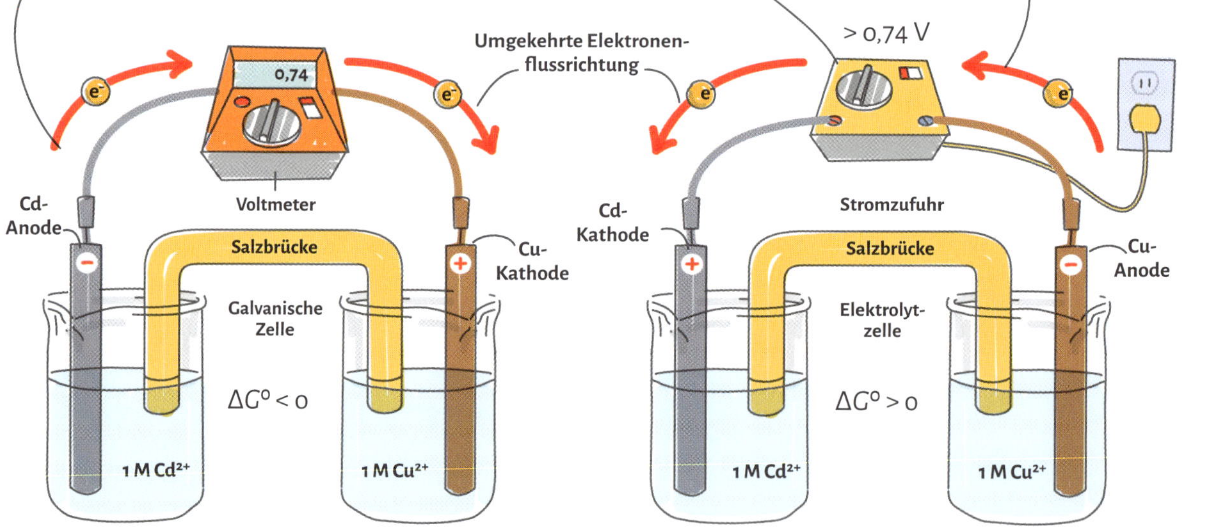

$Cd\ (s) \rightarrow Cd^{2+}\ (aq) + 2e^-$ | $Cu^{2+}\ (aq) + 2e^- \rightarrow Cu\ (s)$

$Cu^{2}\ (aq) + 2e^- \rightarrow Cd\ (s)$ | $Cu\ (s) \rightarrow Cu^{2+}\ (aq) + 2e^-$

$Cd\ (s) + Cu^{2+}\ (aq) \rightarrow Cd^{2+} + Cu\ (s)$

$Cd^{2+}\ (aq) + Cu\ (s) \rightarrow Cd\ (s) + Cu^{2+}\ (aq)$

Für eine elektrolytische Zelle gilt $E^\circ_{Zelle} < 0$. Es wird kein elektrischer Strom erzeugt, da die Gesamtredoxreaktion nicht spontan ist.

Damit die Reaktion stattfinden kann, muss eine elektrolytische Zelle daher von außen mit den notwendigen Elektronen versorgt werden. Der Zweck einer elektrolytischen Zelle besteht nicht in der Stromerzeugung, sondern in der Nutzung elektrischer Leistung zur Durchführung wirtschaftlich wichtiger Elektrolyseprozesse.

Elektrolyse

Elektrolyse ist ein Prozess, bei dem elektrischer Strom genutzt wird, um andernfalls nicht spontane Reaktionen anzutreiben. Die Reaktion von Wasserstoff mit Sauerstoff zur Bildung von Wasser ist spontan, wodurch sie in einer Brennstoffzelle zur Stromerzeugung angewendet werden kann. Durch Zufuhr von elektrischem Strom in eine elektrolytische Zelle kann die Reaktion jedoch umgekehrt werden; dabei zerfällt Wasser in Wasserstoff und Sauerstoffgas.

Elektrolyse von Wasser

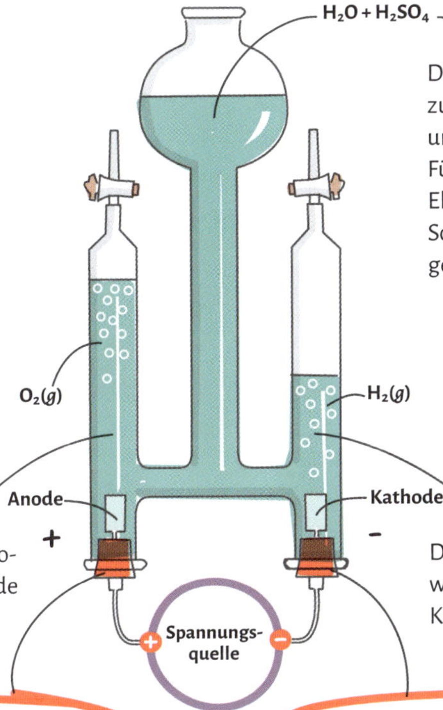

Die Elektrolyse von Wasser wird zur Herstellung von Wasserstoff und Sauerstoffgas angewendet. Für die Zubereitung einer Elektrolytlösung gibt man Schwefelsäure (H_2SO_4) in niedrigen Konzentrationen zu Wasser.

Unter Verwendung externer Elektronenzufuhr wird Wasser in der Anode zur Bildung von Sauerstoffgas oxidiert.

Durch die Reduktion von Wasser wird Wasserstoffgas an der Kathode erzeugt.

$$2H_2O\,(l) \rightarrow O_2\,(g) + 4H^+\,(aq) + 4e^-$$

$$2H_2O\,(l) + 2e^- \rightarrow H_2\,(g) + 2OH^-\,(aq)$$

Galvanik

Eine wichtige industrielle Anwendung der Elektrolyse ist die **Galvanik**, bei der Metalloberflächen gleichmäßig mit einem anderen Metall beschichtet werden. Dieser Prozess würde nicht spontan stattfinden.

In einer elektrolytischen Zelle kann ein Metallobjekt wie ein Besteckteil mit Silber aus einer wässrigen Lösung von Silberionen (Ag^+) überzogen werden.

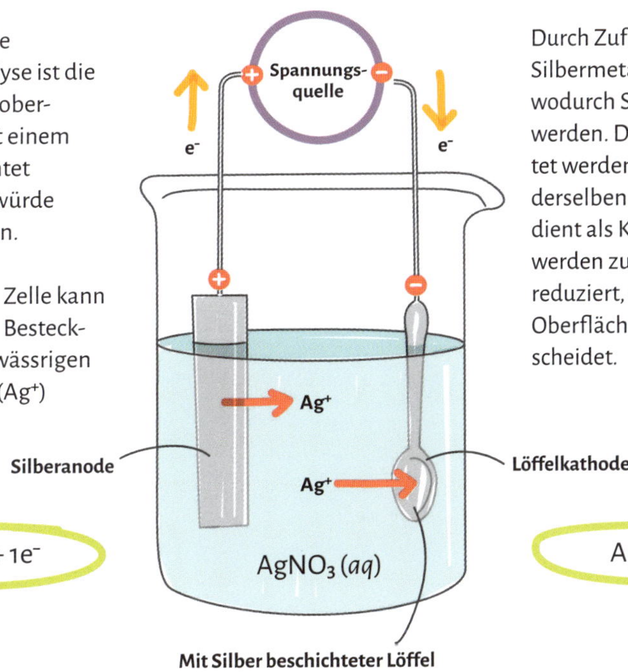

Durch Zufuhr von Elektronen wird Silbermetall an der Anode oxidiert, wodurch Silberionen erzeugt werden. Das Objekt, das beschichtet werden soll, befindet sich in derselben Elektrolytlösung und dient als Kathode. Die Silberionen werden zu metallischem Silber reduziert, das sich auf der Oberfläche des Objekts ausscheidet.

$$Ag^0 \rightarrow Ag^+ + 1e^-$$

$$Ag^+ + e^- \rightarrow Ag^0$$

RESÜMEE

Negative Elektrode, an der eine Elektronen erzeugende Oxidation stattfindet

ANODE

Positive Elektrode, an der Ionenarten durch den Verbrauch von Elektronen reduziert werden

KATHODE

ELEKTRODE

Ein fester Metallstab, der Strom leiten kann

ELEKTRONEN IN AKTION

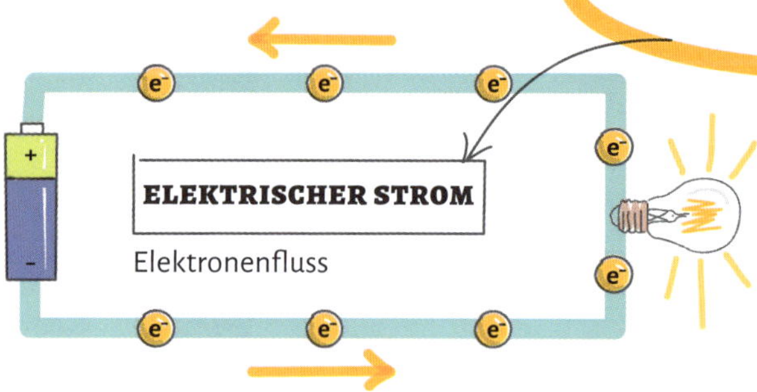

ELEKTRISCHER STROM

Elektronenfluss

STANDARDPOTENZIAL

Potenzialdifferenz

ELEKTROCHEMIE

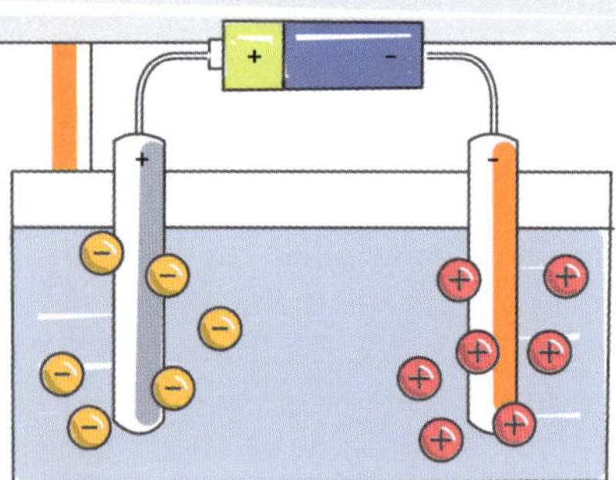

ELEKTROLYTISCHE ZELLEN

ELEKTROLYSE

Verwenden von Strom zum Antreiben nicht spontaner Reaktionen

GALVANIK

Verwenden von Strom zum Überziehen von Metalloberflächen

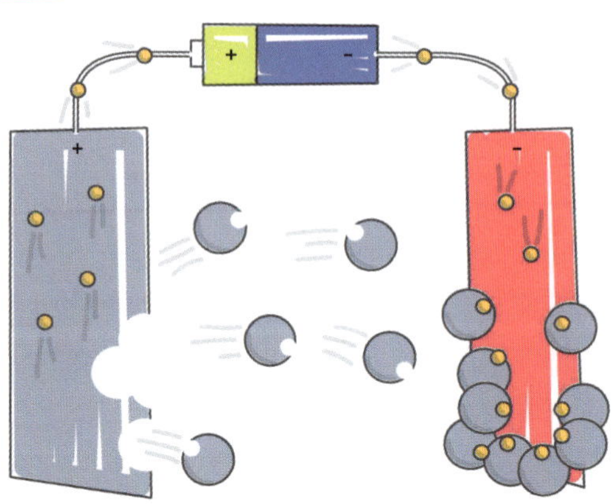

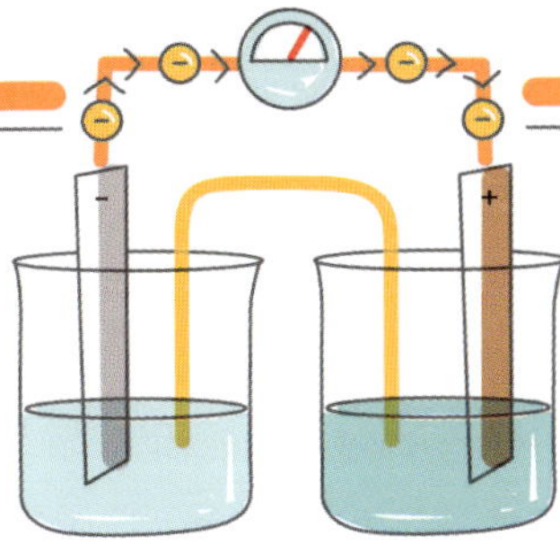

ELEKTROCHEMISCHE ZELLE

Eine Konfiguration mit zwei Halbzellen mit getrennter Anoden- und Kathodenelektrode

SALZBRÜCKE

Liefert der Anode und Kathode einer elektrochemischen Zelle Ionen

STANDARD-POTENZIAL

Strom unter Standardbedingungen

GALVANISCHE ZELLEN

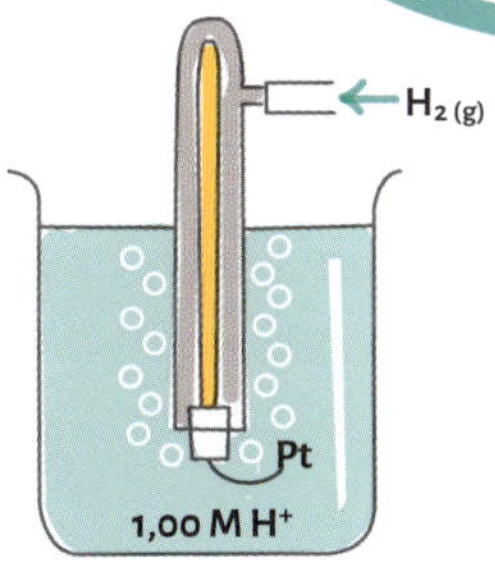

STANDARDWASSERSTOFF-ELEKTRODE

Hat ein Halbzellenpotenzial von null

STANDARDELEKTRODEN-POTENZIAL

Gemessener elektrischer Strom einer elektrochemischen Zelle, die unter Standardbedingungen betrieben wird

NERNST-GLEICHUNG

Elektrochemisches Zellenpotenzial unter Nichtstandardbedingungen

$$E_{Zelle} = E^{o}_{Zelle} - \frac{RT}{nF} \ln Q$$

FARADAY-KONSTANTE

Von 1 Mol Elektronen getragene elektrische Ladung = 96485 C/mol.

GIBBS'SCHE FREIE ENERGIE UND ELEKTROCHEMIE

EINWEGBATTERIEN

Einmalgebrauch, da die beteiligte Redoxreaktion nicht umkehrbar ist

SEKUNDÄRBATTERIEN

Wiederaufladbar durch umkehrbare Redoxreaktion

BATTERIEN UND BRENNSTOFFZELLEN

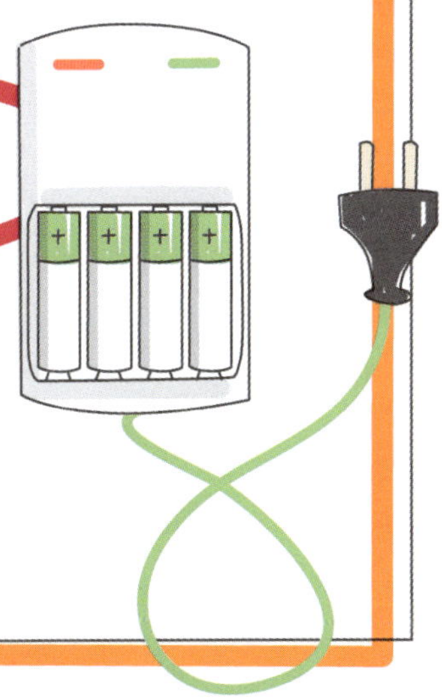

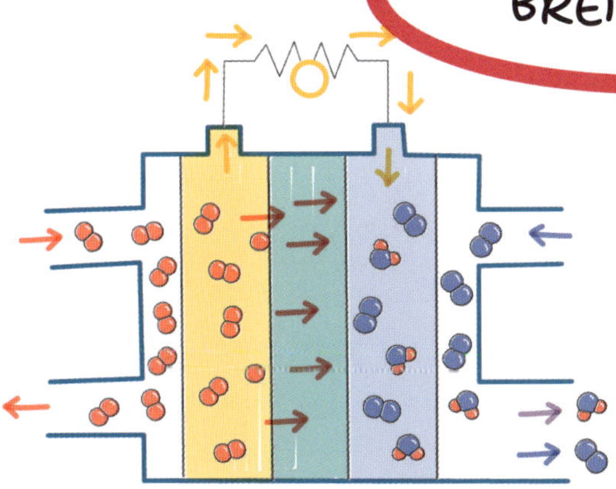

BRENNSTOFFBATTERIEN

Erzeugen kontinuierlich Strom, solange der Zelle Reaktanten zugeführt werden

GLOSSAR

Durch Zitronensäure schmecken Zitronen sauer.

ALPHATEILCHEN
Positiv geladenes Atom, das ein instabiler Atomkern bei Kernumwandlungen ausstrahlt

AMPHOTERE SUBSTANZ
Substanz, die in einer wässrigen Lösung als Base und Säure wirken kann, indem sie Protonen aufnimmt oder abgibt

ANODE
Die Elektrode, an der in einer elektrochemischen Zelle Oxidation stattfindet und Elektronen erzeugt werden

ATOM
Grundlegender Baustein aller Materie. Besteht aus einem Atomkern, der Protonen und Neutronen enthält; im weitgehend leeren Raum um den Atomkern befinden sich Elektronen.

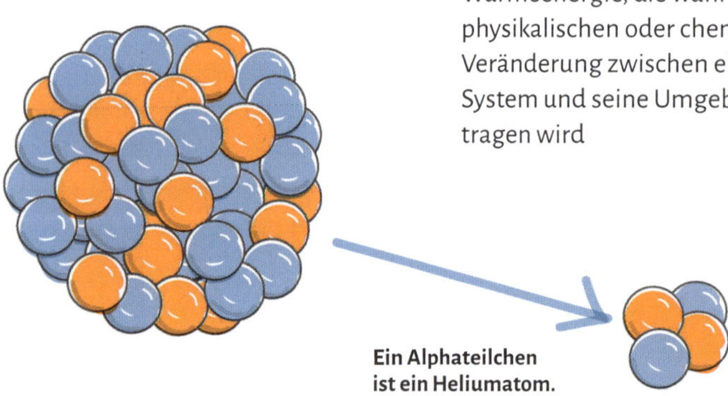

Ein Alphateilchen ist ein Heliumatom.

ATOMMASSE
Gewichtete mittlere Masse aller bekannten Isotope eines Elements, basierend auf ihrer Häufigkeit in der Natur; als atomare Masseneinheit oder amu angegeben

AVOGADRO-GESETZ
Mathematischer Ausdruck, der die direkte Beziehung zwischen dem Volumen eines Gases und seine Menge in Mol angibt

BASE
Substanz, die Protonen von einer anderen Substanz akzeptiert; verleiht wässrigen Lösungen einen bitteren Geschmack und einen ph-Wert über 7

BETATEILCHEN
Negativ geladenes Elektron, das ein instabiler Atomkern bei Kernumwandlungen ausstrahlt

BOYLE-MARIOTTE-GESETZ
Mathematischer Ausdruck, der die umgekehrte Beziehung zwischen Druck und Volumen einer Gasprobe angibt

BRENNWERTBESTIMMUNG
Von Wissenschaftlern verwendete experimentelle Technik zum Messen der genauen Menge von Wärmeenergie, die während einer physikalischen oder chemischen Veränderung zwischen einem System und seine Umgebung übertragen wird

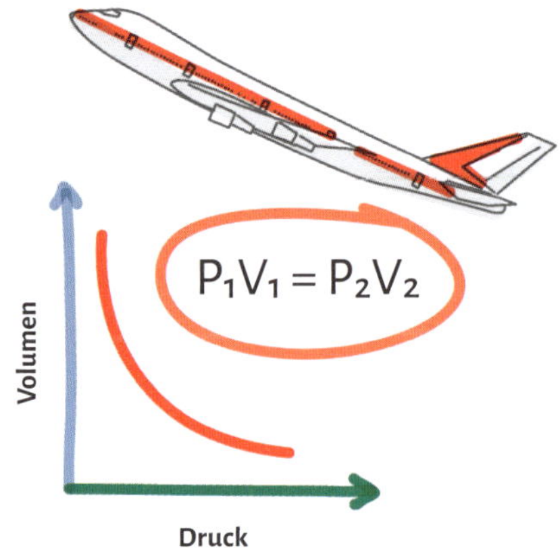

Boyle-Mariotte-Gesetz: Druck vs. Volumen

BROWN'SCHE BEWEGUNG
Vollkommen zufällige und unaufhörliche Bewegung von Partikeln in einer Gasprobe

CHARLES-GESETZ
Mathematischer Ausdruck für die direkte Beziehung zwischen Temperatur und Volumen einer Gasprobe

CHEMIE
Fundamentaler Wissenschaftszweig, der Wissen über Materie, ihre Zusammensetzung, Struktur und Veränderungen sowie ihre Wechselwirkung mit anderer Materie und Energie vermittelt

CHEMISCHE EIGENSCHAFT
Eigenschaft eines Stoffs, die gemessen oder beobachtet werden kann, wenn er sich chemisch in eine andere Substanz mit den gleichen Elementen verwandelt

CHEMISCHES GLEICHGEWICHT
Spezifischer Zustand einer chemischen Reaktion, der nach einer gewissen Reaktionszeit

erreicht wird und durch gleiche Reaktionsgeschwindigkeiten in Hin- und Rückrichtung gekennzeichnet ist. In diesem Zustand finden keine Nettoveränderungen der Konzentrationen von Produkten und Reaktanten statt.

DICHTE
Charakteristische Eigenschaft der Materie, als Masse pro Volumeneinheit definiert

DRUCK
Gesamtkraft der Gasteilchen bei einer Kollision mit einer Flächeneinheit der Behälterwände

ELASTISCHE KOLLISION
Kollision zwischen Gasteilchen, bei der Energie ohne Verlust der Gesamtenergie ausgetauscht wird

ELEKTROCHEMIE
Teilgebiet der Chemie, das die Umwandlung chemischer und elektrischer Energien bei Oxidations- und Reduktionsreaktionen an der Grenzfläche zwischen einer Elektrode und einer Elektrolytlösung untersucht

ELEKTRODE
Elektrischer Leiter, meist aus Metall, zur Übertragung von Elektronen von der Anode zur Kathode in einer elektrochemischen Zelle

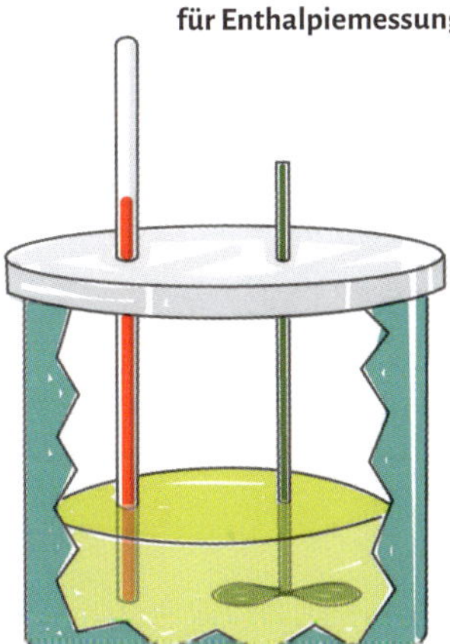
Konstantdruck-Kalorimeter für Enthalpiemessungen

Charles-Gesetz: Volumen vs. Temperatur

ELEKTROLYT
Substanz (z. B. Kochsalz), die beim Auflösen in Wasser ionisiert wird und dabei eine elektrisch leitfähige Lösung bildet

ELEKTROMOTORISCHE KRAFT (EMK)
Potenzialdifferenz zwischen der Anode und Kathode einer elektrochemischen Zelle während des Stromflusses

ELEKTRON
Negativ geladenes subatomares Teilchen, das sich im leeren Raum um den Atomkern befindet. Elektronen sind größtenteils für die beobachteten chemischen Eigenschaften verantwortlich.

ELEKTRONEGATIVITÄT
Die Fähigkeit eines Atoms, Elektronen an sich zu ziehen. Die Werte reichen von 0,7–4,0 für die Elemente im Periodensystem.

ELEKTRONENAFFINITÄT
Ein Maß dafür, wie leicht ein Atom ein Elektron aufnehmen kann. Liefert starke Hinweise auf die chemischen Bindungseigenschaften eines Elements

ENDOTHERMER PROZESS
Physikalischer oder chemischer Prozess mit einem positiven Enthalpieänderungswert, für dessen Auftreten eine Zufuhr von Wärmeenergie erforderlich ist

ENTHALPIE
Wärmeenergie, die während eines physikalischen oder chemischen Prozesses übertragen wird, der in einem System und seiner Umgebung stattfindet

ENTROPIE
Thermodynamische Größe, die ein Maß dafür liefert, wie verteilt oder zerstreut die Energie eines Systems ist. Häufig mit der Zufälligkeit und Bewegungsfreiheit der Teilchen im System in Verbindung gebracht

GLEICHGEWICHTSKONSTANTE
Unveränderliches Verhältnis von Produkt- und Reaktantenkonzentrationen unter den Bedingungen des dynamischen Gleichgewichts für eine umkehrbare chemische Reaktion bei konstanter Temperatur nach dem Massenwirkungsgesetz

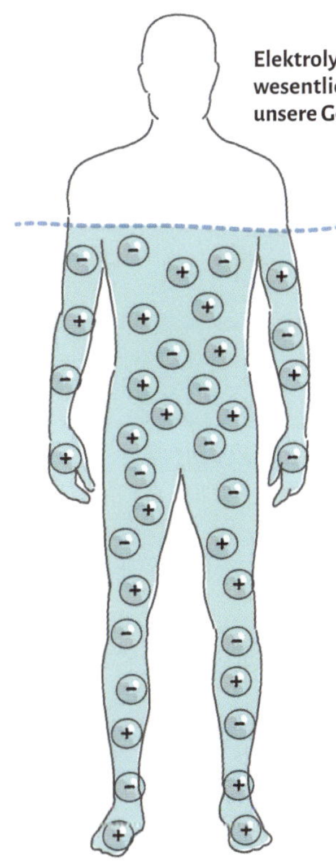
Elektrolyten sind wesentlich für unsere Gesundheit.

Endotherme und exotherme Prozesse zeigen die Richtung des Wärmeflusses an.

EXOTHERMER PROZESS
Physikalischer oder chemischer Prozess mit negativem Enthalpieänderungswert, bei dem Wärmeenergie freigesetzt wird

FARADAY-KONSTANTE
Die Ladung eines Mols Elektronen hat in Coulomb (C) den Zahlenwert 96485 C/mol.

GALVANISCHE ZELLE
Aus zwei Halbzellen bestehende Konstruktion einer elektrochemischen Zelle, etwa einer Batterie, in der eine spontane Oxidations-Reduktions-Reaktion (Redoxreaktion) zum Erzeugen elektrischen Stroms stattfindet. Auch als voltaische Zelle bekannt.

GAMMATEILCHEN
Hochenergetisches Photon ohne Masse und Ladung, das von instabilen Atomkernen ausgestrahlt wird. Diese Teilchen können die menschliche Haut durchdringen und Zellschäden verursachen.

GAY-LUSSAC-GESETZ
Ein mathematischer Ausdruck, der eine direkte Beziehung zwischen Temperatur und Druck einer Gasprobe liefert

GIBBS'SCHE FREIE ENERGIE
Chemische Potenzialenergie, die ein quantitatives Kriterium für die Richtung spontaner Veränderung sowie für die Fähigkeit eines physikalischen oder chemischen Prozesses angibt, Veränderungen herbeizuführen

HALBWERTSZEIT
Eine nützliche Zeitskala, die Informationen darüber liefert, wie lange es dauert, bis die Hälfte einer radioaktiven Substanz in eine stabilere Form zerfällt

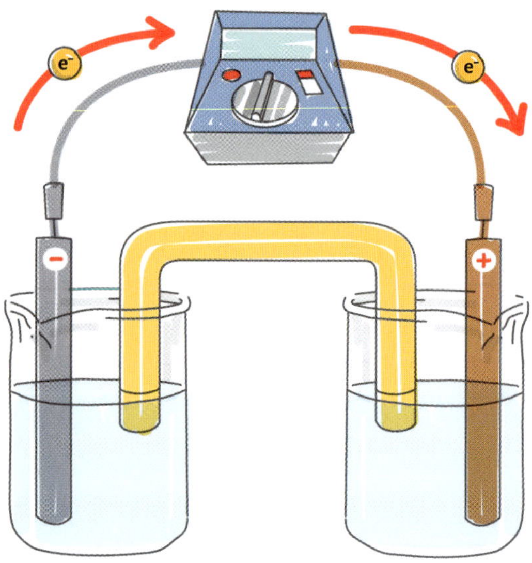

Galvanische Zellenkonstruktion zum Veranschaulichen der Funktionsweise von Batterien

Gay-Lussac-Gesetz: Druck vs. Temperatur

IDEALES GASGEWICHT
Mathematischer Ausdruck, der die Beziehungen zwischen den vier identifizierenden Eigenschaften einer Gasprobe angibt: Druck, Temperatur, Volumen und Stoffmenge in Mol

INTERMOLEKULAR KRAFT
Eine anziehende Kraft, deren Stärke von molekularer Polarität abhängt. Die intermolekulare Kraft hält Moleküle in kovalent gebundenen Substanzen zusammen.

IONISCHE BINDUNG
Eine starke elektrostatische Anziehung zwischen entgegengesetzt geladenen Ionen, die sich durch die vollständige Übertragung von Valenzelektronen zwischen einem Metall- und einem Nichtmetallatom ergibt

IONISATIONSSTRAHLUNG
Elektromagnetische Strahlung (Licht), die Elektronen aus Atomen und Molekülen entfernen kann und dadurch Gewebeschäden in biologischen Organismen verursacht

ISOTOPE
Atome desselben Elements mit einer identischen Anzahl von Protonen in ihrem Kern, aber einer unterschiedlichen Anzahl von Neutronen

KATHODE
Die Elektrode, an der in einer elektrochemischen Zelle eine

Reduktion stattfindet und Elektronen verbraucht werden

KOVALENTE BINDUNG
Eine Form chemischer Bindung, die sich zwischen Nichtmetallatomen mit ähnlichen Elektronegativitätswerten durch die gemeinsame Nutzung von Valenzelektronen bildet, um die Oktettregel zu erfüllen

LINIENSPEKTRUM
Charakteristische Spektrallinien mit ausgeprägter Farbe und Energie, die entstehen, wenn man Licht, das von einem Element ausgestrahlt oder aufgenommen wird, mit einem Spektrometer sichtbar macht

LÖSLICHKEIT
Die maximale Stoffmenge, die sich in einem Lösungsmittel bei einer festgelegten Temperatur lösen kann; hängt von der chemischen Natur des Stoffs und dem Lösungsmittel sowie von der Temperatur ab

LÖSUNG
Homogene Mischung aus zwei oder mehr Stoffen mit einheitlicher Zusammensetzung

MASSE
Ein Maß für die Menge an Materie, die ein Objekt enthält, unabhängig

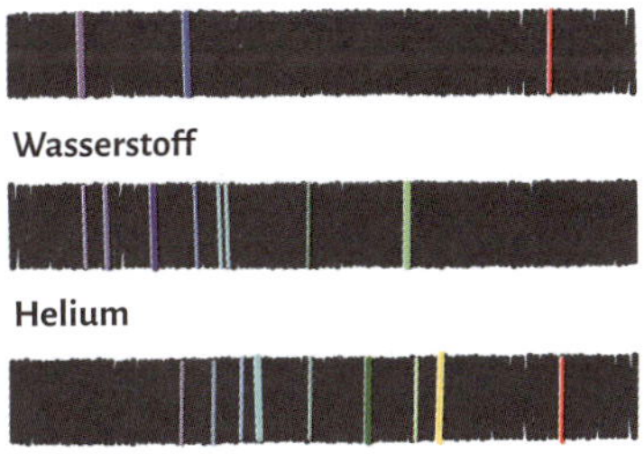

Linienspektren, die die quantisierten Energien von Elektronen zeigen

von seinem Ort im Universum. Angegeben in der SI-Einheit Kilogramm.

Intermolekulare Dipol-Dipol-Kräfte zwischen polaren Molekülen

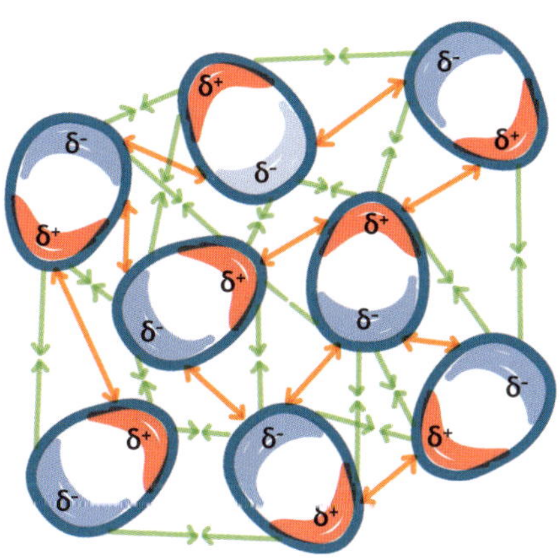

MASSENWIRKUNGSGESETZ
Liefert die mathematische Definition der Gleichgewichtskonstante für eine umkehrbare chemische Reaktion als das feste Verhältnis der Produkt- und Reaktantenkonzentrationen bei konstanter Temperatur

MATERIE
Alles, was im physikalischen Universum aus Atomen besteht, Raum einnimmt und eine Ruhemasse mit einer bestimmten Energiemenge besitzt

METALLISCHE BINDUNG
Kräfte, die Metallatome durch elektrostatische Anziehung zwischen positiv geladenen Metallkernen und einem Meer von frei beweglichen Elektronen zusammenhalten

MISCHUNG
Stoff mit variabler Zusammensetzung, der aus zwei oder mehr Komponenten besteht, die vermischt, aber durch physikalische Methoden wie Filtration, Destillation und Verdampfung trennbar sind

MOL
Eine praktische SI-Einheit zur Messung der Teilchenzahl $6{,}022 \times 10^{23}$ in einer Probe (Avogadro-Zahl). Ermöglicht Chemikern, die genaue Anzahl der für die Vorbereitung von Proben oder Ausführung von chemischen Reaktionen benötigten Atome und Moleküle zu bestimmen.

MOLARE MASSE
Die Masse einer Substanz in Gramm eines Mols

MOLARITÄT
Ein Maß für die Menge eines Stoffs (in Mol), die in einem Liter Lösung gelöst ist (Stoffmengenkonzentration). Nützlich zum Bestimmen der Anzahl der Teilchen in einem homogenen Gemisch oder einer Lösung.

MOLEKÜL
Eine chemische Einheit, die aus zwei oder mehr dauerhaft verbundenen Atomen mit ähnlicher Elektronegativität durch die Bildung kovalenter Bindungen entsteht; Letztere werden durch die gemeinsame Nutzung von Valenzelektronen erzeugt.

NEUTRALISATION
Chemische Reaktion zwischen einer Säure und einer Base, die Wasser

Freie Elektronenbewegung um Atomkerne bildet die Basis metallischer Bindung.

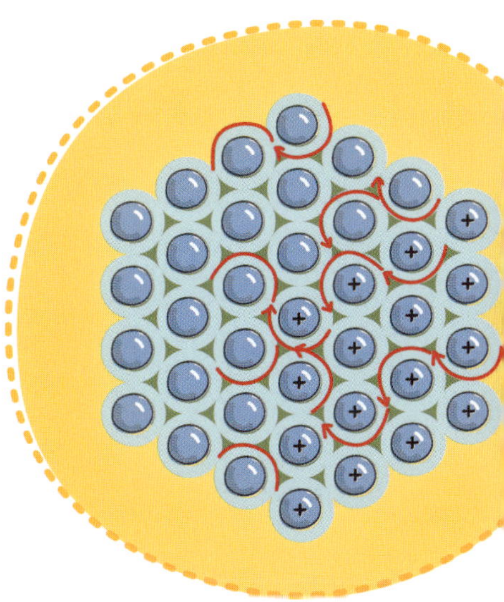

und eine ionische Verbindung als Reaktionsprodukte erzeugt

NEUTRON
Neutrales subatomares Teilchen mit einer Masse von 1,00866 amu (Atommasseneinheit), das sich im Atomkern befindet

NUKLEARE BINDUNGS-ENERGIE
Die Energie, die benötigt wird, um einen Atomkern in seine Protonen und Neutronen zu trennen; stellt im Wesentlichen die Energie dar, die den Atomkern zusammenhält

NUKLEARE KRAFT
Äußerst starke Anziehungskraft, die zwischen subatomaren Teilchen wie etwa Protonen und Neuronen wirkt, die extrem eng beieinander liegen

NUKLEUS
Der schwere Kern eines Atoms, der Protonen und Neutronen enthält und im Wesentlichen die Gesamtmasse des Atoms ausmacht

OKTETTREGEL
Die Tendenz eines Atoms, 8 Elektronen in seiner äußersten Energieschale zu erlangen, wenn es chemische Bindungen mit anderen Atomen durch Aufnehmen, Abgeben oder Teilen von Valenzelektronen eingeht

ORBITAL
Ein dreidimensionaler Ladungs-

Das Molaritätskonzept erleichtert Chemikern die Herstellung von Lösungen.

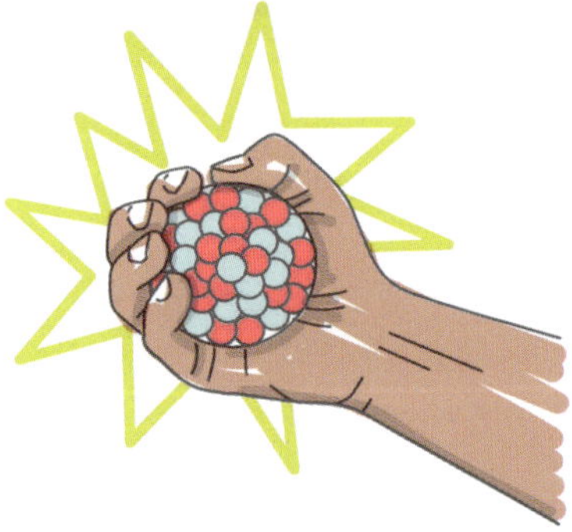

Nukleare Bindungsenergie hält den Kern intakt.

wolkenbereich um den Atomkern mit diskreter Energie, die eine 90-prozentige Wahrscheinlichkeit dafür darstellt, dass sich ein Elektron in seinem gut definierten Volumenelement im Raum befindet

ORDNUNGSZAHL
Die identifizierende charakteristische Eigenschaft eines Elements im Periodensystem, als Anzahl der Protonen in seinem Atomkern definiert

OXIDATION
Elektronenverlust einer Substanz bei einer chemischen Reaktion

PERIODENSYSTEM
Anordnung der Elemente nach ihrer Ordnungszahl und periodischen Veränderungen der chemischen Eigenschaften

pH-INDIKATOR
Ein komplexes organisches Molekül mit schwachem sauren oder alkalischen Charakter und begrenzter Ionisationsfähigkeit in Wasser, das in der Lage ist, in unterschiedlichen pH-Umgebungen eine ausgeprägte Farbe zu zeigen

pH-WERT
Wasserstoffkraft. Mathematisch definiert als –log (negativer Logarithmus) der Wasserstoffionenkonzentration in einer wässrigen Lösung, wodurch eine numerische Skala für den sauren oder basischen Charakter einer Substanz bereitgestellt wird

PHOTONEN
Massenlose Lichtpartikel, die aus winzigen Paketen elektromagnetischer Energie bestehen, die sich in einem Vakuum in Wellenform mit Lichtgeschwindigkeit im Raum bewegen

PHYSIKALISCHE EIGENSCHAFT
Eigenschaft der Materie, die gemessen oder beobachtet werden kann, ohne ihre Identität zu verändern – z. B. schmelzendes Eis, der Duft einer Rose oder die Farbe des Ozeans

PROTON
Positiv geladenes subatomares Teilchen mit einer Masse von 1,00728 amu (atomare Masseneinheiten) im Kern eines Atoms

PUFFER
Wässrige Lösung aus einer schwachen Säure oder Base und ihrem Salz. Kann Veränderungen des pH-Werts widerstehen, wenn man starke Säuren oder Basen hinzufügt

QUANTENZAHL
Eine Zahl, die die spezifische Energie, Form und andere Eigenschaften von Orbitalen (Kreisbahnen) definiert

Dreidimensionale Darstellung einer Atomkreisbahn

Die Löslichkeit von Feststoffen in Flüssigkeiten nimmt mit Temperatur zu.

REDUKTION
Elektronenaufnahme einer Substanz bei einer chemischen Reaktion

SÄURE
Substanz, die einer anderen Substanz Protonen spendet und dadurch wässrigen Lösungen einen sauren Geschmack und einen pH-Wert unter 7 verleiht

SÄUREANHYDRIDE
Oxide einiger Nichtmetalle wie Kohlenstoff, Schwefel und Stickstoff, die in Gasform in verschmutzter Luft vorkommen. Bilden bei Vermischen mit Regenwasser ein saures Milieu

SAURER REGEN
Regenwasser mit einem pH-Wert von weniger als 5,6. Wird durch Schadstoffe in der Luft verursacht, die saure Bedingungen bei Vermischen mit Wasser erzeugen

SI-EINHEIT
Abkürzung für das französische Système international (d'unités) oder Internationales Einheitensystem. Besteht aus sieben standardisierten Basiseinheiten, die zur Messung der Stoffmenge (Mol), Temperatur (Kelvin), Masse (Kilogramm), Länge (Meter), des elektrischen Stroms (Ampere), der Leuchtkraft (Candela) und der Zeit (Sekunde) verwendet werden.

SPONTANER PROZESS
Eine physikalische, chemische oder nukleare Veränderung, die nach Einleitung von selbst ohne konstante externe Einmischung abläuft

SUBSTANZ
Eine reine Form von Materie mit genau definierter und festgelegter Zusammensetzung

THERMODYNAMIK
Wissenschaftszweig, der die Energieänderungen untersucht, die mit physikalischen und chemischen Prozessen einhergehen sowie die Spontaneität physikalischer und chemischer Veränderungen unter gegebenen Umweltbedingungen

TITRATION
Quantitative Analysentechnik zum Bestimmen der genauen Konzentration einer sauren oder basischen Substanz in einer Probe durch Ausführung einer Neutralisationsreaktion

TYNDALL-EFFEKT
Streuung eines Lichtstrahls von nanometergroßen Partikeln, die in einer kolloidalen Mischung oder in Luft mit zufälliger Bewegung suspendiert sind

VALENZELEKTRONEN
Elektronen in der äußersten Elektronenschale eines Atoms, die größtenteils für die chemischen Eigenschaften der Elemente verantwortlich sind

Lichtstreuung durch Staubpartikel in der Luft nach dem Tyndall-Effekt

VERBINDUNG
Eine reine Form von Materie aus zwei oder mehr Elementen, die nach dem Gesetz der konstanten Proportionen auf eine bestimmte Weise chemisch miteinander verbunden sind

VOLTAISCHE ZELLE
siehe Galvanische Zelle

VSEPR-THEORIE
Die Valenzschalen-Elektronenpaar-Abstoßung (VSEPR)-Theorie beschreibt Molekülformen, basierend auf der elektrostatischen Abstoßung zwischen den negativ geladenen Valenzelektronen sowie der Polarität der resultierenden Molekulargeometrie.

WASSERSTOFFBINDUNG
Intermolekulare Anziehungskraft zwischen Molekülen, bei denen ein F-, O- oder N-Atom direkt an ein H-Atom gebunden ist

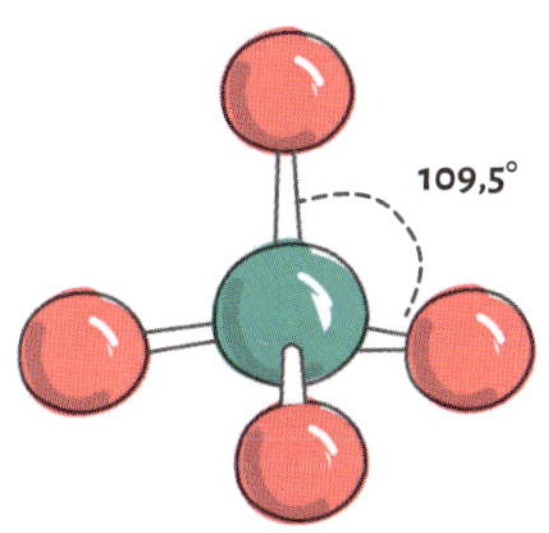

Die tetrahedrale molekulare Geometrie beruht auf der VSEPR-Theorie.

REGISTER

F

G

H

I

K

Danksagung

Ich möchte einigen großartigen Menschen danken,
die dieses Buch möglich gemacht haben. Mein Dank geht an
Nigel Browning, den Verleger von UniPress Books, der mir
als Autor dieses Projekts eine Chance gegeben hat.
Besonderer Dank gilt Natalia Price-Cabrera, Projektleiterin und
Lektorin, für ihre Unterstützung, ihr ständiges Feedback und
ihre Geduld vom Anfang bis zur Fertigstellung dieses Buches.
Lindsey Johns gebührt Anerkennung für das hervorragende
Design und die ausdrucksstarken Illustrationen, die dieses Buch
zu einem echten visuellen Erlebnis machen.
Dank auch an meine Eltern, Faik und Hatice, die immer an mich
geglaubt haben. Ich weiß nun, dass es eine schwierige, aber auch
lohnende Aufgabe ist, ein Buch zu schreiben.
Ohne die unglaublich harte Arbeit aller Beteiligten wäre
Chemie, ein visuelles Lehrbuch für jedes Alter
nicht realisiert worden. Danke!